"十四五"职业教育国家规划教材

国家职业教育专业教学资源库配套教材

ZHIWU SHENGZHANG YU HUANJING

植物生长与环境

（第三版）

主编 邹良栋 白百一

中国教育出版传媒集团

高等教育出版社·北京

内容提要

本书是"十四五"职业教育国家规划教材,国家职业教育专业教学资源库配套教材。

本书以为专业课服务为原则,将植物学、植物生理学、土壤学、肥料学和农业气象学5门课程内容进行充分整合,重新构建成新的结构体系;体现按工作过程开展教学活动和在实践中学习的指导思想,将理论教学和实践教学融为一体。

全书共分3部分12个学习任务。第一部分是植物生长发育的基础,包括植物生长发育的结构基础、植物生长发育的物质基础、植物的光合作用、植物的呼吸作用、植物体内有机物的运输与分配5个学习任务。第二部分是植物生长发育的基本规律,包括植物的生长发育及植物的生殖、衰老和脱落两个学习任务。第三部分是植物生长与环境调控,包括植物生长与土壤环境、植物生长与水分环境、植物生长与温度环境、植物生长与气候环境和植物生长与养分环境5个学习任务。

本书部分知识点配备视频二维码。配套在线开放课程"植物生长与环境"在智慧职教MOOC学院(mooc.icve.com.cn)上线。

本书可作为高职高专院校、五年制高职、应用型本科、继续教育、中职等农林类专业的教材,也可供从事相关专业的人员参考。

图书在版编目(CIP)数据

植物生长与环境/邹良栋,白百一主编. -- 3 版
. --北京:高等教育出版社,2020.8(2024.12重印)
ISBN 978-7-04-054222-6

Ⅰ.①植… Ⅱ.①邹… ②白… Ⅲ.①植物生长-高
等职业教育-教材 Ⅳ.①Q945.3

中国版本图书馆 CIP 数据核字(2020)第 104598 号

策划编辑 张庆波　　　责任编辑 张庆波　　　封面设计 王 洋　　　版式设计 于 婕
插图绘制 于 博　　　责任校对 刘丽娴　　　责任印制 赵 佳

出版发行	高等教育出版社	网　址	http://www.hep.edu.cn
社　址	北京市西城区德外大街 4 号		http://www.hep.com.cn
邮政编码	100120	网上订购	http://www.hepmall.com.cn
印　刷	北京中科印刷有限公司		http://www.hepmall.com
开　本	787mm×1092mm　1/16		http://www.hepmall.cn
印　张	18.5	版　次	2010 年 6 月第 1 版
字　数	450 千字		2020 年 8 月第 3 版
购书热线	010-58581118	印　次	2024 年 12 月第 8 次印刷
咨询电话	400-810-0598	定　价	38.00 元

前言

党的二十大报告提出,"推动绿色发展,促进人与自然和谐共生""提升生态系统多样性、稳定性、持续性""加快实施重要生态系统保护和修复重大工程,实施生物多样性保护",对高职农业技术类专业课程建设有重大指导意义。

高等职业教育种植类专业基础课讲述植物生长发育的原理、过程,植物生长发育与环境条件(水分、肥料、土壤、空气、温度)的关系,以及如何通过生长环境的改变影响植物的生长发育进程。在遵循植物生长发育规律的前提下,人们可以改变环境(管理措施),影响植物(作物)的生长状态,让植物更好地为人类服务。

本书在内容选择上采取倒推法,根据各专业课的需求确定专业基础课的内容,基础课为专业课的实用技术提供理论依据和生理基础。在内容排序上采取基础课与专业课同时讲授,以生产季节为主线,基础课内容前置,并与相应专业课内容相呼应。教学时间建议由春到秋(三年制的第2、3学期),在植物生长发育的一个生育周期内完成。

本书内容共分3部分:

第一部分植物生长发育的基础,包括植物生长发育的结构基础、物质基础和生理基础。这部分内容是整个课程的基础知识,使学生认识植物的种类,了解植物结构及其化学组成与功能的对应关系,为植物生长规律的学习奠定结构上和物质上的基础;掌握植物光合作用、呼吸作用和物质运输的过程和影响条件,为植物生长及调控知识的学习奠定生理上的基础。

第二部分植物生长发育的基本规律,包括植物的生长、分化、生殖、衰老和脱落。这部分内容是植物一生的概括与总结,讲述植物从种子萌发到衰老死亡的整个生命活动过程及规律性,为植物生长进程调控相关知识的学习与相关技能的掌握奠定基础。综合考虑植物生长发育的基本规律和内外影响因子,与农业生产实际和农业栽培管理相吻合。

第三部分植物生长与环境调控,包括土壤环境、水分环境、温度环境、养分环境和气候环境。这部分是全篇内容的重点,掌握水分、营养、气候、温度、土壤等环境对植物生长的影响及特点,为完成植物生长进程调控相关技术技能的采用和实施提供基础和依据。通过人为的手段改变环境进而控制植物的生长发育,让植物按照人类的要求去生长,为人类提供衣食住行等生存条件。

全书结合作物栽培和病虫害防治等专业课程内容寻找连接点,使专业课与基础课连成一体,同向发力,形成育人合力。全书基于工作过程开展教学活动和理论实践一体化(融合)教学,将生产实际中的案例和实用技术引入教学内容,以生产实际中问题的解决和具体做法的评价解释为标准结束教学内容。

本书配套在线开放课程"植物生长与环境",见 mooc.icve.com.cn。参加本书编写的人员包括:辽宁农业职业技术学院邹良栋、白百一(前言、概述、学习任务二、学习任务六、学习任务七、学习任务八、学习任务十二)、雷恩春(学习任务十);黑龙江农业职业技术学院吕冬霞(学习任务一)、上官少平(学习任务三)、潘晓琳(学习任务九、学习任务十一);杨凌职业技术学院妙晓莉(学习任务四、学习任务五);黑龙江北大荒农化科技有限公司、先正达(中国)投资有限公司提供大量生产实践素材。书稿完成后,经主编修改由主编统一定稿。陈杏禹、钱庆华、卜庆雁等给予了很多支持,在此表示感谢。

由于水平所限,加上时间仓促,漏误之处在所难免,恳请同行和专家批评指正。

编者

2022 年 11 月

目录

第三部分　植物生长与环境调控

概　述

据不完全统计,自然界的植物有 50 多万种,这些植物的形态、结构、生长习性以及对环境的适应性各不相同。根据植物的结构特点和生长习性,可分为藻类植物、菌类植物、地衣植物、苔藓植物、蕨类植物、裸子植物和被子植物 7 大类(图 0-1),其中,被子植物是进化程度最高、结构最复杂、适应性最强的植物。地球上生长的大部分植物,包括人们种植的农作物、蔬菜、果树和花卉,如玉米、水稻、番茄、辣椒、葡萄、苹果、串红和万寿菊等,都是被子植物。

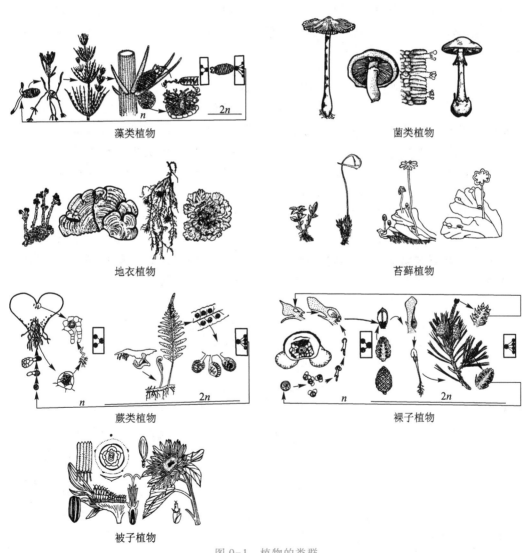

藻类植物　　　　　　　　菌类植物

地衣植物　　　　　　　　苔藓植物

蕨类植物　　　　　　　　裸子植物

被子植物

图 0-1　植物的类群

　　很多植物体内含有叶绿素,能够进行光合作用,称为绿色植物;而体内不含有叶绿素的称为非绿色植物。自然环境中,按照春、夏、秋、冬的时间顺序,植物的种子萌发、幼苗形成、植株成熟、开花、传粉、受精、合子发育、新种子形成,完成一个生活史。自然环境中,植物的生长发育具有一定的规律性,受肥、水、气、热、土等环境因子的影响。

　　农业生产上对不同作物采取的各项生产措施,都是以该种植物的生长发育规律为基础,通过对植物生长环境的改变而起作用的。作物栽培的本质就是在自然和保护地的设施内,针对不同作物的特点和生长发育规律,为各种作物生长发育提供最好的环境条件,保证作物按照人类的要求去生长。保护地设施人为地提供了一个最适宜作物生长的环境,与设施外的自然条件相对独立,因而摆脱了季节的影响,作物生产有了自主权,这是人类应对大自然的又一壮举。对人类生活有价值的野生植物经过栽培、驯化,就成为我们今天种植的粮食作物、蔬菜、果树、花卉和食用菌等。

　　"植物生长与环境"课程讲述植物生长发育的一般规律,植物生长发育的内(植物本身)、外(环境)因素以及植物的生长发育对环境条件的要求。如何为植物提供更好的生活环境,是我们将要学习的各类作物栽培、育种及病虫害防治等课程的主要内容。

植物也会"说话"

　　自然界中,植物总是默默无闻地生活着,不论外界环境如何变化,它们都在无声地忍耐着。实际上,植物体内部无时无刻不在发生着剧烈的变化。20世纪70年代,澳大利亚科学家发现,植物遭受严重干旱时,会发出"喀、喀"的声响,进一步的研究发现,这些声音是由微小的"输水管震动"产生的。1980年,美国科学家金斯勒在一个干旱的峡谷里装上遥感装置,用来监听植物生长时发出的电信号。结果发现,植物在进行光合作用将养分转换成生长的原料时,就会发出一种信号,他怀疑这些电信号就是"植物语言"。1983年,美国的两位科学家在研究受到害虫袭击的树木时发现,植物会在空中传播化学物质,对周围邻近的树木传递警告信息。他们认为,能代表"植物语言"的也许不是声音或电信号,而是特殊的化学物质。

　　美国科学家罗德和日本科学家岩尾宪三,为了能更彻底地了解植物发出声音的奥秘,特意设计出一台别具一格的"植物活性翻译机"。这种机器只要接上放大器和合成器,就能够直接听到植物的声音。根据罗德和岩尾宪三的研究,植物的"语言"很奇妙,它们的声音常常伴随周围环境的变化而变化。有些植物在黑暗中突然受到强光照射时,能发出类似惊讶的声音;有些植物在遇到刮风或缺水等环境变化时,就会发出低沉、可怕和混乱的声音,仿佛表明它们正在忍受某些痛苦;有些植物发出的声音好像口笛在悲鸣;有些却似患者临终前发出的喘息声;而且还有一些原来叫声难听的植物,在受到适宜的阳光照射或被浇过水以后,声音竟会变得较为动听。但还有许多科学家不承认"植物语言"的存在,植物究竟有没有"语言",有待进一步研究。

第一部分 植物生长发育的基础

　　植物种类繁多,形态、结构、颜色和生活习性各不相同,但都具备相同的结构组成——细胞,大都具备光合作用和呼吸作用等生命活动。细胞是植物体生长发育的结构基础,植物体内的生理活动是以细胞为单位来完成的。

学习任务一　植物生长发育的结构基础

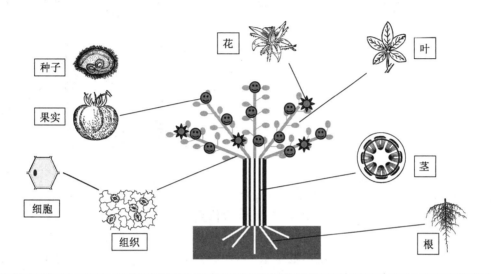

知识目标

● 了解植物细胞的基本结构组成及其功能,从个体水平上认识细胞的结构特点。

● 了解植物各种组织和器官的结构特征,能够用肉眼和在显微镜下正确区分各种组织和器官在结构上的异同点。

● 掌握各组织和器官的生理功能。逐步理解植物体的各个部分在植物的整个生命活动过程中相互联系、相互协调、相互制约和相互统一的关系。

能力目标

● 利用显微镜观察、鉴别植物组织、器官和细胞。

● 能借助检索表识别常见植物。

● 能采集、制作及保存植物标本。

细胞是植物体结构和功能的基本单位。细胞分化形成组织,组织再进一步构成各种器官。器官是由多种组织构成的能行使一定生理功能的结构单位。被子植物由根、茎、叶、花、果实和种子六大器官组成。功能相同、形态相似、来源不同的器官称同功器官,功能不同、形态各异、来源相同的器官称同源器官。

内容一　植物细胞的基本结构

细胞是生物体形态结构和生命活动的基本单位。对植物来说,从种子萌发、开花结实到形成下一代种子,植物的生长、发育和繁殖,归根到底都是细胞不断地进行生命活动的结果。不同的植物,或者同一植物的不同器官,同一器官不同部位的细胞,其形状、大小各不相同(图1-1-1),但它们都具有相同的基本结构。

植物细胞的基本结构包括细胞壁、细胞膜、细胞质和细胞核4个部分,细胞质中分散有叶绿体、线粒体和内质网等细胞器。构成植物细胞的生命物质是原生质,原生质主要由水分、蛋白质、核酸、脂质、糖类和无机盐等物质组成。在细胞中,原生质是以特定的细胞结构(细胞质、细胞膜、细胞核)的形式存在的,细胞质、细胞膜和细胞核也称为原生质体。

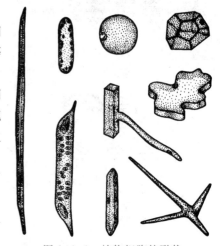

图1-1-1　植物细胞的形状

一、细胞壁

细胞壁存在于植物细胞的最外方,具有一定硬度和弹性,起着保护和支持细胞的作用,并在很大程度上决定了细胞的形态和功能。细胞壁限制细胞内部原生质体由于液泡活动而膨胀所产生的压力,从而使细胞保持一定的形状;细胞壁保护原生质体免受外界不利因素的影响。细胞壁与植物组织的吸收、蒸腾、运输和分泌等生理活动有很大关系。对于多细胞植物,细胞壁对植物的各个器官也有支持作用,特别是那些特化为机械组织的细胞的细胞壁。

细胞壁是原生质生命活动中所形成的多种壁物质加在质膜外方所构成的。这些壁物质的种类、数量、比例以及物理组成上存在差异,使细胞壁具有成层现象。以细胞为中心由内向外依次为次生壁、初生壁和胞间层(图1-1-2)。胞间层亦称中层,主要成分是果胶质。胞间层的存在使相邻的细胞粘连在一起,这就是未成熟的果肉组织较硬的原因,果实成熟后果胶质分解,果肉组织自然变软。细胞壁的主要成分是纤维素,纤维素分子间有一定的缝隙,使细胞壁内具备一定的空间,称自由空间或细胞间隙。细胞壁上存在直径40~50 nm的小管道,相邻细胞的原生质通过小管道相互连接,这种连接相邻细胞的原生质细丝称为胞间连丝(图1-1-3)。胞间连丝在细胞间起物质运输、刺激传递以及控制细胞分化的作用。通过胞间连丝,使整个植物体的原生质联成一个整体,称为共质体。不同细胞的细胞壁亦联成一体,称为质外体。共质体是有生命的有机体,而质外体则是细胞内部无生命的部分。

二、细胞膜

细胞膜亦称为质膜,是细胞质外方与细胞壁紧密相接的一层薄膜,厚7.5~10 nm,只有在显微镜下才能看清楚。细胞膜主要由蛋白质(40%)和脂质(50%)组成,另外还含有少量的糖类物质(2%~10%)。在电子显微镜下看到的

动　脑　筋

异地销售的水果要在未完全成熟时采收,并要求在低温条件下储运,为什么?

细胞膜是由两层染色较深的暗层中间夹着一层染色较浅的亮层组成的,这样的结构称为单位膜。叶绿体、线粒体和内质网等细胞器都是由单位膜包围而成的。

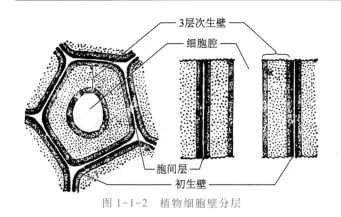

图1-1-2　植物细胞壁分层

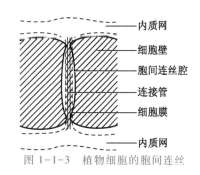

图1-1-3　植物细胞的胞间连丝

单位膜的结构细节是现代生物学研究的一个活跃领域,目前被广泛接受的是"流动镶嵌模型"(图1-1-4)。按照这一模型,单位膜是由两层脂质和蛋白质相互嵌合、其间分布着糖类物质共同形成的,中间的亮层为脂质双分子层的疏水尾部,暗层是脂质分子的亲水头部,蛋白质分子附着、嵌入甚至贯穿于整个脂质双分子层中,膜的结构是动态的、易变的,且具有流动性。

细胞膜具有多种生理功能。它对细胞起着屏障作用,维持稳定的细胞内环境;它能控制细胞的内外物质交换,有选择地吸收营养物质或排出废物;细胞膜能向细胞内形成凹陷,吞食细胞外围的液体和固体小颗粒;细胞膜参与胞内物质向细胞外的分泌过程;细胞膜能接受外界的刺激和信号,引起细胞内的代谢和功能的变化,调节细胞的生命活动;此外,细胞膜还参与细胞的相互识别过程。

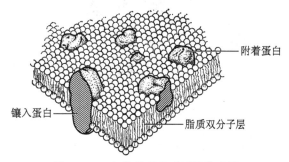

图1-1-4　细胞膜的流动镶嵌模式图

三、细胞质

细胞质是指质膜以内、细胞核以外的原生质区域。细胞质可分为胞基质和细胞器两大部分。胞基质是无色透明的胶体物质,细胞器悬浮于胞基质当中,为胞基质提供支持结构。胞基质能为维持细胞器实体的完整性提供所需的环境,供给细胞器行使功能所必需的物质,胞基质本身还进行着某些生化反应。细胞器主要有叶绿体、线粒体、内质网、高尔基体、溶酶体、圆球体、微体和液泡等,它们都是由单位膜围合而成的。

四、细胞核

细胞核控制着蛋白质的合成和细胞的生长发育。通常每个细胞都有1个细胞核。在幼小的细胞里,细胞核位于细胞的中央,而在成熟的细胞中,由于液泡的形成,细胞核常位于细胞外围薄层的细胞质中。细胞核呈圆球形,直径80~220 nm,由核膜、核质和核仁3个部分构成。核膜由两层单位膜包围而成,外膜通过内质网与细胞质相沟通,两层膜在一定间隔愈合形成核孔(图1-1-5)。核膜表面附着核糖体,核糖体是细胞内合成蛋白质的主要场所,由核糖体RNA(核糖体核糖核酸)和特殊的蛋白质组成。大多数细胞的核内有1至多个核仁,核仁的主要成分是浓缩的染色质,主要功能是进行 rRNA(核糖体核糖核酸)的合成(图 1-1-6)。核仁以外、核膜以内的物质称为核质,核质的主要成分是 DNA(脱氧核糖核酸),DNA 与组蛋白结合形成核小体(图 1-1-7),呈细长纤丝状散布于核液中,细胞有丝分裂时纤丝高度螺旋缠绕形成染色体。DNA 通过转录合成 mRNA(信使核糖核酸)和 tRNA(转运核糖核酸)。RNA 通过核孔进入细胞质,以 mRNA 为模板,以 tRNA 转运氨基酸,在核糖体上合成蛋白质(酶)。一种酶控制一种特定的生理活动,以此影响细胞的生长、发育和遗传。细胞核被称为"细胞的控制中心"。

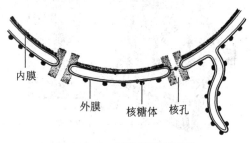

图 1-1-5　细胞核核膜结构

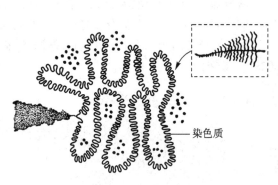

图 1-1-6　细胞核核仁结构

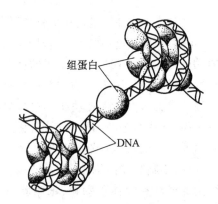

图 1-1-7　核小体

五、植物细胞后含物

植物细胞在生长、分化和成熟的过程中所产生的中间代谢产物和废物等,统称为后含物。后含物在细胞结构上属于非原生质的物质,有的存在于细胞器中,有的分散于细胞质内。后含物中有些是贮藏的营养物质,如蛋白质、淀粉、脂肪(油)和晶体等。

动　脑　筋
植物细胞后含物对人类的生存有什么意义?

微课　细胞壁的结构

复习思考题

1. 简要说明细胞膜的主要生理功能。
2. 原生质与原生质体有什么区别?

3. 画图说明胞间连丝的结构特点。

4. 共质体和质外体是如何划分的？二者的根本区别在哪里？

5. 说明细胞核的化学组成与生理功能。

实训 1　显微镜的使用及细胞结构的识别

一、技能要求

了解显微镜的构造,掌握显微镜的使用方法,学会生物绘图法,能够制作简易装片。认识植物细胞的结构特征。

二、实验原理

在了解显微镜的构造、掌握显微镜使用方法和简易装片制作技术的基础上,利用显微镜观察植物细胞的结构组成及特点。

三、药品与器材

1. 药品:水,二甲苯。

2. 仪器:显微镜,镊子,解剖针,刀片,载玻片,盖玻片,擦镜纸,吸水纸,铅笔,橡皮等。

3. 材料:洋葱的食用部分。

四、技能训练

(一) 了解显微镜的结构和作用

1. 镜座:显微镜的底座,马蹄形或方形。它的作用是支持显微镜,使显微镜放置平稳(图 1-1-8)。

2. 镜柱:连在镜座上的短柱,上连镜臂。有的显微镜在镜柱与镜臂之间有倾斜关节,可使显微镜倾斜。

3. 镜臂:镜中央的支架弯臂,是手握显微镜的地方。

4. 载物台:圆形或方形的平台,供放切片用;中央有一圆孔,称为通光孔,用来通光线;台上两旁有一对金属压夹,称为切片夹,供固定切片用。

5. 反光镜:位于载物台下,分平、凹两面。凹面反射光强,适于弱光条件下使用;平面反射光散,适于强光条件下使用。

6. 集光器:位于载物台的下方,由一组透镜组成。它具有会聚光线的作用,可将反光镜反射的光线集合成光束,以增强照明的亮度,使光线射入整个物镜内。

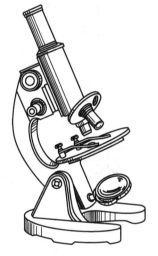

图 1-1-8　常见的显微镜
结构

7. 虹彩光圈:位于集光器下方,与集光器连在一起,由十几张半月形的金属片组成,中心形成圆孔。推动光圈把手,可调节圆孔的大小。光圈开得越大,通过的光束越多,光量增强;光圈关小时,则光线强度减弱。

8. 镜筒:连在镜臂上,上接目镜,下接转换盘。

9. 转换盘和物镜:位于镜筒下方,是一个能旋转的圆盘,根据需要可选择不同倍数的物镜。转换盘可装 2 或 4 个物镜镜头,一般低倍镜头较短,高倍镜头较长。物镜上刻有放大倍数,低倍镜为 3×(3 倍)、6×(6 倍)、10×(10 倍);中倍镜为 20×(20 倍);高倍镜为 40×(40 倍)或 45×(45 倍)。油镜放大倍数更高,为 90×(90 倍)或 100×(100 倍)。使用油镜时,要在载玻片滴 1 滴香柏油,将镜头接触油滴后进行观察。除了观察极细微物体的结构时,一般不用油镜。

10. 目镜:插在镜筒上端,通常由 2 个透镜组成。常用的放大倍数有 5×(5 倍)、7×(7 倍)或 8×(8 倍)、10×(10 倍)、15×(15 倍)或 16×(16 倍)。

11. 调焦装置:包括粗准焦螺旋和细准焦螺旋。粗准焦螺旋可通过调节镜筒与切片的距离来快速调节焦距,捕捉物像;细准焦螺旋则可在粗准焦螺旋调节的基础上,使物像更清晰。

（二）显微镜的使用方法

1. 取镜:取镜时,右手握镜臂,左手托镜座,然后轻轻放在实验台上。检查镜的各部分是否完好,并将显微镜及镜头擦干净(先阅读注意事项)。

2. 对光:将低倍镜头转到载物台中央,对正通光孔,用左眼从目镜向内观察,同时,用手调节反光镜和集光器与虹彩光圈,使镜内光亮适宜。

3. 放片:把切片的盖玻片一面朝上放在载物台上,使要观察的部分对准物镜镜头,用切片夹压住切片。

4. 低倍镜使用:从显微镜侧面观看,转动粗准焦螺旋,使物镜镜头与切片几乎接触(注意不要损伤镜头及压碎切片),然后用左眼靠近目镜观察,同时向上转动粗准焦螺旋,调整镜头与切片的距离,直到看到物像为止。再转动细准焦螺旋,使物像清晰。

5. 高倍镜使用:在低倍镜看清物像后,可直接转动转换盘,使所需的高倍镜头转至中央,用细准焦螺旋稍加调节即可看清物像。如光线不足,要增强亮度。

6. 还镜:观察完毕,转动转换盘,使物镜镜头跨于通光孔两侧,将各部分转回原处,并将显微镜擦干净,盖好绸布,放回箱内,同时要填好仪器使用登记(图 1-1-9)。

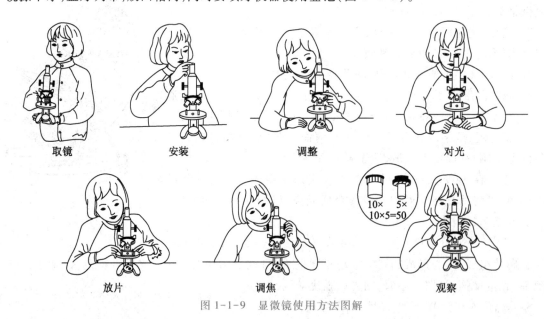

图 1-1-9　显微镜使用方法图解

（三）显微镜的保养与使用注意事项

1. 显微镜的各部分零件,不要随意拆卸,也不要随意在显微镜之间调换镜头或其他零件。

2. 取放显微镜时,镜身不要倾斜,以免目镜和反光镜等零件滑出脱落。严禁单手取镜。取镜时要轻拿轻放,防止猛力震动造成光轴偏斜等损坏。

3. 要保持显微镜的绝对清洁,特别要注意防尘、防潮、防化学药品污染等。显微镜要用软布或绸布擦拭,镜头用擦镜纸擦拭,不得用手指或粗布擦拭,切片也要擦干净。

4. 换切片时要避免镜头与切片相撞,用完高倍镜后,要将镜头转开,再取下切片。

（四）生物绘图法

生物图能更形象生动地表现生物形态结构的特征,它和文字记录起着相互补充的作用。

下面就生物绘图的方法做简要说明。

1. 绘图用具

（1）显微镜:用于观察植物的解剖结构、细胞的组织图等。

（2）铅笔:硬度适当,以 2H 或 H 为最好。铅笔要削成锥形,修削部分长 25~30 mm,铅芯露出 8~10 mm。削好以后在砂纸上磨尖,使笔尖尖细而圆滑。

（3）橡皮:以软橡皮为适用。橡皮虽为必备,但为了保持画面清洁,尽量不用或少用。

（4）绘图纸:一般实验图用图画本即可,但要求铅笔线容易擦掉且不易起毛为宜。

2. 绘细胞组织结构图一般采用临摹法。就是根据显微镜下切片的图像,一边观察,一边描绘。通常先勾画出大轮廓,再勾画细胞轮廓,然后精绘各种细胞,并表现其特征。

3. 注意事项

（1）图的大小及在纸上的分布位置要适当,一般画在纸的中央靠左边,并向右方画引线注明各部分名称。引线要整齐平行,各部名称写在引线右边。

（2）画图时先用轻淡小点或轻线条画出轮廓,再依照轮廓一笔画出与物像相符的线条。线条要清晰,比例要精确,较长的线条要向顺手的方向运笔,或把纸转动再画。同一线条要粗细相同,中间不要有断线或开叉的痕迹,线条也不要涂抹。

（3）画出的图要正确,观察时要把混杂物、破损、重叠等现象区别清楚,不要把这些现象画上。

（4）图的明暗及浓淡应用细点表示,不要采用涂抹的方法。点细点时要点成圆点,不要点成小撇。

（5）整个图要美观、整洁。

（五）简易装片制作

取洋葱内质鳞叶 1 片,用刀片在内表面轻轻划 3~5 mm^2 的小方块,用镊子撕取,放在滴有蒸馏水的载玻片上,浸入水中,并用解剖针挑平。将盖玻片一端接触水滴,另一端用解剖针顶住慢慢放下,以免产生气泡,用吸水纸吸出多余水分。从盖玻片的一侧轻轻滴入 1 滴碘液,如果液体过多,用吸水纸吸出,即制成简易装片(图 1-1-10)。

（六）植物细胞结构的观察

将制作的洋葱表皮装片放在载物台上,先用低倍物镜观察,可看到许多长形的细胞,再换用高倍物镜观察细胞的详细结构,可看到以下各部分:

1. 细胞壁:包围在细胞的最外面。

2. 细胞质:幼嫩细胞的细胞质充满整个细胞,成熟细胞的细胞质,由于大液泡的形成,被挤压到紧贴细胞壁部分而形成一薄层。

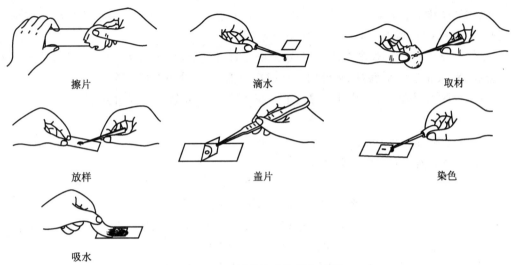

擦片　　　　　　　滴水　　　　　　　取材

放样　　　　　　　盖片　　　　　　　染色

吸水

图 1-1-10　简易装片的制作过程

3. 细胞核:细胞质中有 1 个染色较深的圆球形颗粒,即为细胞核,有时还可看到核仁。

4. 液泡:将光线调暗,可见细胞内较亮的地方,即为液泡。幼嫩植物细胞的液泡较小而数目多,成熟细胞通常只有 1 个中央大液泡,占细胞的绝大部分。

五、实验作业

绘洋葱鳞叶表皮细胞结构图,并注明各部分名称。

内容二　植物的组织

细胞生长和分化形成许多不同类型的细胞群。形态结构相似、生理功能相同、在个体发育中来源一致的细胞群组成的结构和功能单位,称为组织。植物的各个器官,即根、茎、叶、花、果实和种子,都是由几种组织构成的。每一种组织具有一定的分布规律,行使一种主要的生理功能,各种组织的功能相互配合、相互依赖,保证了某一器官所担负的生理功能得以正常进行。植物组织根据形态结构和生理功能的不同,可分为分生组织和成熟组织两大类。

一、分生组织

植物体内由一些具备持续分裂能力的细胞组成的细胞群,称为分生组织。分生组织的细胞代谢旺盛,具有很强的分裂能力;一般细胞排列紧密,无细胞间隙;细胞壁薄,细胞核大。分生组织主要存在于植物的生长部位,由于分生组织的存在,植物才能始终保持生长的能力或潜能,植物体才能得以终生不断地伸长或增粗。

分生组织按照所处的位置不同,分为顶端分生组织、侧生分生组织和居间分生组织(图 1-2-1)。顶端分生组织位于根、茎和分枝的顶端,该组织的细胞经分裂和生长,可使根、茎不断伸长,形成侧枝、叶、侧根和生殖器官。侧生分生组织存在于植物的根和茎的内侧,是植物结构中的形成层。居间分生组织是顶端分生组织在某些器官中局部区域的保留,存在于植物茎的节间基部和叶片基部,禾本科植物的拔节、抽穗都是居间分生组织活动的结果。

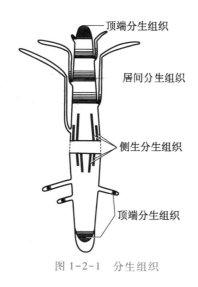

图 1-2-1　分生组织

微课　植物的分生组织

二、成熟组织

由分生组织分裂产生的细胞,经过生长和分化逐渐转变为具有一种特定功能的成熟组织。成熟组织中除分化程度不高的少数组织具有恢复分裂的能力外,其余成熟组织一般不具分裂能力,因此,成熟组织又称永久组织。成熟组织根据形态、结构和功能的不同,又可分为 5 种类型。

动　脑　筋

韭菜和葱收割后为什么还能继续生长出新的茎叶?

1. 保护组织

保护组织存在于植物体的表面,由 1 层或数层排列紧密的细胞构成,它的作用是防止水分过度蒸腾、机械损伤和病虫侵害。植物的保护组织由表皮和周皮组成。

（1）表皮:是存在于植物体幼嫩的根、茎、叶、花、果实等表面的 1 层活细胞,细胞排列紧密、镶嵌,除气孔外无细胞间隙;细胞外壁较厚,并角化形成角质层;细胞内不含叶绿体(图 1-2-2)。有些植物表皮上还有蜡层和表皮毛等,加强表皮的保护作用。

（2）周皮:植物根和茎的不断增粗,造成其表皮组织破裂,表皮被破坏后的植物可形成一种新的保护组织——周皮。周皮存在于根和茎的表面,由木栓层、木栓形成层和栓内层组成,其中木栓层位于最外层,它由数层死细胞构成,因而具有更强的保护作用。

2. 基本组织

基本组织是植物体内数量较多、分布最广的组织,因其由薄壁细胞组成,也称为薄壁组织(图 1-2-3)。基本组织是植物体内进行各种代谢活动的主要组织,担负着吸收、同化、贮藏和通气的功能,具有潜在的分生能力,是嫁接、扦插成活和组织培养的基础。基本组织根据生理功能不同分为吸收组织(根尖分生区)、同化组织(叶肉细胞)、贮藏组织(胚乳)、通气组织(气道)和传递细胞。

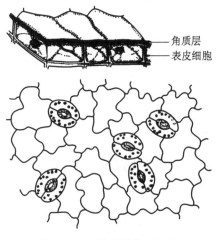

角质层
表皮细胞

图 1-2-2　保护组织(表皮)

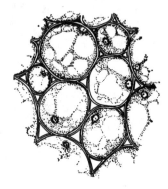

图 1-2-3　基本组织

3. 机械组织

机械组织是对植物体起机械支持和加固作用的组织,在根和茎内很发达。细胞壁发生局部或全部加厚,根据增厚程度不同,分为厚角组织和厚壁组织两类。厚角组织的细胞壁只在角隅部位增厚(图 1-2-4),是活细胞,细胞内有叶绿体,一般存在于幼茎、花柄和大的叶脉部分的表皮内侧。厚壁组织的细胞壁全部加厚,原生质体消失,是死细胞,分为纤维和石细胞两种(图 1-2-5)。

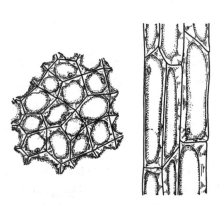

图 1-2-4　厚角组织

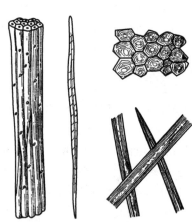

图 1-2-5　厚壁组织

4. 输导组织

输导组织是植物体内担负物质长途运输的主要组织,由管状细胞上、下相连而成,贯穿于植物体各个器官内。输导组织根据其结构和功能,分为导管(管胞)和筛管两类。

导管(管胞)的主要功能是运输水和无机盐。导管细胞的原生质体和横壁消失,纵壁增厚并木质化,是死细胞。导管的细胞壁增厚不均匀形成不同的花纹,据此可将导管分为多种类型(图 1-2-6)。管胞是两端斜尖的狭长细胞,也是死细胞,管胞的输导能力不及导管,也有多种类型。

筛管的主要功能是运输有机物质。组成筛管的细胞壁较薄,含原生质体,细胞核消失,是活细胞。筛管上、下相邻细胞间的横壁上有许多小孔,称为筛孔。具有筛孔的细胞壁称为筛板。筛管细胞的原生质通过筛孔相连,成为有机物运输的通道。伴胞是位于筛管旁边的较小而狭长的活细胞,它与筛管相邻的侧壁之间有胞间连丝相通,有助于筛管的运输(图1-2-7)。

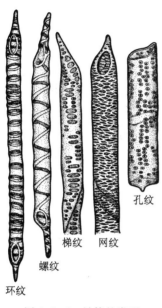

图1-2-6　导管的类型

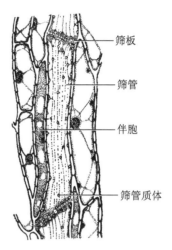

图1-2-7　筛管和伴胞

5. 分泌组织

分泌组织是指能产生、贮藏和输导分泌物的组织。分泌物包括蜜汁、挥发油、黏液、树脂、乳汁、单宁、生物碱和盐类等物质(图1-2-8)。分泌结构分为外分泌结构(腺毛、腺鳞、蜜腺、盐腺、排水器)和内分泌结构(分泌细胞、分泌腔、分泌道、乳汁管)两大类。

三、维管系统

1. 维管束

植物体内,有些组织往往聚集在一起形成束状。导管、管胞、木质纤维和木质薄壁细胞聚集在一起,形成木质部;筛管、伴胞、韧皮纤维和韧皮薄壁细胞聚集在一起,形成韧皮部。由木质部和韧皮部共同组成的束状结构称为维管束。维管束贯穿于植物体的各个部分,形成一个复杂的网状系统,起着运输养料和支持植物体的作用。维管束可分为无限维管束和有限维管束两种类型。

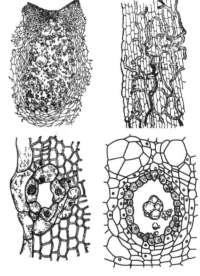

图1-2-8　分泌组织

(1)无限维管束:这种维管束由木质部、韧皮部和形成层组成。由于形成层的活动,能够产生新的木质部和韧皮部,使植物的根和茎不断增粗。双子叶植物的维管束一般为无限维管束。

　　（2）有限维管束：这种维管束只由木质部和韧皮部组成，二者之间无形成层，因而，根和茎生长到一定程度后不再增粗。单子叶植物的维管束一般是有限维管束。

动 脑 筋

将树皮割下后，树木还能存活吗？为什么？

　　2. 维管组织

　　组成维管束的木质部和韧皮部通常是由输导组织、薄壁组织和机械组织等几种组织组成，是一种复合组织。通常，我们将木质部和韧皮部或者其中之一，称为维管组织。维管组织的形成，在植物系统进化过程中，对于适应陆生生活有着重要的意义。从蕨类植物开始就有了维管组织的分化，种子植物体内的维管组织则更为发达进化，我们将蕨类植物和种子植物总称为维管植物。

　　3. 维管系统

　　维管组织错综复杂地贯穿于某一器官或整个植物体中，组成一个结构和功能上的单位，使一个器官或整个植物体的各个部分都连接起来。一个植物整体上或一个器官的全部维管组织总称为维管系统。

复习思考题

　　1. 什么是组织？说明植物组织的种类、特征、功能和在植物体内的分布。

　　2. 什么是维管束？维管束可分为哪两种类型？有何区别？

　　3. 为什么松、柏等树木可以多年生长，而黄瓜、玉米等作物只有 1 年寿命？

 植物分类的基本知识

一、植物分类的方法

　　植物分类的方法有人为分类法和自然分类法两种。根据植物的经济用途、形态、习性等的 1 个或几个特点作为分类标准的分类法称为人为分类法；而根据植物相同点的多少作为分类标准的方法称为自然分类法。自然分类法可大致反映出物种彼此间亲缘关系的远近和植物在进化中的地位。

二、植物分类的单位

　　种是分类学上的基本单位。根据进化学说，一切生物起源于共同的祖先，彼此间都有亲缘关系，并经历从低级到高级、由简单到复杂的系统演化过程。分类学上按自然分类法把亲缘关系相近的种归纳为属，相近的属合为科，相近的科并为目，以至成纲、门、界等分类单位。因此，界、门、纲、目、科、属、种是分类学上的各级分类单位，各级分类单位又根据需要划分为亚门、亚目、亚科、亚属、亚种（变种）、变型等。

三、植物命名法

　　植物的名称是以"双名法"（由瑞典植物学家林奈创立）命名的。该方法以两个拉丁文的词给植物命名，第 1 个词是属名，通常表示植物的特点、产地等，为名词，第 1 个字母要大写；第 2 个词是种名，通常表示产地、习性或特征等，为形容词，也可以是名词，要小写。一个完全的拉丁文名词还要在名称之后附加命名人的姓名或姓名的缩写，第 1 个字母要大写；如果是变种，在命名人的姓名后面加上 1 个变种的缩写（var.），然后再加上变种名。例如，糯稻的学名为：

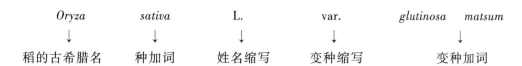

Oryza	*sativa*	L.	var.	*glutinosa matsum*
↓	↓	↓	↓	↓
稻的古希腊名	种加词	姓名缩写	变种缩写	变种加词

"双名法"克服了国家、地区的限制,避免了同物异名和同名异物情况的发生,便于植物研究与学术交流。

内容三　植 物 的 根

根是植物的地下营养器官,它的主要生理功能是使植物固定在土壤中并对地上部分起支持作用;根能从土壤中吸收水、无机盐和一些小分子物质;根能合成氨基酸、植物碱和激素等;根还具有贮藏、繁殖、输导和分泌的功能。

根据发生部位的不同,可将根分为主根、侧根和不定根3种。主根是由种子的胚根发育而成的,是植物体最早出现的根。主根上发生的分枝以及分枝再发生的各级分枝称为侧根。由于主根和侧根都有一定的发生位置,所以称为定根。从茎、叶、老根或胚轴上产生的根称为不定根。一株植物地下部分所有根的总体,称为根系。根系可分为直根系和须根系。

一、根尖的分区

植物的根从尖端到着生根毛的一段,称为根尖。根尖是根生命活动最活跃的区域。根尖从其尖端向后依次可分为根冠、分生区、伸长区和根毛区(成熟区)4个区(图1-3-1)。

1. 根冠

根冠位于根尖的最顶端,是由许多排列疏松的薄壁细胞组成的帽状结构,对根尖起保护作用;根冠能分泌黏液,起润滑作用;根冠细胞的原生质内含有淀粉体,与根的向地性生长有一定的关系。

2. 分生区

分生区位于根冠上方,属于顶端分生组织。由于新产生的细胞不断补充根冠和转变成伸长区,因此分生区的长度是相对固定的。

3. 伸长区

伸长区位于分生区的上方,该区细胞逐渐停止分裂并迅速伸长。伸长生长所产生的伸长力量,是根尖深入土层的主要推动力。

4. 根毛区(成熟区)

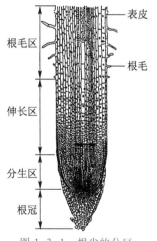

图1-3-1　根尖的分区

根毛区位于伸长区的上方,该区细胞不再伸长,开始分化成各种成熟组织。根毛区表面生有根毛,扩大了根的吸收面积。根毛区内根的基本结构完全形成。根毛区是根吸收水和无机盐的主要部位。

二、根的结构

1. 双子叶植物根的初生结构

根分生区的细胞经过不断的分裂、伸长、分化所形成的结构(成熟区结构),称为初生结构。

双子叶植物根的初生结构由外向内依次为表皮、皮层和维管柱 3 个部分(图 1-3-2)。

（1）表皮：表皮是根最外一层细胞，排列紧密，无细胞间隙，细胞壁薄，细胞外壁向外突出形成根毛，扩大了根的吸收面积。表皮的吸收作用较其保护作用更为重要。

（2）皮层：皮层位于表皮和维管柱之间，由许多薄壁细胞组成，根毛吸收的水和无机盐通过皮层进入维管柱。皮层也具有储运和通气的作用。

皮层从外向内依次分为外皮层、中皮层和内皮层。内皮层仅由 1 层细胞组成，这层细胞的上、下壁和两个侧壁局部增厚成为凯氏带。外界向内转移的水和无机盐无法超越凯氏带，也无法在细胞壁和细胞质之间移动，唯一的通道，只能通过具有选择性的细胞质才能进入维管柱内。这说明根对物质的运输具有严格的选择性和调控作用(图 1-3-3)。

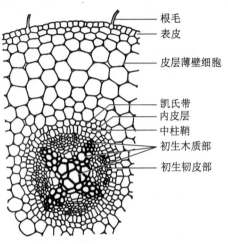

根毛
表皮
皮层薄壁细胞
凯氏带
内皮层
中柱鞘
初生木质部
初生韧皮部

图 1-3-2　双子叶植物根的初生结构横切

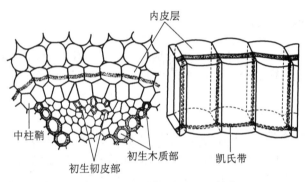

内皮层
中柱鞘
初生韧皮部
初生木质部
凯氏带

图 1-3-3　植物根内皮层的结构

（3）维管柱：皮层以内的部分，称为维管柱，包括中柱鞘、维管束和髓 3 个部分。中柱鞘由 1 层或几层排列紧密的薄壁细胞组成，具有潜在的分裂能力(恢复分生能力，在次生结构中形成木栓形成层)，在一定条件下，能产生侧根或不定芽。维管束由初生木质部、初生韧皮部和夹于其间的具有潜在的分裂能力(恢复分生能力，在次生结构中转变为形成层)的薄壁细胞组成，主要功能是运输水、无机盐和有机物质。少数双子叶植物的根在维管柱中央有由薄壁细胞组成的髓，但多数双子叶植物根的中央被初生木质部所占满，因而没有髓。

2. 双子叶植物根的次生结构

大多数双子叶植物根的初生结构形成后，由于形成层和木栓形成层的产生及分裂活动所形成的结构，称为次生结构。双子叶植物根的次生结构由外向内依次为：周皮(木栓层、木栓形成层、栓内层)、韧皮部(初生韧皮部、次生韧皮部)、形成层、木质部(次生木质部、初生木质部)和射线等部分。有些植物还有髓。

3. 禾本科植物根的结构

禾本科植物的根由表皮、皮层和维管柱 3 个部分组成(图 1-3-4)，与双子叶植物根的初生结构相似,但也有不同之处。

(1) 表皮:表皮是根最外一层,由排列紧密的活细胞组成。

(2) 皮层:皮层中靠近表皮的 2～3 层细胞在根生长后期变为厚壁组织,起支持和保护作用。水稻幼根皮层细胞形成较大的细胞间隙,以利于通气;水稻老根的皮层细胞,有明显的气腔,并与茎、叶的气腔相通,成为良好的通气组织。

禾本科植物根的内皮层发生 5 面加厚,只有外切向壁不加厚,在横切面上呈马蹄形,这些内皮层细胞能阻止水分和无机盐进入维管柱。水分和无机盐可以通过通道细胞进入木质部。

(3) 维管柱:中柱鞘细胞均为 1 层,随着发育逐渐由薄壁细胞转变为厚壁细胞。禾本科植物为有限维管束,所以不能形成次生结构。在发育后期,髓可转变为厚壁组织,加强了维管柱的支持与巩固作用。

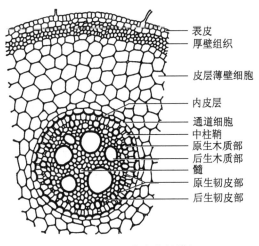

表皮
厚壁组织
皮层薄壁细胞
内皮层
通道细胞
中柱鞘
原生木质部
后生木质部
髓
原生韧皮部
后生韧皮部

图 1-3-4　小麦幼根横切

三、根的变态

由于长期适应周围环境,植物的营养器官在形态结构及生理功能上发生变化,成为该种植物的遗传特性,这种现象称为变态。植物的变态器官在外形上往往不易区分,常要从形态发生上来判断。

根据形态和功能的不同,将根分为贮藏根、气生根和寄生根 3 种变态类型。

1. 贮藏根

这类变态根贮藏大量的营养物质,通常分为肉质直根和块根两种。

(1) 肉质直根:肉质直根常见于二年生或多年生的草本双子叶植物,主要由主根发育而成,所以每株只有 1 个肉质直根,如萝卜、胡萝卜等。萝卜的肉质直根大部分是次生木质部,其中的木质薄壁组织非常发达,贮藏着大量的营养物质,且不木质化,为食用的主要部分。胡萝卜的肉质直根中大部分是次生韧皮部,其中的韧皮薄壁组织非常发达,贮藏着大量的营养物质。

(2) 块根:块根是由不定根或侧根经过增粗生长而成的肉质贮藏根,内部贮藏着大量营养物质。如甘薯的块根中含有丰富的淀粉,是重要的杂粮作物(图 1-3-5)。

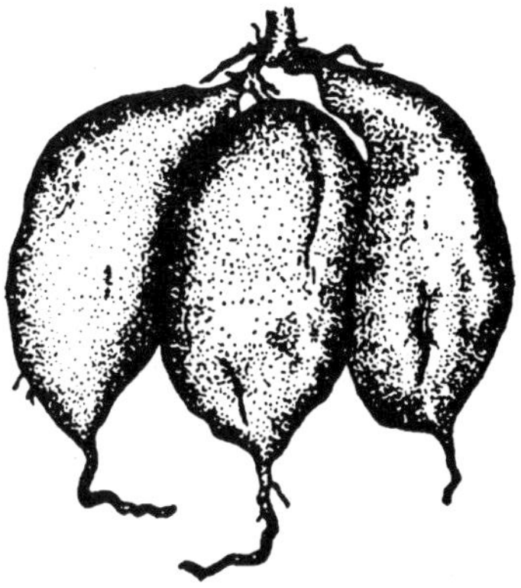

2. 气生根

凡露出地面,生长在空气中的根均称为气生根(图 1-3-6)。气生根根据所担负的生理功能不同,又可分为以下几类。

图 1-3-5　甘薯块根

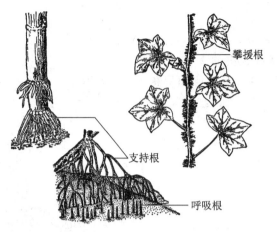

图 1-3-6　气生根

（1）支持根：如玉米、高粱等的支持根，除具有支持作用外，还可从土壤中吸收水分和无机盐。

（2）呼吸根：如生长在沿海或沼泽地带的红树、水松等，它们有一部分根从腐泥中向上生长，暴露在空气中，形成呼吸根。呼吸根组织疏松，适于输送和贮存空气。

（3）攀缘根：如藤本植物常春藤、凌霄等，从茎上产生许多不定根，固着在其他物体的表面而攀缘上升，称为攀缘根。

3. 寄生根

寄生植物如菟丝子，它的叶退化成鳞片，不能进行光合作用，以突起状的根伸入寄主茎的组织内，彼此的维管组织相通，从寄主体内摄取营养物质。

动　脑　筋

到田间仔细观察玉米，思考什么生长环境中玉米的气生根多？为什么？

微课　植物根的变态

复习思考题

1. 以大豆和小麦为例，说明直根系和须根系的区别。
2. 根尖可分为几个区？各区有什么特点和功能？
3. 双子叶植物根的初生结构有什么特点？说明凯氏带的作用。
4. 禾本科植物的根有哪些特点？
5. 根有哪些变态类型？变态后各有什么功能？

根状独木林

谜语说"二木不成林"（谜底是"相"字），但在热带森林里却有"独木成林"的现象，一棵大榕树就是一片小树林。榕树的树干上挂着数不清的"枝条"，其实那是根。这种根生长在树干上和空气中，叫气生根。气生根有大有小，有粗有细，有的吊在半空中，有的扎在地面上，扎在地面上的就又变成了新生的树干。日子久了，一棵榕树就逐渐变成了一片小树林，因为是一棵树形成的，又叫独木林。我国广东有一棵大榕树,树干直径15 m,树冠遮阴面积足有0.2 hm²。印度有一棵大榕树,树荫下能坐7 000人乘凉。

很多植物都有气生根,玉米、高粱、吊兰等都会生出气生根。气生根可以吸收空气中的养料,供给植物生长发育的需要。

内容四　植物的茎

茎是联系植物根、叶,输导水分、无机盐和有机物的营养器官。除少数茎生于地下外,大多数的茎生长在地上。茎上着生芽,芽萌发生长形成分枝和叶,组成庞大的枝叶系统,支持着整个植物体。茎也具有贮藏和繁殖的功能。

一、茎的形态

茎上着生叶的部位,称为节。两个节之间的部分,称为节间。着生叶和芽的茎,称为枝条。因此,茎就是枝条上除去叶和芽所留下的轴状部分。枝条上叶片脱落后留下的痕迹,称为叶痕。叶痕中,枝条和叶柄之间维管束断离留下的痕迹,称为叶迹或维管束痕。鳞芽的芽鳞片脱落后留下的痕迹,称为芽鳞痕。在木本植物的茎上还有很多小突起,称为皮孔,它是枝条与外界进行气体交换的通道。一般情况下,可以将叶痕的形状、叶迹的分布、皮孔的形状和数目作为识别树种的依据。同时,根据枝条上芽鳞痕的数目和相邻芽鳞痕之间的距离,可以判断枝条的生长年龄和生长速度(图1-4-1)。

根据生长习性可将茎分为直立茎、缠绕茎、攀缘茎和匍匐茎4种。

二、芽的结构及其类型

1. 芽的结构
芽是未发育的枝条、花或花序的原始体。如果把一个芽纵切,可以看到以下结构(图1-4-2):

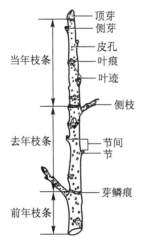

图 1-4-1　胡桃冬枝形态

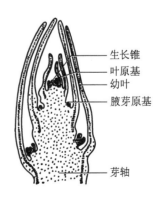

图 1-4-2　芽的纵切

（1）芽轴：芽的中央轴，芽的各部分均着生其上，是未发育的茎。

（2）生长锥：芽的中央轴顶端的分生组织。

（3）叶原基：生长锥周围的一些小突起，是叶的原始体。

（4）幼叶：生长锥周围的大型突起，将来形成成熟的叶。

（5）腋芽原基：生长在幼叶腋内的突起，将来形成腋芽。

（6）鳞片：包围在芽的外面，起保护作用。

2. 芽的类型

（1）按芽生长的位置分：在枝条上有固定的着生位置的芽称为定芽，着生在枝条顶端的定芽为顶芽，着生在叶腋处的定芽为侧芽（腋芽）。生长在老根、茎或叶上的芽称为不定芽，如着生在甘薯、蒲公英和榆等根上的芽，在落地生根和秋海棠叶上的芽，桑、柳等老茎或创伤切口上产生的芽等。不定芽在植物的营养繁殖上应用广泛，在农、林、园艺工作上具有重要的意义。

（2）按芽的结构和性质分：将来发育为枝条的芽为叶芽或枝芽，将来发育为花或花序的芽为花芽，可以同时发育成枝和花的芽为混合芽。叶芽决定着主干与侧枝的关系与数量，花芽决定着花和花序的结构、品质和开花的迟早及结果的多少。

（3）按芽的生长状态分：分化完善能在当年生长季节萌动生长的芽为活动芽。在当年生长季节中暂不萌动，必须经过一段休眠期，甚至多年也不萌发的芽为休眠芽。休眠芽能使植物体内的养料有大量的储备。有些多年生植物的植株上，休眠芽长期潜伏着，只有在植株受到创伤和虫害时，才打破休眠开始活动，形成新枝。休眠芽控制侧枝发生，使枝叶在空间上合理安排，并保持充沛的后备力量，从而使植株得以稳健地成长和生存，是植物长期适应外界环境的结果。

（4）按芽鳞的有无分：外面有芽鳞保护的芽，称为鳞芽。多数多年生木本植物的越冬芽，不论是枝芽或花芽，外面都有鳞片包被。鳞片是叶的变态，有厚的角质层，有时还覆被着毛茸或分泌的树脂黏液，借以减少蒸腾和防止干旱及冻害，保护幼嫩的芽。它对生长在温带地区的多年生木本植物，如杨、桑、悬铃木等的越冬起了很大的作用。所有一年生植物、多数二年生植物和少数多年生木本植物的芽，外面没有芽鳞，只被幼叶包着，称为裸芽。

微课　植物的芽

三、茎的分枝

不同植物的茎在长期的进化过程中，形成各自的生长习性以适应外界环境，使叶在空间上合理分布，尽可能地充分接受日光照射，制造自己生活所需的营养物质，并完成繁殖后代的生理功能。分枝是植物生长时普遍存在的现象，是植物的基本特征之一。分枝一般由腋芽发育而来。种子植物常见的分枝方式有4种（图1-4-3）：

1. 单轴分枝

从幼苗开始，主茎顶芽活动旺盛，形成明显的主干，侧芽相继展开，形成细的侧枝，侧枝以同样方式再形成次级分枝，这种分枝方式为单轴分枝。单轴分枝的植物高大挺直，适于建筑和造船，如杨、松、柏等植物的分枝。

2. 合轴分枝

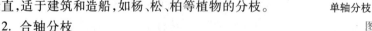

单轴分枝　　　合轴分枝　　　假二叉分枝

图1-4-3　茎的分枝

顶芽生长到一定时期，生长缓慢、停止甚至死亡。顶芽下面的腋芽代替顶芽继续生长形成侧枝，侧枝又以同样的方式分枝,这种分枝方式称为合轴分枝。合轴分枝的植株上部或树冠呈开展状态,既提高了支持和承受能力,又使枝叶繁茂,通风透光,有效地扩大光合作用面积,是先进的分枝方式。大多数被子植物具有这种分枝方式,如番茄、苹果、葡萄、马铃薯等。对于这类植物,在农业生产中应注意采取切除顶芽(摘心)和修剪枝条(整枝)的方法,使植物体内的营养物质更多地被利用到正在发育的花和果实中。如在蔬菜栽培中,瓜类、茄子等采用摘心、整枝的方法,能够促进早熟和丰产。在果树栽培中,采用摘心、整枝的方法,能够培育理想的矮而宽的树形,既能增产,又利于管理。

3. 假二叉分枝

具有对生叶序的植物,主茎顶芽活动到一定时间停止生长甚至死亡,或顶芽是花芽,而顶芽下面的两个侧芽同时生长形成两个侧枝,侧枝再以同样的方式分枝,这种分枝方式称为假二叉分枝,如丁香、石竹、泡桐等植物的分枝。

4. 分蘖

分蘖是禾本科植物特殊的分枝方式。植物生长初期,茎基部节间很短,不伸长且密集在一起,这些节称为分蘖节,每个分蘖节上都有 1 个腋芽,当幼苗生长到一定时期,有些腋芽开始活动,迅速生长为新枝,同时在这些分蘖节上产生不定根,这种分枝方式称为分蘖,如小麦、水稻等植物的分枝(图 1-4-4)。从主茎上长出的分蘖称为一级分蘖。由一级分蘖长出的分蘖称为二级分蘖,以此类推。能抽穗、结实的分蘖称为有效分蘖,不能抽穗或虽能抽穗但不能结实的分蘖称为无效分蘖。不同的禾本科作物,其分蘖能力的强弱是不同的;同一种作物的不同品种,其分蘖能力也有差异。例如,水稻、小麦分蘖能力较强,可形成大量分蘖,而玉米、高粱分蘖能力较弱,一般不产生分蘖。农业生产上,常采用合理密植、巧施肥料、控制水肥、调整播种期、选取适合的作物种类和品种等措施,来促进有效分蘖的生长发育,控制无效分蘖的发生,以保证足够的穗数并节省养分,达到高产的目的。

四、茎的结构

1. 双子叶植物茎的初生结构

茎顶端的分生组织(生长锥),经过分裂、伸长和分化而产生的结构,为双子叶植物茎的初生结构。在横切面上,该结构由表皮、皮层和维管柱 3 个部分组成(图 1-4-5)。

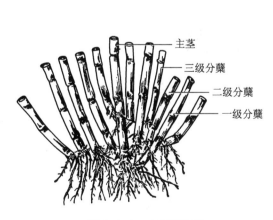

图 1-4-4 小麦的分蘖

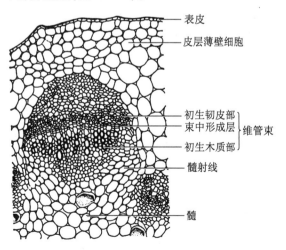

图 1-4-5 双子叶植物茎的初生结构

（1）表皮：表皮是位于茎的最外一层细胞，它的作用是保护内部的组织。表皮细胞的外壁角质化，形成角质层。有的植物表皮上有表皮毛，具有加强保护的作用。植物幼茎的表皮上还有少数气孔，是气体交换的通道。

（2）皮层：皮层位于表皮和维管柱之间，主要由薄壁细胞组成，紧靠表皮的几层细胞常分化为厚角组织，加强了幼茎的支持作用。在厚角组织细胞和一些薄壁细胞中常含有叶绿体，因而幼茎常呈现绿色，并能进行光合作用。水生植物茎的皮层薄壁细胞具有发达的细胞间隙，构成通气组织。有些植物茎的皮层中有分泌腔和乳汁管等分泌结构。有些植物茎的皮层细胞中含有晶体和单宁。

（3）维管柱：维管柱是皮层以内的所有部分的总称，由维管束、髓和髓射线组成。草本双子叶植物幼茎的横切面上，维管束呈椭圆形，各维管束之间的距离较大，它们呈环形排列于皮层内侧。多数木本植物幼茎的维管束彼此之间距离很小，几乎连成完整的环。维管束由初生韧皮部、形成层和初生木质部3个部分组成。髓和髓射线是维管柱内的薄壁组织。位于幼茎中央的部分称为髓，具有贮藏营养物质的作用。位于两个维管束之间连接皮层与髓的部分，称为髓射线，具有贮藏养料和横向运输的作用。

2. 双子叶植物茎的次生结构

由次生分生组织（形成层、木栓形成层）的细胞经过分裂、生长和分化而形成的结构，能够使茎加粗，这种结构称为茎的次生结构。

双子叶植物茎的次生结构由外向内依次为周皮（木栓层、木栓形成层和栓内层）、皮层（有或无）、初生韧皮部、次生韧皮部、形成层、次生木质部、初生木质部、髓等，在维管束之间有髓射线，维管束内有维管射线。

在木本植物茎的次生木质部中，常可看到一圈圈的同心圆环，是由季节变化引起木质部细胞紧实程度不同所造成的，称为年轮（图1-4-6）。

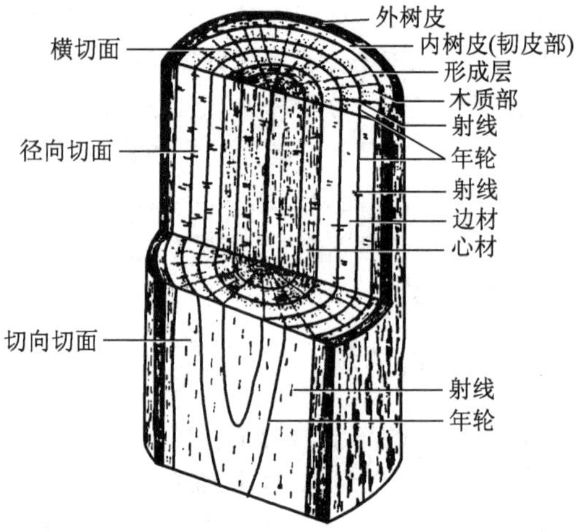

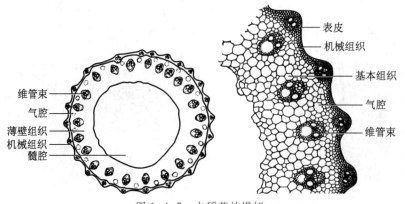

图1-4-6　双子叶植物茎的次生结构

3. 禾本科植物茎的结构

在横切面上，禾本科植物的茎由表皮、基本组织和维管束3部分组成（图1-4-7）。

图1-4-7　水稻茎的横切

（1）表皮：表皮是茎最外面的一层细胞，是保护组织。表皮上有少量的气孔。有些植物茎的表皮外面有一层蜡质。有些植物茎的表皮细胞发生木栓化或硅化，而硅酸盐沉积于细胞壁上的多少与茎秆的强度及对病虫害的抵抗能力有关。

（2）基本组织：基本组织主要由薄壁细胞组成。紧靠表皮的几层薄壁细胞分化成波浪状分布的厚壁组织，增强了植物的抗倒伏性。玉米、高粱等茎内充满基本组织，为实心结构。水稻、小麦等茎内的中央薄壁细胞解体，形成中空的髓腔。水稻基部节间的薄壁组织里分布着许多大型孔隙，称气腔。它是水稻长期适应生活在淹水条件下形成的良好的通气组织。一般情况下，抗倒伏的水稻品种髓腔较小，茎秆壁较厚，周围机械组织发达，维管束也较多。

（3）维管束：禾本科植物维管束数目很多，散生在基本组织中，每个维管束基本上由韧皮部和木质部组成，属于有限维管束。它们在茎的横切面上有两种排列方式。一种如小麦、水稻等植物，维管束排列成内、外两环。外环的维管束较小，位于近表皮的机械组织中；内环的维管束较大，位于近髓腔的薄壁组织中。另一种如玉米、高粱等，维管束散生于基本组织中，近边缘维管束较小，排列紧密；靠中央维管束较大，排列疏松。在每个维管束外面有厚壁组织组成的维管束鞘包围，增强了茎的支持作用（图1-4-8）。

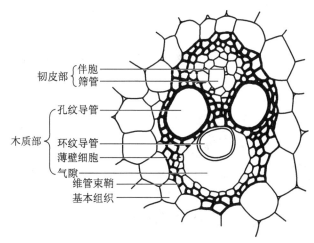

图1-4-8 玉米茎1个维管束放大

五、茎的变态

茎的变态类型很多，按变态发生的位置可分为地下茎的变态和地上茎的变态两大类。

1. 地下茎的变态

地下茎的形态结构虽然发生明显的变化，转变为贮藏或营养繁殖的器官，但仍具有茎的基本特征。常见的有以下几种类型：

（1）根状茎：生长在地下与根相似的茎称为根状茎，如芦苇、莲、姜、竹等。根状茎可存活1至数年，而且繁殖能力很强，若被切断，腋芽可再生为新株。具有根状茎的杂草往往很难除尽。姜的根状茎肉质肥厚，贮藏着大量的营养物质。莲的根状茎即为莲藕，内有发达的气道与叶相通（图1-4-9）。

（2）块茎：马铃薯的薯块是由地下茎的顶端膨大而成，是最常见的一种块茎。块茎的顶端有顶芽，四周有许多呈螺旋状排列的芽眼，每个芽眼内有2~3个芽，每个芽眼所在位置实际上相当于茎中的节，在螺旋线上相邻的两个芽眼之间的部分即为节间。块茎实际上是节间缩短的变态茎（图1-4-10）。

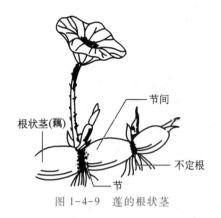

图 1-4-9　莲的根状茎

图 1-4-10　马铃薯的块茎

（3）鳞茎：鳞茎是单子叶植物中常见的地下变态茎，如洋葱、大蒜、水仙、百合等。洋葱鳞茎最中央部分为一个扁平而节间极短的鳞茎盘，其上生有顶芽，将来发育为花序。鳞茎盘上生有许多肉质肥厚的鳞叶，贮藏着大量营养物质，在肉质鳞叶外有几层膜质的鳞叶起保护作用。鳞茎盘下端可产生不定根，用于营养繁殖（图 1-4-11）。

（4）球茎：球茎是肥而短的呈球形的地下茎。如荸荠、慈姑的球茎，由长入土中的纤匐枝顶端发育而成；芋的球茎由基部发育而成。球茎的顶端有粗壮的顶芽，有时还有幼嫩的绿叶生于其上。球茎的节和节间明显，节上有干膜状的鳞叶和腋芽。球茎内贮藏着大量的营养物质，为特殊的营养繁殖器官（图 1-4-12）。

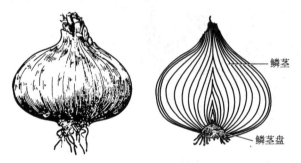

图 1-4-11　洋葱的鳞茎

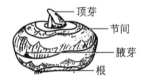

图 1-4-12　荸荠的球茎

2. 地上茎的变态

植物地上茎的变态类型很多，通常有以下几种（图 1-4-13）：

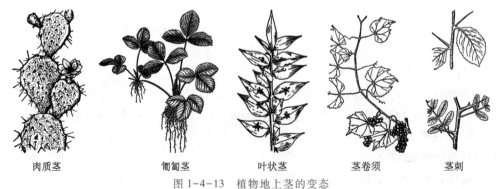

肉质茎　　　匍匐茎　　　叶状茎　　　茎卷须　　　茎刺

图 1-4-13　植物地上茎的变态

（1）肉质茎：肉质茎肥厚多汁，常为绿色，不仅可以贮藏大量的水和养料，还可以进行光合作用，具有极强的营养繁殖能力。许多仙人掌科植物具有这种变态茎。

（2）匍匐茎：有些植物的部分地上茎细长，匍匐地面，并在节上长出不定根，可形成独立的植株，借此进行营养繁殖，如草莓和蛇莓。

（3）叶状茎（叶养枝）：有些植物的叶子退化或早落，茎呈扁平状，可进行光合作用，这种茎称为叶状茎，如假叶树和竹节蓼。

（4）茎卷须：有些藤本植物的部分枝条变成卷须，以适应攀缘生长，茎卷须通常发生在叶腋上，其上不生叶片，如南瓜、葡萄等。

（5）茎刺：有些植物的部分枝条转变为刺，由腋芽发育而成，具有保护作用，如柑橘和山楂。

微课　茎的变态

复习思考题

1. 名词解释

　叶痕　叶迹　芽鳞痕　节　枝条　叶芽　花芽　混合芽

2. 双子叶植物茎的初生结构由哪几部分组成？各有什么作用？

3. 禾本科植物的茎由哪几部分组成？各有什么功能？

4. 茎有哪些变态类型？变态后有什么功能？

奇异的产"米"树

　　你是否知道在菲律宾、印度尼西亚有一种大"米"是长在树上的？这种树叫作董棕，是一种棕榈科植物。董棕形状像椰子树，树高 10 m 多，树干直径 20 cm 多，每棵树可产"米"100 kg 以上，大约 5 棵树抵得上 667 m²（约一亩）稻田的产量。这种"米"并不是真正的大米，人们管它叫西谷米，可作粮食用。董棕是怎样产"米"的呢？原来，董棕的树干贮藏有大量的淀粉类物质，树木成年后，只要把树砍倒，把树干纵向劈开，就可取出其中的淀粉。把这种淀粉放入清水中沉淀、晒干，再加工成均匀、洁白、像大米一样的颗粒，就是世界闻名的西谷米。

知识窗

内容五　植物的叶

　　叶是植物重要的营养器官，叶的主要生理功能：一是光合作用，利用二氧化碳和水合成有机物，供植物生长发育的需要；二是蒸腾作用，利用蒸腾作用带动植物体内的水分循环，保证植物营养物质的吸收和运输。此外，叶还有吸收、繁殖和气体交换等功能。

一、叶的形态

1. 叶的组成

双子叶植物的完全叶由叶片、叶柄和托叶 3 个部分组成,缺少其中任何部分的,称为不完全叶(图 1-5-1)。禾本科植物的叶由叶片、叶鞘、叶舌和叶耳组成(图 1-5-2)。根据叶舌、叶耳的形状、大小和有无可以识别植物。

图 1-5-1　双子叶植物完全叶的组成

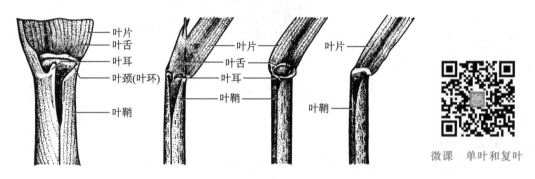

图 1-5-2　禾本科植物叶的组成

微课　单叶和复叶

2. 叶的形态

不同的植物,其叶片的形状、叶缘及叶脉的类型各不相同,这些都可以作为植物分类的主要依据。叶有单叶和复叶(三出、掌状、羽状、单身)两种类型。叶在茎上排列的方式,称为叶序。叶序可分为互生、对生、轮生和簇生 4 种类型。

二、叶的结构

1. 双子叶植物叶片的结构

双子叶植物叶片由表皮、叶肉和叶脉 3 个部分组成(图 1-5-3)。

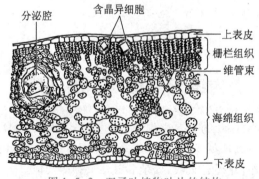

图 1-5-3　双子叶植物叶片的结构

（1）表皮：表皮分布在整个叶片的外表，分为上表皮和下表皮，一般由一层扁平而排列紧密的活细胞组成。表皮上常有表皮毛、气孔和水孔等结构。气孔是由两个肾形的保卫细胞围合而成的小孔，可以自动调节开闭，是植物与外界环境之间进行气体交换和水分蒸腾的孔道（图1-5-4）。

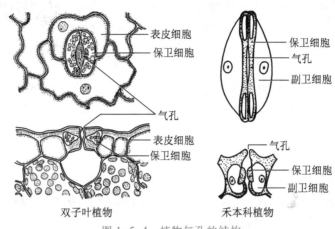

图1-5-4　植物气孔的结构

（2）叶肉：叶肉位于上、下表皮之间，叶肉细胞内含有大量的叶绿体，是植物进行光合作用的主要部分。多数植物的叶肉细胞分化为栅栏组织和海绵组织。栅栏组织靠近上表皮，是由一些排列较紧密的长圆柱状细胞组成，主要进行光合作用。海绵组织靠近下表皮，由一些排列较疏松的不规则状细胞组成，胞间隙发达，主要进行气体交换，也能进行光合作用。

大多数双子叶植物的叶片具有明显的背、腹面之分，称为两面叶。

（3）叶脉：叶肉的维管束称为叶脉。叶脉分布在叶肉组织中。其中粗大的主脉由木质部和韧皮部组成，木质部在上方，韧皮部在下方，中间有微少的形成层。形成层活动时间很短，因而，双子叶植物叶片增厚有限。叶脉的主要功能是起输导和支持作用。

2. 禾本科植物叶片的结构

禾本科植物的叶片也是由表皮、叶肉和叶脉3个部分组成。与双子叶植物相比，禾本科植物叶片有特殊性（图1-5-5）。

（1）表皮：表皮由一层排列紧密的活细胞组成，细胞的外壁含有角质和硅质。从横切面上看，在上表皮上具有许多呈扇形排列的泡状细胞（运动细胞），当外界环境发生变化时，这些细胞可以通过失水和吸水来调节叶片的生存状态，从而使植物适应环境。气孔是由两个哑铃形的保卫细胞组成的，在保卫细胞两旁还有1对近似半月形的副卫细胞（图1-5-4）。

（2）叶肉：禾本科植物的叶片无栅栏组织和海绵组织的分化，无背、腹面之分，称为等面叶，如水稻、小麦等。叶肉细胞形状不规则，胞间隙小，细胞壁向内皱褶，形成"峰、谷、腰、环"的结构（图1-5-6），这样有利于较多的叶绿体排列在细胞边缘，加大光合面积，增强了植物的光合作用。

（3）叶脉：禾本科植物叶片的主脉由木质部和韧皮部组成，无形成层。维管束鞘有两种类型：一类是由单层薄壁细胞组成的，如玉米、高粱等；另一类由两层细胞组成，外层为含叶绿体的薄壁细胞，内层为厚壁细胞，如大麦、小麦等。

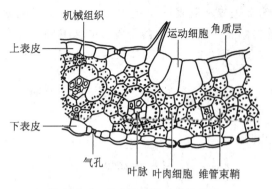

图 1-5-5　禾本科植物叶片的结构

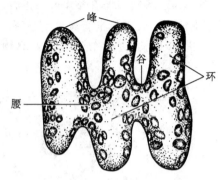

图 1-5-6　叶肉细胞的结构

三、叶的变态

适应不同的生长环境,叶具有鳞叶、叶卷须、苞叶、叶刺和叶捕虫器等变态类型(图 1-5-7)。

(1)鳞叶:叶特化或退化成鳞片状,如木本植物保护芽的芽鳞,根茎、球茎节上的膜质鳞叶,包围在鳞茎盘上贮藏养料的肉质鳞叶等。

(2)叶卷须:由叶的一部分变成卷须状,具有攀缘作用,如豌豆的卷须。

(3)苞叶(苞片):生在花下面的变态叶称为苞片。苞片很多而聚生在花序外围的称为总苞。苞片和总苞主要具有保护花芽和果实的作用,如玉米和菊科植物。

(4)叶刺:叶片或托叶特化为刺状称为叶刺。具有自身保护和减少水分蒸腾的作用。仙人掌、刺槐等植物的刺就是叶刺。

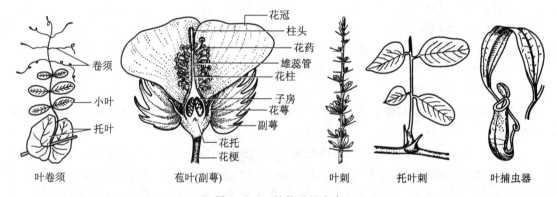

图 1-5-7　植物叶的变态

(5)叶捕虫器:食虫植物的叶子变成适宜于捕食昆虫的特殊结构。如猪笼草叶子的叶柄基部形成扁平的假叶状,中部细长如卷须,上部呈瓶状,叶片生于瓶口呈一小盖覆于其上。瓶

动　脑　筋

生长于不同环境中的植物叶子的形态特点是不同的,为什么?

内壁上长有倒生的刺毛,小虫一旦落入瓶内便很难逃脱。瓶内底部生有腺体,能分泌消化液,将落入的昆虫慢慢消化吸收。

微课 植物叶的变态

复习思考题

1. 何谓完全叶与不完全叶？
2. 双子叶植物叶片的结构由哪几部分组成？各部分有什么功能？
3. 禾本科植物叶片的结构有何特点？
4. 叶有哪些变态类型？变态后各有什么功能？

莲中之王——王莲

在拉丁美洲的亚马孙河流域，生长着世界上最大的莲花，名叫王莲。王莲的叶子很大，直径有 2 m 多，叶面能承重 40~70 kg，小孩坐在上面就像乘小船一样。它与普通莲花不同，虽然有花，有莲蓬，但根部却不长藕。它的根与玉米相似，种子也很像玉米的种子，富含淀粉，因而当地人称它为水中玉米，它的种子是印第安人的食物之一。

王莲是世界著名的观赏植物，许多国家的公园都有种植。我国于 1963 年引种成功，南方多种植在露天池塘里，而北方则需种在暖房里。

古 莲 花

莲花种子的寿命很长，我国就发生了千年莲子发芽、开花的事情。新中国成立初期，我国在辽东半岛新金县泡子屯（辽宁省普兰店）的干涸池塘里，挖掘出一批古莲子。它们埋藏在距地表 1~2 m 深的泥层里，经用 ^{14}C 同位素测定证明，距今已有千年的历史。科技人员钳去莲子两端各 1 mm，给予足够水分，在恒温 20℃ 的条件下，2 d 之后古莲子裂开了嘴，3 d 后吐出了嫩绿的新芽，发芽率高达 96%。1953 年它们开了新花。现今，古莲花已成为普兰店的重要景观之一。

为什么古莲子寿命这样长？因为它们长期埋于地下，含水量低、呼吸缓慢，又有适量的气体。莲子外表皮坚硬的栅栏层间，横向贯穿有一条明线，起着防止水分和空气渗入或丧失的作用。同时，由于莲子内有 1 个小气室储存有氧气、二氧化碳和氮气，所以寿命较长。

内容六 植物的花、果实和种子

花、果实和种子是植物的生殖器官，它们的主要功能是繁殖后代。被子植物在整个生长发育过程中,光合作用所积累的物质,除供营养生长外,主要用于果实和种子的形成。

一、植物的花

1. 植物花的组成

(1)双子叶植物花的组成:花是植物重要的生殖器官。典型的花通常由花柄、花托、花萼、花冠、雄蕊和雌蕊组成(图1-6-1)。一朵花中具有上述6部分的称为完全花,缺少其中之一的为不完全花。花柄和花托是茎的变态,花萼、花冠、雄蕊和雌蕊是叶的变态,所以花是适应于有性生殖的变态短枝。雄蕊由花药和花丝组成,雌蕊由柱头、花柱和子房组成。其中,花被(花萼与花冠的总称)的数目及排列方式、雄蕊的数目及类型、雌蕊的数目及离合等是鉴别植物的主要标志。

(2)禾本科植物花的组成:水稻、小麦、玉米等禾本科植物的花与一般双子叶植物的花的组成不同。禾本科植物的花通常由2枚稃片、2枚浆片、3~6枚雄蕊和1枚雌蕊组成。稃片位于花的最外面,外稃中脉显著,延长成为芒。开花时浆片吸水膨胀,将内、外稃撑开,使花药和羽毛状柱头露出,以适应于风力传粉。禾本科植物通常由1至数朵小花与1对颖片组成小穗,再由许多小穗集合成为不同的花序(穗)类型(图1-6-2)。

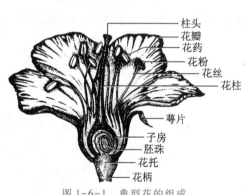

图1-6-1　典型花的组成

图1-6-2　水稻花的组成

2. 雄蕊和雌蕊的结构

雄蕊由花药和花丝组成。花药在横切面上呈蝶形,一般由4个花粉囊组成,囊内有许多花粉粒,每个成熟的花粉粒内含有1个营养核和2个精子,它们均为单倍体。雌蕊由柱头、花柱和子房组成。子房内着生胚珠,成熟胚珠由珠心、珠被、珠孔、珠柄、合点和胚囊组成。胚囊中含有3个反足细胞、2个极核(中央细胞)、2个助细胞和1个卵细胞,均为单倍体(图1-6-3)。

微课　花的组成和类型

二、植物的果实和种子

当花粉粒和胚囊(或其中之一)成熟时,花被展开,雄蕊和雌蕊暴露出来,植物即完成开花过程。经自花或异花传粉,成熟花粉粒落到雌蕊的柱头上,通过识别反应,亲和的花粉粒萌发形成花粉管进入柱头,穿过花柱到达并进入子房。此时,营养核已解体,2个精子进入胚囊,1个精子

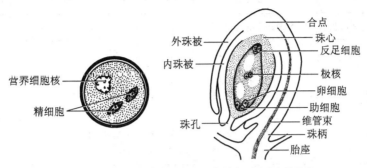

图 1-6-3　成熟花粉粒(左)和成熟胚珠(右)的结构

与卵细胞结合,成为合子(受精卵),合子将来发育成为胚。另 1 个精子与 2 个极核(中央细胞)结合,形成初生胚乳核,将来发育成为胚乳。花粉管中的 2 个精子分别与卵细胞及极核融合的过程,称为双受精作用。通过双受精作用,既保证了植物遗传的稳定性,又使植物生活力增强、适应性广、子代变异性增大。

1. 植物的果实

受精作用完成后,植物的花冠等器官枯萎、脱落,而子房却不断生长、膨大,外面的子房壁发育成果皮,最后形成果实。这种单纯由子房发育而成的果实,称为真果。真果的结构较简单,一般由外果皮、中果皮和内果皮组成,如桃、大豆等植物的果实。还有一些果实,除子房外,花托、花萼甚至整个花序都参与果实的形成和发育,这种果实称为假果,如梨、苹果、瓜类等植物的果实(图 1-6-4)。

微课　真果和假果

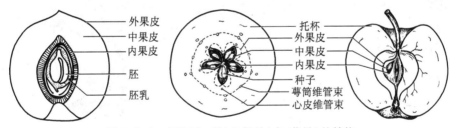

图 1-6-4　真果(左:桃)和假果(右:苹果)的结构

2. 植物的种子

受精后,植物的受精卵发育成为胚,初生胚乳核发育成为胚乳,珠被发育成为种皮,整个胚珠发育成为一粒种子。虽然不同植物种子的大小、形状、颜色各不相同,但其基本结构是一致的,一般由种皮、胚和胚乳组成(表 1-6-1)。

种子具有 1 片子叶的植物称为单子叶植物;种子具有 2 片子叶的植物称为双子叶植物。根据种子有无胚乳,通常把种子分为双子叶植物有胚乳种子(图 1-6-5)、双子叶植物无胚乳种子(图 1-6-6)、单子叶植物有胚乳种子(图 1-6-7)和单子叶植物无胚乳种子 4 种类型。

表 1-6-1　植物种子的基本结构

种皮		具保护作用,常为内、外两层,其上有种孔和种脐
胚	胚芽	一般由生长点和幼叶组成
	胚轴	是连接胚芽、胚根和子叶的轴(包括上胚轴和下胚轴)
	胚根	由生长点和根冠组成
	子叶	双子叶植物的胚有 2 片子叶,单子叶植物的胚有 1 片子叶,有些植物的胚为多子叶
胚乳		是贮藏营养物质的组织(无胚乳种子在种子形成前营养转移到子叶中)

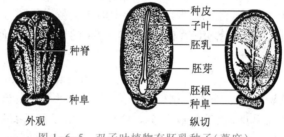

图 1-6-5　双子叶植物有胚乳种子(蓖麻)

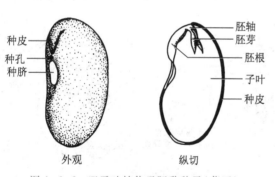

图 1-6-6　双子叶植物无胚乳种子(菜豆)

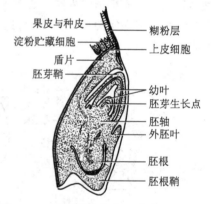

图 1-6-7　单子叶植物有胚乳种子(小麦胚)

　　发育正常的种子,在充足的水分、适宜的温度和足够的氧气条件下,开始萌发,种子萌发的过程是胚生长发育的过程,胚乳或子叶中的营养物质供胚生长利用。胚在生长过程中,首先是胚根突破种皮形成主根,再由主根生出侧根,同时,胚轴和胚芽突破种皮,形成茎和叶。由胚长成的幼小植物体,称为幼苗。子叶伸出土面的幼苗,称为子叶出土幼苗(如大豆、瓜类、苹果等)(图 1-6-8);子叶留在土中的幼苗,称为子叶留土幼苗(如玉米、高粱、豌豆等)(图 1-6-9)。子叶能否出土,主要取决于胚轴生长的特性。从子叶着生处到第 1 片真叶之间的一段胚轴,称为上胚轴;子叶着生处至根之间的一段胚轴,称为下胚轴。下胚轴能否伸长,取决于子叶能否出土。

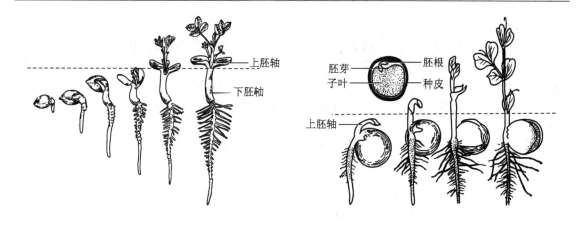

　　图 1-6-8　子叶出土幼苗　　　　　　　　图 1-6-9　子叶留土幼苗

　　一般来说,子叶出土幼苗播种要浅一些,但也要由下胚轴的顶土能力和种子中所含脂肪的多少而决定。子叶留土幼苗可适当深播,以利于幼苗扎根、防冻和抗旱。但是不管哪一种幼苗,都不能播种过深,否则会使胚轴过于伸长,消耗较多的养料,幼苗不易出土,易形成弱苗,甚至不能出苗。

微课　种子

复习思考题

1. 解剖一朵典型的花,指出花是由哪几部分组成的。
2. 说明禾本科植物花的结构特点。
3. 什么叫双受精作用? 说明双受精作用的优越性。
4. 简述种子的结构。
5. 种子分为哪几种类型? 各有什么特点?

实训 2　植物组织和器官结构的观察比较

一、技能要求

熟练使用显微镜,能够准确绘图,在显微镜下识别各组织、器官的结构特征。

二、实验原理

利用显微镜观察植物组织、器官的结构特征。

三、器材

(1) 仪器:显微镜,绘图用具等。

(2) 材料:各种组织器官的永久切片。

四、技能训练

(一) 根的结构观察

1. 根尖观察:取根尖纵切片观察,可见到植物根尖从其尖端向上依次为根冠、分生区、伸长区和根毛区(图 1-3-1)。根冠形成帽状,由薄壁细胞组成;分生区细胞排列紧密,细胞体积大、核小、质浓,由分生细胞组成;伸长区细胞明显液泡化,细胞纵向伸长;根毛区表皮细胞外壁向外突出形成根毛。

2. 双子叶植物根的初生结构观察：取双子叶植物根的横切片观察其初生结构(图 1-3-2)，由外向内由表皮、皮层、维管柱组成。表皮由薄壁组织组成，为初生保护组织，分布有根毛；皮层由薄壁组织组成，担负横向运输和贮藏营养物质的作用；维管柱包括维管柱鞘、初生木质部、初生韧皮部和薄壁细胞，初生木质部和初生韧皮部相间排列，维管柱鞘位于维管柱的最外部。

单子叶植物根的基本结构和双子叶植物根的初生结构基本相同，可对比观察，找出不同之处。

3. 双子叶植物根的次生结构观察：取双子叶植物老根横切片观察，可见其次生结构由外向内依次为周皮、次生保护组织、次生韧皮部、维管形成层、次生木质部组成，有些植物在根的中央还有髓。

一般情况下，次生韧皮部染成蓝色，在横切面上呈梯形分布；次生木质部染成红色，导管口径较大，占老根的绝大部分；在次生木质部内颜色深浅相间隔的线为年轮，根据年轮线可大致判断树木的年龄；次生木质部和次生韧皮部之间为维管形成层。

单子叶植物根不能进行次生生长，没有次生结构，所以不能增粗。

（二）茎的结构观察

1. 顶芽的观察：取顶芽纵切片观察，可见顶芽由生长锥、叶原基、幼叶、腋芽原基组成(图 1-4-2)。有些植物芽外还有鳞片，具有保护作用。

2. 双子叶植物茎的初生结构的观察：取双子叶植物茎的初生结构横切片观察，可见从外向内依次为表皮、皮层、维管柱。紧靠表皮的皮层细胞为厚角组织，增强了茎的支持作用。维管柱由维管束、髓和髓射线 3 个部分组成，维管束一般由初生木质部、初生韧皮部内外排列而成，双子叶植物茎的初生木质部和初生韧皮部之间还有束中形成层；维管束之间为髓射线(基本组织)，具有横向运输、贮藏营养的作用；茎的中央为髓(基本组织)占据(图 1-4-5)。双子叶植物老茎的结构可参照双子叶植物老根的结构。

单子叶植物茎表皮以内主要由基本组织组成，维管束散生于基本组织之内(图 1-4-7)。单子叶植物的茎无次生结构。

（三）叶的结构观察

单、双子叶植物的叶片均由表皮、叶肉和叶脉组成。表皮有上、下表皮之分。叶肉组织由同化组织构成，含大量的叶绿体，是光合作用的场所。双子叶植物的叶肉组织分化为栅栏组织(近上表皮)和海绵组织(近下表皮)，单子叶植物一般没有叶肉组织的分化。叶脉由木质部和韧皮部组成，木质部在上方，韧皮部在下方。双子叶植物叶内较大的叶脉中还有少量形成层细胞，但其活动时间较短，所以叶的增厚有限(图 1-5-3)。

（四）花的结构观察

取花药横切片观察，可见有药隔维管束位于药隔的中央，两侧各有 2 个或 4 个花粉囊。花粉囊壁由表皮、药室内壁及残存的中层和绒毡层组成，成熟的花粉囊壁由表皮、纤维层(药室内壁转变而成)组成。花粉囊内有大量的花粉粒，成熟的花粉粒由 1 个营养核和 2 个精细胞组成。

取子房切片观察，可见成熟的胚珠由珠心、珠被、珠孔、珠柄、合点和胚囊组成，胚囊中含有

1个卵子、3个反足细胞、2个极核和2个助细胞(图1-6-3)。

（五）果实结构的观察

1. 真果的观察

采集正在发育的幼果观察,可见真果的外面为果皮,内有种子。果皮由子房壁发育而成,可分为外、中、内3层。一般外果皮较薄,常具有气孔、角质、蜡被和表皮毛等;中果皮和内果皮的结构则因植物种类不同而有较大变化。如桃、杏等的中果皮全由薄壁细胞组成,成为果实中的肉质可食用部分,而内果皮则由石细胞组成硬核(图1-6-4)。柑橘的中果皮疏松,其中分布有许多维管束,而内果皮膜质,其内表面生出许多具有汁液的囊状表皮毛。

2. 假果的观察

假果的结构比较复杂,如苹果、梨的食用部分,主要是由花托和花萼愈合膨大而成,其内部才是由子房发育而来的,所占比例很小,但外、中、内果皮仍能区分(图1-6-4)。冬瓜的食用部分为果皮,而西瓜的食用部分主要是胎座。

（六）种子结构的观察

取种子切片观察,可见一般植物的种子由种皮、胚和胚乳组成,种皮位于最外部,胚乳贮藏营养,胚由胚芽、胚轴、胚根和子叶组成(图1-6-6、图1-6-7)。

五、实验作业

绘根或茎的结构图,并注明各部分的名称。

技能 1　植物形态的调查与识别

植物形态观察与识别是搞好农业生产的前提和基础。正确鉴别作物的种类及品种,识别田间杂草的类别及特性,利用现代生产技术手段(农业机械,除草剂等)合理去除田间杂草,进行适宜的土地管理与耕作,为作物生长提供一个良好的环境,是农业稳产、高产、优产的根本保障。

一、技能要求

了解植物各器官的主要形态特征,掌握植物分类的基础知识,掌握植物检索表的使用方法,借助检索表识别常见植物。

二、药品与器材

采集铲,采集箱,卷尺,果树剪,放大镜,镊子,刀片,解剖针,植物分类检索表,植物图鉴等。

三、技能训练

（一）植物器官的形态识别

运用分类基础知识,借助必要的工具,达到正确识别植物器官形态特征的目的。

1. 根的形态识别:对照实物与图表,观察并用术语(表1-6-2)描述所提供的植物根的类型及形态特征(图1-6-10)。

2. 茎的形态识别:对照实物与图表,观察并用术语描述所提供的植物茎的类型及形态特征(表1-6-3、图1-4-3、图1-4-4、图1-6-11)。

表 1-6-2　根的种类及特点描述

类别	特点		
根的种类	定根	主根	种子的胚根直接伸长生长形成的根
		侧根	从主根上形成的各级分枝
	不定根	在茎、叶或老根上长出的根	
根系类型	直根系	主根粗壮发达,与侧根有明显区别,如大豆、白菜	
	须根系	主根不发达或早期停止生长,从茎基部长出许多粗细相近的不定根,如小麦、水稻等	

视频　中国植物志简介

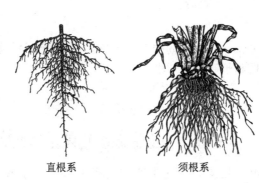

直根系　　　　　须根系

图 1-6-10　根系的类型

表 1-6-3　茎的种类及特点

项目	分类及特点		
枝条形态	具有顶芽与腋芽、节与节间、叶痕与叶迹、皮孔、芽鳞痕等		
芽的类型	位置	定芽	顶芽	着生在枝条顶端的芽
			腋芽	着生在叶腋处的芽
		不定芽	生长在老根、茎或叶上的芽
	性质结构	叶芽	发育为枝条的芽
		花芽	发育为花或花序的芽
		混合芽	可以同时发育为枝和花的芽
	活动状态	休眠芽	当年生长季或多年不萌动,需经一段休眠期才萌动的芽
		活动芽	分化完全,在当年生长季萌动的芽
	芽鳞有无	鳞芽	外面有芽鳞保护的芽
		裸芽	没有芽鳞保护的芽

续表

项目	分类及特点		
茎的类型	生长习性	直立茎	茎直立生长,多数植物的茎属于此类
		攀缘茎	茎细长柔软,不能直立,靠卷须和吸器等攀缘他物生长,如葡萄、瓜类等
		缠绕茎	茎细长柔软,不能直立,必须缠绕他物生长,如菜豆、牵牛花等
		匍匐茎	茎平卧地面生长,在接触地面的节部生有不定根如草莓、甘薯等
	木质程度	木本茎　乔木	主干粗大明显,分枝部位较高,如梨、杨等
		木本茎　灌木	无主干或主干不明显,分枝从近地面开始
		草本茎　一年生	生命过程在一年内完成,如大豆、玉米等
		草本茎　二年生	生命过程需两年完成,如白菜、萝卜等
		草本茎　多年生	生活期超过两年,地上部分每年枯死,地下部分能活多年,如芦苇、马铃薯等
茎的分枝方式	单轴分枝		从幼苗起顶芽生长占优势,形成明显直立主干,如杨、松等
	合轴分枝		顶芽生长一段时间后停止生长或形成花芽,由腋芽萌发成新枝,如此反复,如番茄、苹果等
	假二叉分枝		具有对生叶序的植物,顶芽活动到一定时间停止生长、死亡或形成花芽,由两个腋芽生长形成侧枝,如丁香、石竹等
	分蘖		禾本科植物茎基部节上形成腋芽并产生不定根,如小麦等

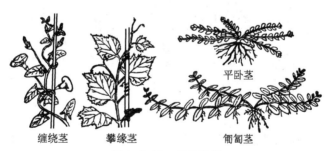

图 1-6-11　茎的类型

3. **叶的形态识别**:对照实物与图表,观察并按下列项目用术语描述所提供的植物叶片的类型及形态特征,填写下表。

植物名称	叶的形状	叶缘类型	叶裂类型	叶脉类型	单叶或复叶	叶序类型

(1)叶的组成:双子叶植物的叶由叶片、叶柄和托叶组成(图1-5-1)。禾本科植物的叶由叶片、叶鞘、叶舌和叶耳组成(图1-5-2)。

（2）叶片的形态

1）叶形：披针形、卵形、线形、椭圆形等（图1-6-12）。

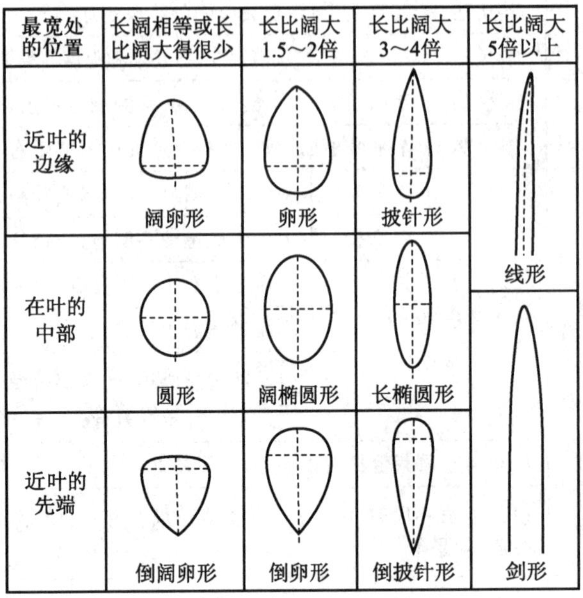

最宽处的位置	长阔相等或长比阔大得很少	长比阔大1.5～2倍	长比阔大3～4倍	长比阔大5倍以上
近叶的边缘	阔卵形	卵形	披针形	线形
在叶的中部	圆形	阔椭圆形	长椭圆形	
近叶的先端	倒阔卵形	倒卵形	倒披针形	剑形

图1-6-12　叶片的基本形状

2）叶缘：全缘、锯齿缘、牙齿缘、钝齿缘、波状缘等（图1-6-13）。

全缘　　锯齿缘　　牙齿缘　　钝齿缘　　波状缘

图1-6-13　叶缘的类型

3）叶脉：网状脉（羽状、掌状）、平行脉（直出、横出、射出、弧状）等（图1-6-14）。

掌状脉　　掌状三出脉　　羽状脉　　平行脉　　射出脉

图1-6-14　叶脉的类型

4）叶裂：浅裂（羽状、掌状）、深裂（羽状、掌状）、全裂（羽状、掌状）等（图1-6-15）。

（3）单叶和复叶

1）单叶：1个叶柄上生有1个叶片。

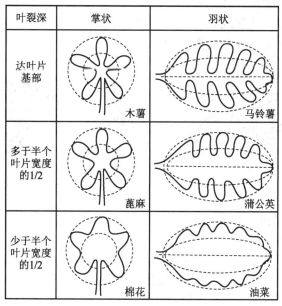

图 1-6-15 叶裂的类型

2）复叶：1 个叶柄上生有 2 个或 2 个以上的叶片（图 1-6-16）。

图 1-6-16 复叶的类型

（4）叶序（图 1-6-17）

1）互生：每 1 节上只着生 1 片叶。

2) 对生:每 1 节上着生 2 片叶。

3) 轮生:每 1 节上着生 3 片或 3 片以上的叶。

4) 簇生:叶在节间短缩的枝上成簇生长。

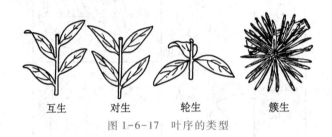

互生　　　对生　　　轮生　　　簇生

图 1-6-17　叶序的类型

4. 花的形态识别:对照实物与图表,观察并用术语描述植物花的类型及形态特征,填写下表。

植物名称	花萼类型	花冠类型	雄蕊类型	雌蕊类型	子房类型	胎座类型	花序类型

(1) 双子叶植物花的组成:一朵典型的双子叶植物的花由花柄、花托、花萼、花冠、雄蕊和雌蕊组成。

1) 花萼:由数枚萼片组成,一般排成两轮,外轮的萼片称为副萼。分为离萼、合萼两种类型。

2) 花冠:离瓣花冠(蔷薇形、十字形、蝶形)和合瓣花冠(钟状、漏斗状、轮状、唇形、筒状、舌状)(图 1-6-18)。

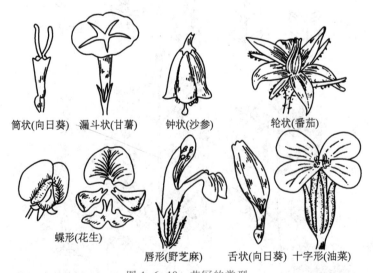

筒状(向日葵)　漏斗状(甘薯)　　钟状(沙参)　　　轮状(番茄)

蝶形(花生)

唇形(野芝麻)　　舌状(向日葵)　十字形(油菜)

图 1-6-18　花冠的类型

3) 雄蕊:离生雄蕊(二强、四强)和合生雄蕊(单体、二体、多体、聚药)(图 1-6-19)。

4) 雌蕊:单雌蕊、离生雌蕊、合生雌蕊(图 1-6-20)。

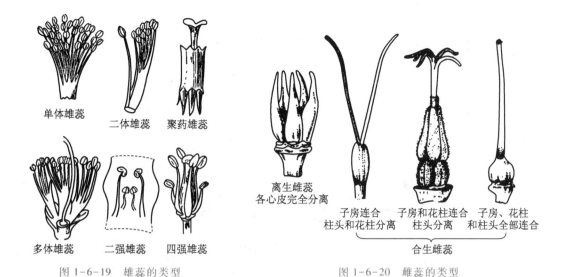

图 1-6-19 雄蕊的类型   图 1-6-20 雌蕊的类型

5）子房类型：上位子房、半下位子房、下位子房（图 1-6-21）。

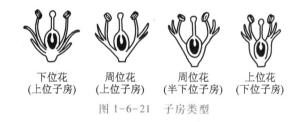

图 1-6-21 子房类型

6）胎座类型：边缘胎座、侧膜胎座、中轴胎座、特立中央胎座、顶生胎座、基生胎座（图 1-6-22）。

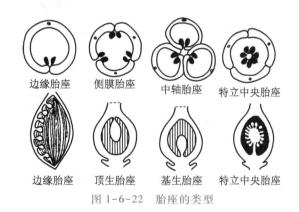

图 1-6-22 胎座的类型

7）花序：无限花序（总状、穗状、伞房、伞形、头状、隐头花序等）、有限花序（图 1-6-23）。

（2）禾本科植物花的组成：禾本科植物的花通常由 2 枚稃片、2 枚浆片、3~6 枚雄蕊和 1 枚雌蕊组成。稃片位于花的最外面，外稃中脉显著，延长成芒。开花时浆片吸水膨胀，将内、外稃片撑开，花药和羽毛状柱头露出，以适应于风力传粉。禾本科植物通常由 1 至数朵小花与 1 对颖片组成小穗，再由许多小穗集合成为不同的花序（穗）类型（图 1-6-24）。

总状花序　穗状花序　肉穗花序　柔荑花序　圆锥花序　伞房花序

伞形花序　头状花序　二歧聚伞花序

复伞形花序　隐头花序　单歧聚伞花序　多歧聚伞花序

蝎尾状单歧聚伞花序

图 1-6-23　花序的类型

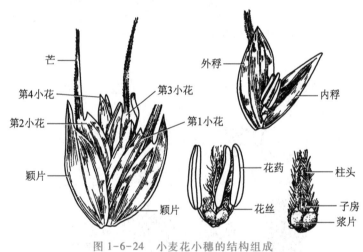

芒　外稃

第4小花　第3小花　内稃

第2小花　第1小花

颖片　花药　柱头

颖片　花丝　子房　浆片

图 1-6-24　小麦花小穗的结构组成

5. 果实类型的识别:对照实物与图表,观察并用术语描述所提供的植物果实的类型及形态特征。

果实分为 3 大类:单果、聚合果和复果。单果又分为肉质果和干果。肉质果包括浆果、瓠果、柑果、梨果、核果;干果包括裂果(角果、荚果、蓇葖果、蒴果)和闭果(瘦果、颖果、翅果、坚果、分果)(图 1-6-25 至图 1-6-29)。

6. 种子类型的识别:对照实物与图表,观察并用术语描述所提供的植物种子的类型及形态特征。

图 1-6-25　肉质果的类型

番茄的浆果

黄瓜的瓠果

温州蜜柑的柑果　　苹果的梨果　　桃的核果

荠菜的短角果

豌豆的荚果　　油菜的长角果　　梧桐的聚合蓇葖果

图 1-6-26　裂果的类型

虞美人　　　棉花　　　车前草

图 1-6-27　蒴果的类型

向日葵的瘦果　　小麦的颖果　　槭的翅果　　栎的坚果　　胡萝卜的分果

图 1-6-28　闭果的类型

（1）种子的结构：种皮、胚（胚根、胚轴、胚芽、子叶）、胚乳（有或无）。

（2）种子的类型：双子叶植物无胚乳种子、双子叶植物有胚乳种子、单子叶植物无胚乳种子、单子叶植物有胚乳种子（图 1-6-5 至图 1-6-7）。

（二）植物检索表的使用

1. 认识植物检索表：植物分类检索表是根据法国人拉马克的二歧分类原则编制的，是鉴别植物不可缺少的工具。植物检索表把植物相对应的特征（性状）分成相对

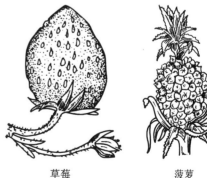

草莓　　　　　菠萝

图 1-6-29　聚合果（草莓）和复果（菠萝）

应的两个分支,再把每个分支中相对应的性状,又分成相对应的两组,依次下去,直到检索表的终点(科、属、种)。检索表中各分支按出现的先后顺序在前面加上一定的顺序标志(阿拉伯数字),相对应的两个分支前面的数字是相同的,且都编写在距左边同等距离的地方,每个分支下边相对应的两个分支,较先出现的又向右低一个字格。检索表形式包括定距式、平行式两种。

(1) 定距式检索表:定距式检索表是每一项的两个相对性状均在一定距离内出现,第 1 项两个相对性状之间包括第 2 项两个相对性状的描述,第 2 项两个相对性状之间包括第 3 项相对性状的描述,以此类推,直至终点。使用这种检索表检索,范围不断缩小,直到查出所属的分类单元为止。

1. 植物体无根、茎、叶的分化,雌性生殖器官为单细胞 …………………………………… 低等植物
　　2. 无叶绿素 …………………………………………………………………………………… 菌类植物
　　　　3. 细胞中没有细胞核的分化 ………………………………………………………… 细菌门
　　　　3. 细胞中有细胞核的分化 …………………………………………………………… 真菌门
　　2. 有叶绿素
　　　　4. 植物体为菌、藻共生体 …………………………………………………………… 地衣门
　　　　4. 植物体不为菌、藻共生体 ………………………………………………………… 藻类植物
1. 植物体有根、茎、叶分化,雌性生殖器官由多细胞构成 ………………………………… 高等植物
　　5. 无维管束与真正的根 ……………………………………………………………………… 苔藓植物门
　　5. 有维管束与真正的根
　　　　6. 无种子 …………………………………………………………………………………… 蕨类植物门
　　　　6. 有种子 …………………………………………………………………………………… 种子植物
　　　　　　7. 种子外面无果皮包被 ………………………………………………………… 裸子植物门
　　　　　　7. 种子外面有果皮包被 ………………………………………………………… 被子植物门

(2) 平行式检索表:平行式检索表是每一项两个相对性状并排出现,性状描述的末端标志是名称或序号,该序号将在下一项描述之前出现,以此类推,直到终点。这种检索表由于相对性状描述并排出现,比较醒目,易于区别,但检索范围不明显。

1. 植物体无根、茎、叶的分化,雌性生殖器官由单细胞构成 …………………………………… 2
1. 植物体绝大多数有根、茎、叶的分化,雌性生殖器官由多细胞构成 ………………………… 5
　　2. 植物体不含叶绿素 ……………………………………………………………………………… 3
　　2. 植物体内含有叶绿素 …………………………………………………………………………… 4
　　　　3. 细胞内无细胞核 …………………………………………………………………………… 细菌门
　　　　3. 细胞内有细胞核 …………………………………………………………………………… 真菌门
　　　　4. 植物体不与真菌共生 …………………………………………………………………… 藻类植物
　　　　4. 植物体与真菌共生 ………………………………………………………………………… 地衣门
　　　　　　5. 无种子植物,以孢子繁殖 …………………………………………………………… 6
　　　　　　5. 有种子植物,以种子繁殖 …………………………………………………………… 7
　　　　　　　　6. 植物体不具真正的根和维管束 ………………………………………… 苔藓植物门

6. 植物体有根的分化,并有维管束 ················· 蕨类植物门

7. 胚珠裸露,不包于子房内 ····················· 裸子植物门

7. 胚珠包于子房内 ························· 被子植物门

2. 植物检索表的使用方法:在对植物形态特点细致观察的基础上,以植物的形态特征为依据,按照检索表上的检索顺序,查出要鉴定的植物名称,再对照植物图鉴加以验证。

(1)特征观察:详细观察所要鉴定植物的形态特征,尤其是花的特点,做到观察细致准确,这样才能保证植物鉴定的准确。根据形态特征确定是被子植物还是裸子植物,若为被子植物,还要确定它是双子叶植物还是单子叶植物,再继续查出所属的科、属、种。

(2)目标检索:根据观察结果,运用比较形态的原则,按检索表的顺序逐项细致查对,对于完全符合所检植物形态特征的项目可继续往下查,对于有些似乎符合又不完全符合的项目则要对其相对的下一项的形态特点经过比较选择才可确定。若遇其中两对相对性状均与该植物不符,则说明在此项之前的某一处可能查错了,应向回追溯,找出查错之处,按正确的项目继续检索,亦可重新检索。

(3)图鉴验证:检索出某一植物后(一般是种名),还应参阅其详细的形态描述,借助于其他参考书,如植物图谱、图鉴等加以验证。到图鉴中查找该植物科或种,若全部相符,证明查对无误,若不符合需进一步鉴定。

经常进行种类鉴别者,最好记住一些重要的和常见的科属特点。遇到植物,可凭主要特征先确定所在的科甚至是属,由科、属开始检索,会省去很多繁琐的过程。

四、考核评价

根据操作记录,如下表所示,从植物器官形态观察和检索表使用两方面考核,注重操作过程和结果的准确性。

考核项目	考核内容	考核要求	标准分	实际得分
器官形态或类型的识别	1. 根、茎、叶、花形态识别 2. 果实、种子类型识别	态度认真,识别准确,记录无误	50	
使用检索表鉴别植物	1. 目标检索 2. 图鉴验证	态度严谨,方法正确,验证认真	50	
本技能总分	100			
本技能合格分	80			

技能 2 植物标本的采集与制作

采用干制和药水浸泡的方法,将生产中遇到的有价值的植物器官甚至整个植株长期保存起来,便于进一步的研究和考证,为品种鉴定、病虫害防治和作物栽培提供直接依据。

一、技能要求

了解植物的生态环境,学会采集、制作及保存植物标本的基本操作技术和方法,培养学生独立工作的能力和团结协作的意识。

二、药品与器材

1. 药品:甲醛,乙醇,甘油,冰醋酸,氯化铜,硼酸,亚硫酸,食盐,硫酸铜,氯化锌,醋酸铜的醋

酸饱和液,石蜡等。

2. 仪器:采集箱,采集铲,枝剪,采集记录卡,植物签号牌,小纸袋,吸水纸(旧报纸亦可),放大镜,尺,标本夹,针线,台纸,标本瓶,量筒,烧杯,温度计,天平,镊子,记录签,胶水,酒精灯,纱布,玻璃棒等。

三、技能训练

(一) 植物标本的采集

1. 草本植物全株挖取,木本植物剪取局部茎、叶、枝条、花和果实等。另外,尽量选择开花时的植物,最好连同花、果一起采下。木本植物的某些部分是形态结构分类的重要依据,要注意同时采下,药用植物的药用部分也必须一同采集。

2. 采集时若植物尚未开花结果,可先采下植株或其中一部分,留下标记,记下采集地点,等花、果期再补采配齐。

3. 寄生植物的采集要将寄主植物也一同采下,并放在一起,注明彼此之间的关系。

4. 漂浮植物的采集要在水里把植物摊平在纸上,然后慢慢取出,放在标本夹的纸上,加以整理、展平。

5. 同样的植物至少采集 3 株或 3 份,并尽快放入采集箱中。

6. 每采一种植物要进行编号挂牌,同种植物的若干份(个)要挂同一号牌,然后将采集号、产地、地形特点和位置、植物形态特点、采集日期等记在如下所示记录卡(本)上。注意不应在一份纸内夹很多标本。

植物采集记录卡

　　　　　　　　　　　　　　　　　　　　　　　　年　　　月　　　日

采集号数　＿＿＿＿＿＿＿＿＿＿＿＿＿＿＿＿＿＿

地　　点　＿＿＿＿＿＿＿＿＿＿　海　　拔　＿＿＿＿＿＿＿＿＿＿＿＿＿＿

栖　　地　＿＿＿＿＿＿＿＿＿＿＿＿＿＿＿＿＿＿＿＿＿＿＿＿＿＿＿＿＿＿

性　　状　＿＿＿＿＿＿＿＿＿＿＿＿＿＿＿＿＿＿＿＿＿＿＿＿＿＿＿＿＿＿

高　　度　＿＿＿＿＿＿＿＿＿　米(m)　胸高直径＿＿＿＿＿＿＿＿＿＿　米(m)

茎　＿＿＿＿＿＿＿＿＿＿＿＿＿＿＿＿＿＿＿＿＿＿＿＿＿＿＿＿＿＿＿＿＿

叶　＿＿＿＿＿＿＿＿＿＿＿＿＿＿＿＿＿＿＿＿＿＿＿＿＿＿＿＿＿＿＿＿＿

花　＿＿＿＿＿＿＿＿＿＿＿＿＿＿＿＿＿＿＿＿＿＿＿＿＿＿＿＿＿＿＿＿＿

果　　实　＿＿＿＿＿＿＿＿＿＿＿＿＿＿＿＿＿＿＿＿＿＿＿＿＿＿＿＿＿＿

备　　注　＿＿＿＿＿＿＿＿＿＿＿＿＿＿＿＿＿＿＿＿＿＿＿＿＿＿＿＿＿＿

土(俗)名　＿＿＿＿＿＿＿＿＿＿　科　　名　＿＿＿＿＿＿＿＿＿＿＿＿＿＿

学　　名　＿＿＿＿＿＿＿＿＿＿＿＿＿＿＿＿＿＿＿＿＿＿＿＿＿＿＿＿＿＿

采集人　＿＿＿＿＿＿＿＿＿＿＿　鉴定人　＿＿＿＿＿＿＿＿＿＿＿＿＿＿＿

注:采集记录卡填写说明:采集号数必须与号牌数字相同;性状:草本、藤本、乔木、灌木等;栖地:岸边、水里、路边、林缘、林下等;胸高直径:从树干基部向上 1.3 m 处的树干直径(草本、小灌木不填);叶:背、腹两面颜色,有无毛、粉质、刺等;花:颜色,形状,花被类型,雌、雄蕊数目等;果实:颜色、类型;备注栏:用途及其他。

（二）蜡叶标本的制作

1. 选择：从采集来的同种植物中，选择各器官最完整的植株制作标本。

2. 整理：标本过长，可适当弯折成 V 形或 N 形；枝叶过多，可适当修剪，但要保持植物自然生长的特征。有的叶背、腹面有别，要把部分叶翻过来；有些肉质植物在压制前需用热水烫一下，易于脱水干燥；带刺的茎应预先放在木板上，用厚铁片覆压，使上下部压倒以利脱水，防止霉烂。注意整理标本要在阴凉处，动作要快，最好当天完成，以免萎缩变形。

3. 压制：首先将标本夹置于平整处，整理好的标本依次夹在干燥的黑纸（俗称烧纸或草纸）或旧报纸中，注意标本要平展，防止重叠。每隔 3～4 层纸放 1 份标本（潮湿、肉质植物标本要多放几层纸），花的上面最好放一些棉絮以利吸湿，加快花的干燥，一副标本夹中所夹标本不要太多。最后用绳捆紧，置于通风干燥处（避免曝晒），并用石头或其他重物压住。最初每天要换 1 次吸水纸，随着压制天数的增加，换纸次数逐渐减少，延长换纸时间间隔。换下的吸水纸必须及时晒干或烘干，以备再用。一般植物标本经过 10～20 d 便能压干。水生或肉质多浆植物要勤换纸，压干时间相对延长。在换纸过程中，如有花、果脱落时，应随时将脱落部分装入小纸袋中，并记下采集号，附于该份标本上。

4. 装订：植物标本压干后，装订在长×宽为 38 cm×27 cm 的台纸上，每个枝条或较大的根，每隔 7.5 cm 左右缝上一针或用厚纸条将标本贴在台纸上，做到合理布局，选点固定。最后在台纸左上角贴上采集记录卡，并将如下所示写有中文名、学名的标本签贴在台纸的右下角。

植　物　标　本　签	
采集号数 ＿＿＿＿＿＿＿＿＿＿	采集人 ＿＿＿＿＿＿＿＿＿＿
科　　名 ＿＿＿＿＿＿＿＿＿＿＿＿＿＿＿＿＿＿＿＿＿＿＿＿	
学　　名 ＿＿＿＿＿＿＿＿＿＿＿＿＿＿＿＿＿＿＿＿＿＿＿＿	
中 文 名 ＿＿＿＿＿＿＿＿＿＿＿＿＿＿＿＿＿＿＿＿＿＿＿＿	
	年　　月　　日

5. 鉴定：使用植物检索表鉴定标本，若自己鉴定不了，可请有关的专家帮忙，鉴定结果填入标本鉴。将采集记录卡贴在台纸的左上角，标本签贴在右下角，然后将台纸上面贴上盖纸，这样就成为一份完整的蜡叶标本了。

植物蜡叶标本的采集与制作过程可简要归纳如图 1-6-30 所示。

采集　　　　　　　　　　　　　拴牌　　　　　入箱

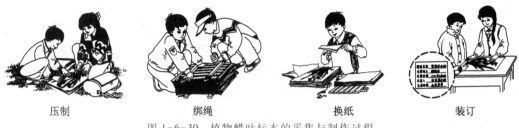

| 压制 | 绑绳 | 换纸 | 装订 |

图 1-6-30　植物蜡叶标本的采集与制作过程

（三）植物浸渍标本的制作方法

浸渍标本制作一般以玻璃瓶或玻璃缸为容器，将处理好的植物标本浸渍在特定的溶液当中。依据标本的特点和制作目的不同，可采取不同的制作方法。

1. 绿色保存法：将醋酸铜结晶加入 50% 的冰醋酸中，直到不溶为止，将该溶液作为母液。将 1 份母液加 4 份水，加热至 80℃，然后放入材料。在煮烫过程中，可见材料很快由绿色变成黄褐色，再逐渐恢复绿色。待绿色复原后取出材料，用冷水洗涤后放入 5% 甲醛中固定 2 d，最后取出保存在 5%～10% 甲醛中，或密封保存在 70% 的乙醇中。

比较薄嫩的植物不宜加热，可直接放在下述混合液中保存：

50% 乙醇	90 mL
市售甲醛液	5 mL
冰醋酸	25 mL
氯化铜	10 g

2. 红色保存法：红色的桃、杏等核果，需在固定液中先固定 1～3 d 后移入保存液中保存。固定液和保存液的配方如下：

固定液	硼酸	1 g
	1% 甲醛	100 mL
	水	100 mL
保存液	1% 亚硫酸	1 份
	0.2% 硼酸	1 份

3. 紫色保存法：用 2%～3% 甲醛、3% 饱和食盐水固定标本 2～3 个月后取出洗净，然后保存在 1%～2% 甲醛中；也可以用 1% 甲醛、0.2% 硼酸直接保存（注：适用于保存紫色葡萄等）。

4. 黄色保存法：番茄、南瓜、沙梨、马铃薯等黄色的果实或植物器官，先用 5% 硫酸铜液固定 1～5 d，取出洗净，再移入 2% 亚硫酸液中保存。

5. 杂色保存法：除苹果以外的杂色果实的浸渍液配方如下：

氯化锌	50 g
甘油	25 g
甲醛	20 g
水	1 000 mL

注：配制时先把氯化锌溶于水中再加入其他成分。

6. 浸渍植物的一般方法：植物浸渍液的更换一般按如下步骤：70% 乙醇浸泡，5%～10% 甲醛浸泡,70%乙醇与10%甲醛混合浸泡。

7. **标本瓶封口法**:用以上各种浸渍标本方法处理完标本后,对装有浸渍标本的瓶必须封口,以保持药液的效用和标本的色泽,特别是有色标本的保存,更要严密封口。封口方法有以下两种:

(1)暂时封口法:一种方法是将等量的蜂蜡和松香分别熔化混合,再加入少量凡士林调成胶状物,涂于瓶盖边缘,然后将盖压紧。另一种方法是将石蜡熔化,用毛笔涂于盖与瓶口相接的缝上,用纱布将瓶盖与瓶口接紧。

(2)永入封口法:将等量的消石灰和酪胶混合,加水调成糊状进行封口,干燥后酪酸钙变硬而达到密封效果。

(四)植物标本的保存

蜡叶标本可放于标本柜及展览柜中保存。对已制成的蜡叶标本用 SO_2 熏蒸或 $HgCl_2$ 溶液消毒,杀死虫卵和真菌孢子,防虫蛀食。消毒后的蜡叶标本装入干燥密闭的标本柜里,同时放些杀虫剂如樟脑粉等,以便长期保存和日后观察。

浸渍标本可放入标本柜中保存。光照强时应拉上窗帘,以免标本变色。

四、考核评价

根据操作过程和结果,按下表内容认真记录,综合评分。

考核项目	考核内容	考核要求	标准分	实际得分
植物标本的采集	1. 采集标本 2. 填写记录卡	态度认真,方法准确,记录无误	40	
植物标本的制作	1. 制作蜡叶标本 2. 制作浸渍标本	标本制作规范、美观,标签填写准确、完整	60	
本技能总分	100			
本技能合格分	80			

任 务 小 结

植物细胞:生物体形态结构和生命活动的基本单位。

细胞结构:细胞壁,细胞膜,细胞质,细胞核。

植物组织:形态结构相似,生理功能相同,在个体发育中来源一致的细胞群组成的结构和功能单位,包括分生组织和成熟组织两类。

分生组织:顶端分生组织,侧生分生组织,居间分生组织。

成熟组织:保护组织,基本组织,机械组织,输导组织,分泌组织。

维管组织:木质部(导管、管胞、木质纤维、木质薄壁细胞),韧皮部(筛管、伴胞、韧皮纤维、韧皮薄壁细胞)。

植物器官:根(固定、吸收),茎(支持、运输),叶(光合、蒸腾),花(传粉、受精),果实,种子(种族延续)。

根的结构:表皮(保护组织),皮层(凯氏带),维管柱(输导组织)。

茎的结构:表皮,皮层,维管束(木质部、韧皮部),髓,髓射线。

叶的结构:表皮,叶肉组织(栅栏组织、海绵组织),叶脉(木质部、韧皮部)。

花的结构:花柄,花托,花萼,花冠,雄蕊(精子),雌蕊(卵细胞、极核)。

果实结构:真果,假果。

种子结构:种皮,胚乳,胚(胚芽、胚轴、胚根、子叶)。

学习任务二 植物生长发育的物质基础

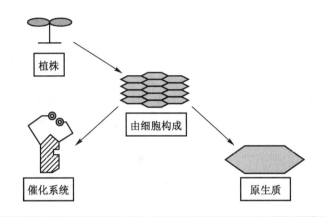

植物细胞由细胞壁和原生质体两部分构成。细胞壁的主要成分是纤维素、果胶质和半纤维素,有的细胞壁中还含有木质素、角质和木栓质等。构成植物细胞的生活物质是原生质,在细胞的生命活动过程中,原生质有着极其复杂而又不断更新的化学组成。

内容一 植物原生质

原生质是构成植物细胞的生活物质。不同植物种类以及不同发育时期的细胞原生质,化学组成不相同,但它们都有着相似的基本组成,即水分、蛋白质、核酸、脂质、糖类和无机盐。

水分是原生质的主要成分之一,一般占原生质组成的 80% 以上,干燥种子的含水量亦不少于 10%。关于水分的生理知识,将在"植物生长与水分环境"内容中详细介绍。

一、蛋白质

蛋白质是原生质中最丰富的有机物质,占原生质干重的 50% 以上,是生命最重要的物质基础。蛋白质主要由碳(C)、氢(H)、氧(O)、氮(N)、硫(S)5 种化学元素组成,它们分别占蛋白质构成的 50%、7%、23%、16% 和 3%。蛋白质的相对分子质量很大,一般在 10 000 以上,最大的可达 1 000 000。

（一）组成蛋白质的基本单位——氨基酸

组成蛋白质分子的基本结构单位是氨基酸。氨基酸分子都具有氨基（— NH_3^+）和羧基（— COO^-）。生物体内的蛋白质主要由 20 种氨基酸组成，各种氨基酸的区别在于 R 基团的不同。

$$
\begin{array}{c}
H \\
| \\
R - C - COO^- \\
| \\
NH_3^+
\end{array}
$$

氨基酸分子在水溶液中通常解离成两性离子。氨基和羧基的解离取决于溶液的 pH，在酸性溶液中氨基酸带正电荷，在碱性溶液中带负电荷。在某 pH 条件下，某一种氨基酸带着相等的正、负电荷，呈电中性，该 pH 称为这个氨基酸的等电点，通常以 pI 表示。

$$
\underset{\text{(阴离子)}}{R - CH - COO^- \atop | \atop NH_2} \longleftrightarrow \underset{\text{(兼性离子)}}{R - CH - COO^- \atop | \atop NH_3^+} \longleftrightarrow \underset{\text{(阳离子)}}{R - CH - COOH \atop | \atop NH_3^+}
$$

氨基酸都能与水合茚三酮反应生成蓝紫色化合物，该反应常用于氨基酸的定性测定，同时也可作为氨基酸定量分析的依据。

（二）蛋白质的结构

一个氨基酸分子上的 α-羧基可以和另一个氨基酸分子上的 α-氨基脱水缩合形成酰胺键（— CONH —），称为肽键。氨基酸分子以肽键结合形成的化合物称肽，由 2 个氨基酸分子组成的肽称二肽，由 3 个氨基酸分子组成的肽称三肽，由 3 个以上的氨基酸分子组成的肽称多肽。蛋白质就是由许多氨基酸分子以肽键相连而成的多肽链（图 2-1-1）。

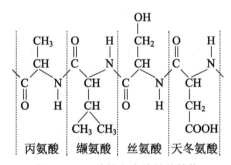

图 2-1-1　肽键和多肽链的结构

氨基酸连接成多肽长链后，氨基酸分子的其他基团就成为多肽长链的侧链，由于这些侧链中的基团具有不同的性质，因而使蛋白质具有特定的空间构象和理化性质。侧链上的一些基团可以相互连接形成副键，如氢键、二硫键、酯键、离子键和疏水键（图 2-1-2）等，它们交互作用保证了蛋白质具有稳定的空间结构，即蛋白质的一、二、三、四级结构。

一定种类、一定数量的氨基酸以一定的顺序排列，以肽键首尾相接形成长肽链，并在一定位置上生成二硫键，这是蛋白质的一级结构，亦称蛋白质的化学结构。蛋白质的一级结构不表现活性。

在蛋白质一级结构的基础上，多肽链卷曲、折叠、盘绕形成蛋白质的二级结构，蛋白质的二级结构有 α-螺旋（图 2-1-3）和 β-折叠（图 2-1-4）两种形式。

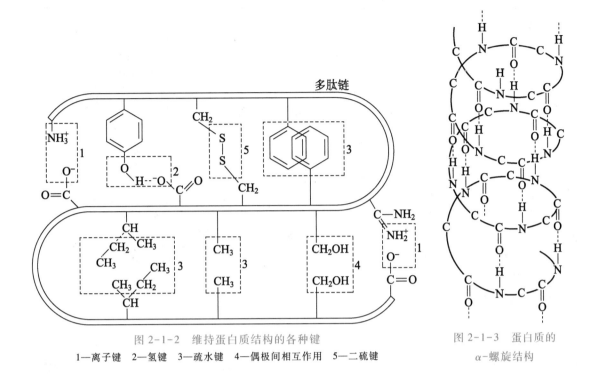

图 2-1-2 维持蛋白质结构的各种键

1—离子键 2—氢键 3—疏水键 4—偶极间相互作用 5—二硫键

图 2-1-3 蛋白质的 α-螺旋结构

图 2-1-4 蛋白质的 β-折叠结构

α-螺旋和β-折叠相互配置形成球状的空间结构,称蛋白质的三级结构(图2-1-5)。蛋白质在形成球状三级结构时,疏水基团藏在球的内面,亲水基团则露在外面。水被蛋白质分子表面的极性基团吸引形成水膜,使蛋白质分子相互隔开,不会因碰撞而聚成大颗粒。蛋白质分子上带有同性电荷,使蛋白质分子之间相互排斥,不致相互凝集沉淀。因此,蛋白质的水溶液是比较稳定的。

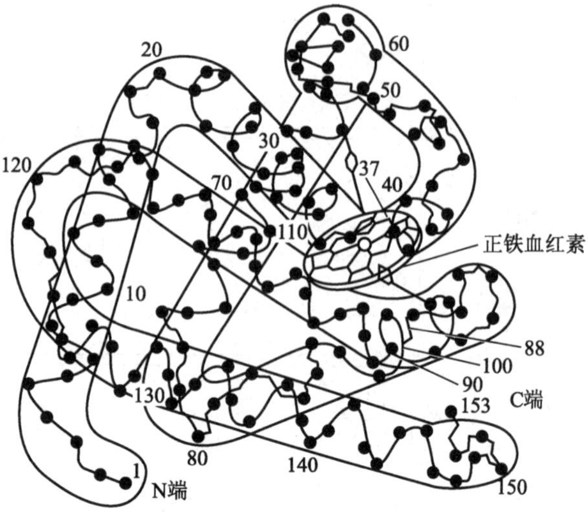

有些蛋白质分子由两条以上的多肽链组成,每条多肽链都具有三级结构,这样的结构称为蛋白质亚基。由几种或几个亚基彼此以各种化学键结合构成多亚基蛋白质,称为蛋白质的四级结构。凡是多亚基蛋白质必须成为四级结构才能具有活性。

图 2-1-5　肌红蛋白三级结构

(三) 蛋白质的性质

1. 胶体性质

蛋白质的相对分子质量很大,它的水溶液具有胶体的性质,即布朗运动、光散射现象、不能透过半透膜和具有吸附能力等。蛋白质具有很多亲水的极性基团,与水有很大的亲和力。在蛋白质分子表面上有一层很厚的水膜,因此蛋白质属亲水胶体。蛋白质胶体有两种状态,即溶胶和凝胶,溶胶和凝胶在一定的温度条件下可相互转变。

2. 带电性与等电点

蛋白质和氨基酸一样也是两性的,带电荷,具有等电点。在等电点时,蛋白质的溶解度最小,不稳定,易沉淀,但这种沉淀是可逆的,改变溶液的 pH,蛋白质能重新溶解。蛋白质带有电荷,在电场中会发生泳动,蛋白质在电场中能泳动的现象称为电泳,电泳的方向因其所带的电荷而定。在一定的 pH 条件下,不同蛋白质带有不同的电荷,其相对分子质量大小又不相同,因此在电场中泳动的方向和速度不同,这样就可以将不同的蛋白质分离开来。近年来,聚丙烯酰胺凝胶电泳技术已经成为蛋白质分离的有效手段。

3. 盐溶与盐析

维持蛋白质溶液稳定的因素是蛋白质分子表面的水膜和蛋白质分子的电荷。低浓度的中性盐可增加蛋白质的溶解度,这种现象称盐溶。其原因是蛋白质的离子由于静电作用被带相反电荷的盐离子层所围绕,因而增加了溶解度。高浓度的中性盐(50%以上)可使蛋白质完全沉淀出来,这种作用称盐析。硫酸铵、硫酸钠、氯化钠等中性盐的水化能力比蛋白质强,可以夺去蛋白质粒子外围的水膜,并削弱它们所带的电荷。由盐析引起的沉淀是可逆的,含有各种不同蛋白质的溶液,如用不同浓度的盐类进行盐析,可将各种蛋白质分离出来。盐析是分离蛋白质和提取酶制品的又一重要手段。

甲醇、乙醇、丙酮等有机溶剂与水的亲和力大于蛋白质,也能夺取蛋白质分子的水膜而使蛋白质沉淀。有机溶剂沉淀蛋白质往往引起蛋白质的结构被破坏,因此沉淀是不可逆的。如 $HgCl_2$、$AgNO_3$、$Pb(CH_3COO)_2$ 和 $CuSO_4$ 等重金属盐,以及苦味酸、鞣酸、磷钨酸、三氯乙酸等试剂,能与蛋白质反应形成不可再溶解的沉淀。

4. 变性与复性

将蛋白质分子置于极端的温度或 pH 条件下,其结构、性质就会发生变化,这种现象称为变性。蛋白质变性最显著的效应就是溶解度下降,同时丧失其特有的生物活性。大多数蛋白质加热到 50~60℃ 就发生变性。变性时,蛋白质肽链上的共价键并未折断,而是蛋白质的空间构象发生了变化。在适当的温度和 pH 条件下,变性的多肽键还可以重新折叠起来,恢复其天然形式,这种现象称为复性,复性的过程一般都是极慢的。

动脑筋

恶劣的环境会使植物生长受阻,如果短时间内环境好转,植物又能恢复生长,为什么?

二、核酸

核酸是原生质的基本组成物质之一。高等动、植物和简单的病毒都含有核酸。核酸在生物体内常与蛋白质结合成核蛋白,它在生物的个体发育、生长、繁殖和遗传变异等生命过程中起着极为重要的作用。

（一）核酸的组成

核酸分为脱氧核糖核酸（DNA）和核糖核酸（RNA）,它们都是以核苷酸为基本单位连接而成的生物大分子。核苷酸由有机碱、戊糖和磷酸 3 种成分组成。有机碱包括 2 种嘌呤（腺嘌呤 A、鸟嘌呤 G）和 3 种嘧啶（胸腺嘧啶 T、胞嘧啶 C、尿嘧啶 U）。戊糖包括核糖和脱氧核糖。

（二）脱氧核糖核酸（DNA）

DNA 分子由很多（几千至几千万个）脱氧核苷酸构成,这些脱氧核苷酸之间以磷酸二酯键相互连接构成多核苷酸链。在多核苷酸链上,碱基按一定的顺序排列。核酸分子中核苷酸的排列顺序,就是编录在核酸分子上的遗传密码。

沃森（Watson）和克里克（Crick）于 1953 年提出了 DNA 的双螺旋结构模型（图 2-1-6）。美国科学家利用扫描隧道显微镜录制了放大 100 万倍的 DNA 双螺旋结构的清晰图像。DNA 的空间构型是围绕着同一根轴的 2 条多核苷酸长链构成的双螺旋结构,2 条链的方向相反,2 条链的碱基以氢键结合成对,很像一把螺旋梯子。戊糖和磷酸盘旋在链的外侧,好像梯子的扶手。碱基盘旋在链的内侧,每对碱基好像构成梯子的一条条踏板,与螺旋轴垂直,螺旋的直径为 2 nm。每个碱基对都是由 1 个嘌呤碱和 1 个嘧啶碱配对构成的,腺嘌呤（A）和胸腺嘧啶（T）配对,鸟嘌呤（G）和胞嘧啶（C）配对。A 和 T 可以形成 2 个氢键,G 和 C 可以形成 3 个氢键,而 A 和 C 以及 G 和 T 之间则没有形成氢键的可能性。因此,螺旋踏板只能由（A—T）或（G—C）构成。DNA 双螺旋的碱基互补配对关系,以及碱基之间的氢键相结合

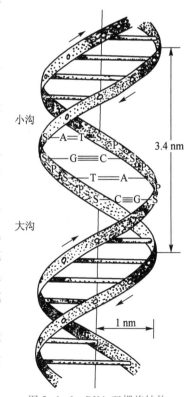

图 2-1-6　DNA 双螺旋结构

的现象,对于 DNA 的复制、转录和翻译等有着重要意义。

(三) 核糖核酸(RNA)

RNA 也是以磷酸二酯键连接而成的多核苷酸链,但以单链状态存在。生物体内存在 3 种核糖核酸,即信使核糖核酸(mRNA)、核糖体核糖核酸(rRNA)和转运核糖核酸(tRNA)。生物体内蛋白质合成是在这 3 种核糖核酸的紧密配合和协同作用下完成的。

信使核糖核酸(mRNA)呈线形,约占细胞中 RNA 总量的 5%。它是以 DNA 为母板直接合成(转录)的,它的碱基组成和 DNA 相对应,是蛋白质生物合成的直接模板。在蛋白质生物合成过程中,mRNA 链上面每 3 个相邻的碱基决定着 1 个氨基酸的位置,称三联体密码。

核糖体核糖核酸(rRNA)约占细胞中核糖核酸总量的 80%,是细胞中核糖体的主要组成部分,约占核糖体的 50%。核糖体是细胞中蛋白质合成的场所。

转运核糖核酸(tRNA)约占细胞中 RNA 总量的 15%,以游离状态存在于细胞质中,又称可溶性 RNA。蛋白质合成时,tRNA 携带特定的氨基酸,并将其转运到核糖体的 mRNA 上。tRNA 呈三叶草形(图 2-1-7),由单股多核苷酸链回旋扭曲而成,形成氢键的部分称臂,未形成氢键的部分称突环。三叶草的柄称氨基酸臂,末端是 C—C—A 3 个碱基,是连接携带氨基酸的部位。三叶草柄对面是反密码子环,其下部 3 个碱基是所携带的这种氨基酸的反密码子。在蛋白质生物合成过程中,tRNA 携带特定的氨基酸,以反密码子在 mRNA 链上与三联体密码进行氢键结合,依靠这种反密码子对密码子的"辨认",将 mRNA 上的信息翻译成具有一定氨基酸顺序的多肽链。

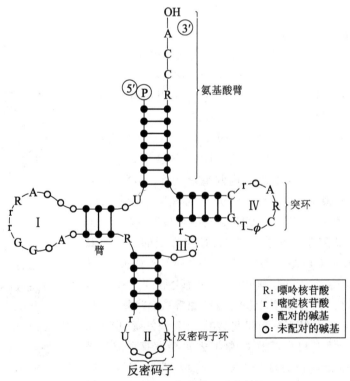

图 2-1-7　tRNA 分子的三叶草结构

三、脂质

细胞中的脂质有真脂、磷脂、糖脂3类。真脂是细胞内的贮藏物质;磷脂和糖脂是生物膜的主要组成成分,约占生物膜干重的50%。细胞中95%以上的脂质集中在生物膜上。

真脂是由甘油与脂肪酸形成脂酰三酯或甘油三酯。磷脂由甘油的2个羟基与脂肪酸形成脂肪酰二酯,第3个羟基与磷酸结合形成磷脂酸,磷脂酸上的磷酸还可再与其他含羟基的化合物结合形成各种磷脂。组成生物膜的磷脂主要是磷脂酰胆碱(卵磷脂)。

糖脂是含有糖类的脂质,在甘油脂肪酰二酯的第3个羟基上与糖形成糖苷。甘油结合的糖可以是单糖,也可以是双糖或三糖。

$$
\begin{array}{ccc}
CH_2-COO-R_1 & CH_2-COO-R_1 & CH_2-COO-R_1 \\
| & | & | \\
CH-COO-R_2 & CH-COO-R_2 & CH-COO-R_2 \\
| & | & | \\
CH_2-COO-R_3 & CH_2-H_2PO_4 & CH_2-糖基 \\
真脂 & 磷脂 & 糖脂
\end{array}
$$

脂质化合物分子的一端含有2条非极性的脂肪酸长链,通过甘油与另一端的1个磷酸化的醇基(如磷脂)或1个没有磷酸化的醇基(如糖脂)相连。脂肪酸链是疏水的,构成分子的疏水尾部,磷酸基团或糖基是亲水的,构成分子的亲水头部。脂质都是双亲媒性分子,两种性质不同的基团在空间上对立分开或定向排列,使细胞质膜以及细胞内膜系统具有一个整齐的界面或隔离层。

四、糖类

糖类是植物体的主要成分之一,占植物体干重的60%~90%。植物光合作用的主要产物就是糖类。糖类的作用主要是为植物体内各种生命过程提供能量,为各种物质的合成提供碳骨架。同时,糖类作为植物细胞的结构物质,如纤维素、果胶物质等,保证细胞的结构完整性。

植物体内的糖可以分为单糖、寡糖和多糖3类。单糖主要有三碳糖、四碳糖、五碳糖、六碳糖和七碳糖,如葡萄糖、核糖等,它们是光合及呼吸作用的主要中间产物,在代谢过程中极为重要。双糖主要有蔗糖和麦芽糖。蔗糖是植物体内最主要的一种双糖,甘蔗、甜菜和植物果实中的主要贮藏物质都是蔗糖。麦芽糖是淀粉水解形成的,可以进一步水解成为葡萄糖。多糖中最重要的是淀粉、纤维素、果胶质和半纤维素。淀粉是植物的主要贮藏物质,纤维素是细胞壁的主要成分,它们的基本结构单位都是葡萄糖。果胶质和半纤维素分子中除了葡萄糖,还有其他的单糖参与形成。

五、原生质的胶体性质

原生质主要是由以蛋白质为主的大分子亲水性物质组成的。这类大分子直径为 $0.10\sim0.25\ \mu m$,溶液为胶体状态,呈现胶体的性质。

(一)带电性与亲水性

原生质的主要成分是蛋白质,蛋白质分子表面带有正电荷或负电荷,环绕着这一层电荷又有一层数量相等而符号相反的电荷,这样就在原生质胶粒外面形成一个双电层。所有颗粒最外层都带有相同电荷,同性电荷相斥的结果,使它们彼此之间不致相互凝聚而沉淀。蛋白质是亲水化合物,分子表面存在很多亲水基团,使得分子表面吸附一层很厚的水合膜,双电层和水膜的形成保持了原生质胶体的稳定性。蛋白质是两性电解质,因此原生质也具有两性电解质的性质,也有等电点,中和原生质分子表面的电荷或破坏其双电层,都能降低原生质胶体的稳定性。原生质的胶体结构遭受破坏,就会导致原生质生命活动钝化甚至细胞趋于死亡。

（二）吸附性

原生质胶体颗粒的体积虽然比分子或离子大得多,但由于它们的分散度高,比表面积很大,表面能(界面能)很高,因此可以吸引很多分子积聚在其界面上,这就是吸附作用。研究已经证明,生物体内的许多化学反应都是在界面上发生的,细胞内的空间虽小,但是内部界面很大,一方面有利于原生质新陈代谢的过程,促进各种分子和离子的吸附和凝集,另一方面也为新陈代谢过程中各种生化反应扩大活动场所。

（三）黏性和弹性

原生质胶体具有黏性和弹性,可随植物生长的不同时期及外界环境条件的改变而经常发生变化。原生质黏性增加,则代谢降低,与环境间物质交换减少,受环境的影响减弱,抗逆性增强,如越冬的休眠芽和成熟种子。而植物代谢增强,生长旺盛时,原生质黏性降低,则抗逆性减弱,这就是处于开花期和正在旺盛生长的植物抗逆性很弱的原因。原生质的弹性越大,对机械压力的忍受力也越大,对不良环境的适应性越强,这是某些植物抗旱、抗寒的主要原因。

（四）凝胶作用

胶体有两种状态,溶胶和凝胶。溶胶是液化的半流动状,近似流体的性质。溶胶可以转变成一种有一定弹性的半固体状态的凝胶,这个过程称为凝胶作用。凝胶和溶胶在一定条件下可以相互转化,凝胶转变成溶胶的过程称为溶胶作用。

动　脑　筋

为什么温度较低时植物生长缓慢?

引起溶胶和凝胶相互转化的主要因素是温度。温度降低时,胶粒的动能减小,胶粒两端互相连接起来形成网状结构,水分子处于网眼结构的孔隙中,这时胶体呈凝胶状态。当温度升高时,胶粒的动能增大,分子的运动速度增快,胶粒间的联系消失,网状结构不再存在,胶粒呈自由活动状态,这就是溶胶。

溶胶状态时,原生质胶体黏性较小,代谢活跃,植物生长旺盛,但抗逆性较弱。当植物进入休眠时,原生质由溶胶转变成凝胶,细胞生理活性降低,但对干旱、低温等不良环境的抵抗能力提高,有利于植物渡过逆境。

复习思考题

1. 什么是肽键? 维持蛋白质分子空间结构的还有哪些化学键?
2. 说明一种分离蛋白质的方法及其理论依据。
3. 简要说明核酸如何控制蛋白质的合成。
4. 蛋白质变性的原因是什么? 变性的蛋白质为什么还能复性?
5. 举例说明原生质的性质与植物生命活动状态之间的关系。

内容二　植物细胞的催化系统

植物生长是一个有机物的积累过程,是植物体内各种生命活动综合作用的结果。这些生命活动是通过一系列的生物化学反应来完成的,每一步生化反应的发生受很多因素的影响,其中一个重要因素就是酶。酶是一种特殊的蛋白质,它调节和控制着生化反应以合适的速度正常进行。以酶催化的化学反应称酶促反应,通常一种酶只能催化一种或一类化学反应。反应中底物(反应物)浓度、酶的浓度、温度、介质的 pH 和一些金属离子都会对酶促反应产生影响。

一、酶及其特点

酶是生活细胞产生的具有催化活性的蛋白质,也称为生物催化剂。生活细胞的物质代谢是由一系列生物化学反应组成的,这些化学反应在生物体内进行得迅速而有秩序。在体外,这些反应需要在剧烈的温度和一定的 pH 条件下才能完成,这是生活细胞所不能忍受的。但生物体内因有生物催化剂的存在,使复杂的物质转化能在生活的最适条件下,以很快的速度和很高的效率顺利进行。离开了酶,复杂的新陈代谢就不能进行,生命现象也就停止了。

酶与一般催化剂一样,通过降低活化能来加速化学反应的进行,在反应前后本身的数量和质量不发生变化,只能加速化学反应使之达到平衡,而不能改变反应的平衡点。酶与一般催化剂不同的是,它具有高效的催化性和高度的专一性。同时,由于酶是蛋白质,它还具有蛋白质的性质,即主要组成成分是氨基酸,相对分子质量很大,水溶液具有胶体的性质,两性解离,受一些物理因素(加热、紫外线、X 射线等)及化学因素(酸、碱、有机溶剂等)的作用可发生变性或沉淀,从而丧失酶的催化活性,以及必须具有一定的空间构型时才有催化活性等。

二、酶的化学组成

有些酶仅由蛋白质构成,称为单成分酶,如脲酶、脂肪酶、蛋白酶、核糖核酸酶等。另一些酶,除含有蛋白质部分外(酶蛋白),还含有非蛋白质部分(辅助因子),两部分形成复合物才具有催化活性,这类酶称为双成分酶,如脱氢酶、脱羧酶等。

决定双成分酶的专一性和高效性的是酶蛋白部分,辅助因子主要起传递氢原子、电子或转移某些基团的作用。一种辅助因子可与多种不同的酶蛋白结合组成催化功能不同的双成分酶,但同一种酶蛋白只能与一种辅助因子结合成双成分酶。在双成分酶中,辅助因子是起催化作用的部分。

辅助因子包括辅酶、辅基和金属离子。辅酶与辅基的区别在于它们与酶蛋白结合的紧密程度。与酶蛋白结合较松散,容易被透析分离的称为辅酶;与酶蛋白结合紧密,不易用透析法分离的称为辅基。辅酶和辅基大多是一些小分子的有机化合物,如维生素、核苷酸或一些含金属的有机物等。

（一）辅酶和辅基

植物细胞中常见的辅酶和辅基有 5 种:

1. NAD 和 NADP

NAD:烟酰胺腺嘌呤二核苷酸,也称为辅酶Ⅰ。

NADP:烟酰胺腺嘌呤二核苷酸磷酸,也称为辅酶Ⅱ。

NAD 和 NADP 是脱氢酶的辅酶,在生物体内起着传递氢的作用,NAD 和 NADP 接受氢后分别形成 $NADH_2$ 和 $NADPH_2$(图 2-2-1)。

2. FMN 和 FAD

FMN:黄素单核苷酸。

FAD:黄素腺嘌呤二核苷酸。

FMN 和 FAD 是黄素酶的辅酶,亦起传递氢的作用,FMN 和 FAD 接受氢后分别形成 $FMNH_2$ 和 $FADH_2$(图 2-2-2)。

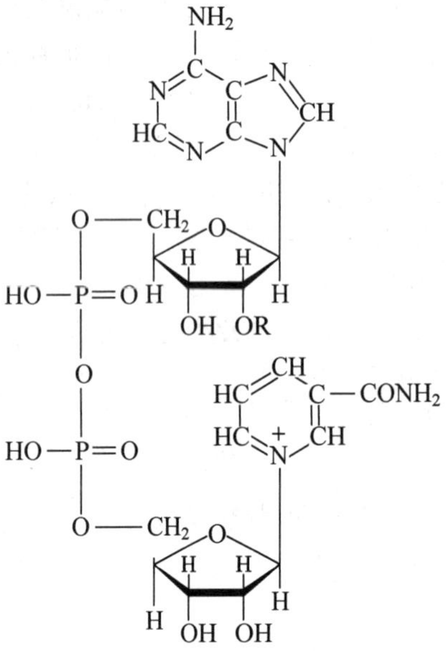

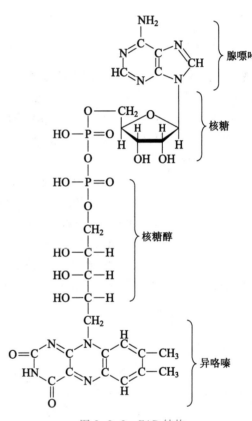

图 2-2-1　NAD 结构

$NAD:R=H;NADP:R=H_2PO_3$

图 2-2-2　FAD 结构

3. 辅酶 A

辅酶 A(CoA—SA)传递醛基(RCO—)(图 2-2-3)。

4. 血红素

血红素(铁卟啉)(图 2-2-4)传递电子。

5. 腺苷磷酸

植物体内的腺苷磷酸有 3 种,即 AMP(腺苷一磷酸)、ADP(腺苷二磷酸)和 ATP(腺苷三磷酸)(图 2-2-5)。腺苷磷酸储存着生物可以直接利用的能量。

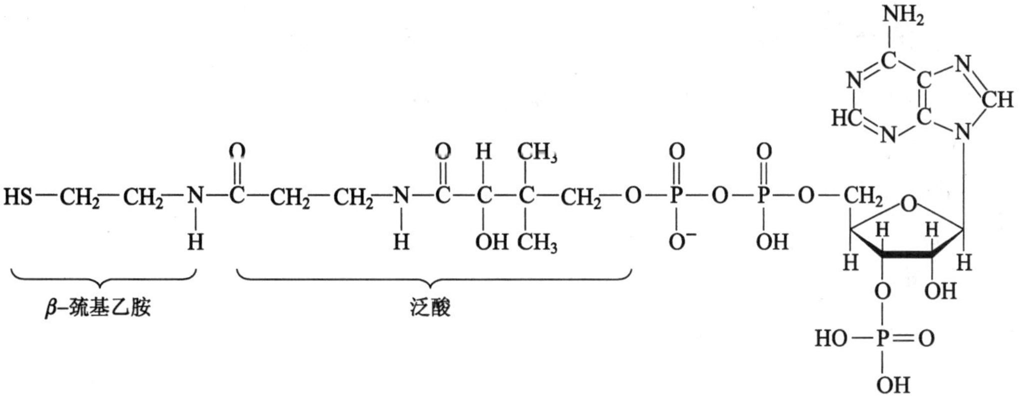

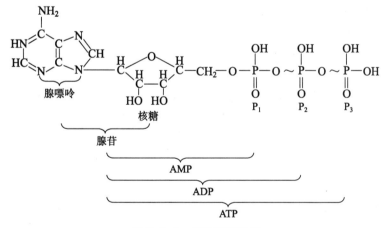

图 2-2-3　辅酶 A 结构

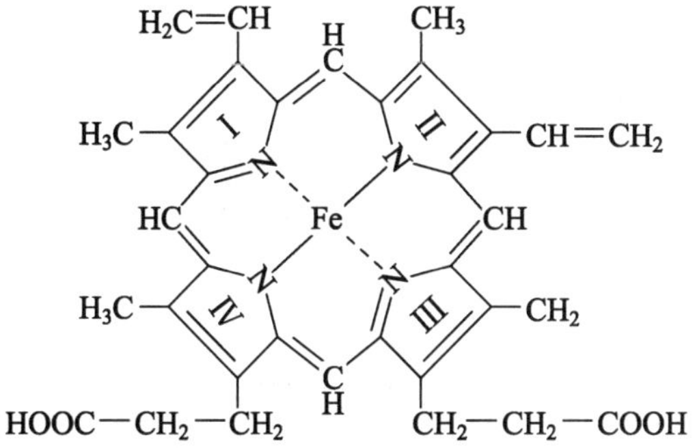

图 2-2-4　血红素结构

图 2-2-5　腺苷磷酸结构

(二) 金属离子

双成分酶中的金属离子的作用主要有:作为酶的活性中心的组成成分,直接参与酶与底物的结合和催化作用;在酶与底物间起桥梁作用,连接酶与底物,促进底物肽键的断裂;对酶具催化活性所必需的分子构象起稳定作用,保持酶具活性所必需的空间构象,使酶的催化作用更有效地进行。

三、酶的命名与分类

至今已发现的酶达 2 300 多种,需要进行命名和分类。

(一) 酶的命名

酶的命名有习惯命名法和国际系统命名法两种。习惯命名法根据酶所作用的底物名称、催化的反应性质、酶的来源或其他特点来进行命名,如淀粉酶、蛋白酶、脱氢酶、水解酶、琥珀酸脱氢酶和胃蛋白酶等。国际系统命名法由于太过复杂而未得到普遍使用。

(二) 酶的分类

根据酶所催化反应的性质可将酶分成 6 大类。

1. 氧化还原酶类

氧化还原酶类催化物质的氧化还原反应(H 得失):

$$AH_2 + B \longleftrightarrow A + BH_2$$

2. 转移酶类

转移酶类催化不同物质分子间某种基团的交换或转移的反应:

$$AX + B \longleftrightarrow A + BX$$

3. 水解酶类

水解酶类催化物质的水解反应:

$$AB + HOH \longleftrightarrow AOH + BH$$

4. 裂解酶类

裂解酶类催化一个化合物分解为几个化合物的反应或其逆反应:

$$A \cdot B \longleftrightarrow A + B$$

5. 异构酶类

异构酶类催化各种同分异构体相互转变(基团重排)的反应:

$$A \longleftrightarrow B$$

6. 合成酶类

合成酶类催化一切必须与 ATP 的分解相偶联,且由两种物质合成一种物质的反应:

$$X + Y + ATP \longleftrightarrow XY + ADP + Pi$$

四、酶的作用特点

(一) 高效催化性

1 mol Fe^{3+} 在 0℃下能催化分解 10^{-5} mol H_2O_2,而在同样条件下,1 mol 过氧化氢酶则能催化分解 10^5 mol H_2O_2,过氧化氢酶的催化效率比 Fe^{3+} 高 10^{10} 倍。一般来说,酶促反应的速率比无机催化剂快百万倍以上。

(二) 高度专一性

酶对所作用的底物有严格的选择性,一种酶往往只能对一种物质或一类物质起作用,催化一定的反应,生成一定的产物。这种专一的特性是由酶蛋白的结构决定的,它可分为以下两种类型:

1. 结构专一性

某些酶要求底物属于同一类物质或具备一定的化学键,称为相对专一性。例如,脂肪酶能催化水解含酯键的一类物质,包括脂肪及所有脂肪酸和醇形成的酯。

某些酶对底物的要求非常严格,只能催化某一种底物进行一种反应,底物的结构稍有改变就会失去催化作用,称为绝对专一性。例如,脲酶只能催化尿素水解生成 CO_2 和 NH_3,而对尿素的各种衍生物则不起作用。

2. 立体异构专一性

有些酶只对一种化合物的一种异构体发生催化反应,而对另一种异构体不起作用,或催化底物形成一种立体异构体而不能形成另一种异构体,酶的这种性质称为立体异构专一性。例如,L-乳酸脱氢酶只能催化 L-乳酸脱氢,而对 D-乳酸无作用;琥珀酸脱氢酶能催化琥珀酸脱氢形成延胡索酸(反丁烯二酸),而不能形成顺丁烯二酸。

五、酶的作用机制

(一)酶的中间产物理论

酶和一般的催化剂一样,都是通过降低反应的活化能来加快化学反应的速度的。酶(E)首先与底物(S)结合形成中间产物(ES,酶-底物复合物),由 ES 再分解成最终产物(P),同时酶本身恢复原形。这样,酶促反应要比非催化反应多经历几个步骤,每个步骤的活化能都比非催化反应低。如果非催化反应要求活化能的能阈为 a,在 E 存在时,底物 S 先与 E 结合形成 ES 的能阈为 b,ES 分解成 P 和 E 的能阈为 c,由于 b 和 c 均比 a 小得多,因而反应速度大大加快(图 2-2-6)。实验已经证明了酶促反应过程的中间产物存在。

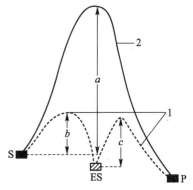

图 2-2-6　催化反应与非催化
反应中活化能的图解
1—催化反应　2—非催化反应

(二)酶的活性中心

酶蛋白起催化作用的是酶分子的活性中心(图 2-2-7)。酶的活性中心是指酶分子上直接参与催化反应的氨基酸残基的侧链基团,它们以一定的空间结构组成活性结构,是酶分子中与催化活性有密切关系的特殊部位。活性中心的基团分为催化基团和结合基团两部分,前者决定酶的催化能力(高效性),后者决定酶与哪些底物结合(专一性)。单成分酶的活性中心是在空间结构上相互邻近的氨基酸残基,双成分酶的活性中心则由酶蛋白和辅助因子或辅助因子的一部分共同组成。酶的活性中心外的基团,称为非活性中心或活性中心外必需基团,是维持形成活性中心的构象所必需的部分。当外界的理化因素破坏了非活性中心时,也可能影响活性中心的特定构象,从而影响酶的活性。

(三)酶的催化机制

酶在发生催化作用前必须先与底物结合,形成酶-底复合物,再发生化学变化,形成产物和酶。酶和底物依靠离子键、氢键和非极性键相互结合,这就要求底物分子的大小及其几何形状一定与酶的活性中心相适应。关于酶的作用机制,普遍接受的说法是"诱导契合"假说(图 2-2-8)。

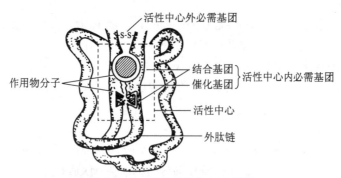

图 2-2-7　酶的活性中心示意图

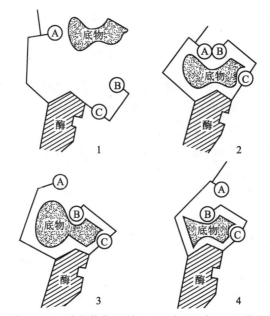

图 2-2-8　酶的催化机制——"诱导契合"理论模型

该假说认为,酶是通过与底物结合形成中间产物,降低反应的活化能来加快化学反应速度的。酶分子中存在活性中心,活性中心由催化基团和结合基团组成。在酶与底物相互接近的过程中,底物诱导酶活性中心的结构发生利于与底物结合的变化。酶与底物接触,酶分子通过结合基团与底物分子互补契合,催化基团催化底物分子中键的断裂或形成新的化学键,底物转化为产物,产物由酶分子上脱落下来,酶又恢复到原来的构象。

六、影响酶反应速度的因素

酶促反应是在酶催化下的生物化学反应,底物浓度、酶浓度、温度、pH、抑制剂和激活剂等都会对酶促反应的速度产生影响。任何因素的改变都会引起植物体内生理生化过程失调,从而影响植物正常的生命活动。

（一）底物浓度

酶的活性是指酶催化一定化学反应的能力。酶的活性大小可以用在一定条件下催化某一化学变化的反应速度来表示，而反应速度可以用单位时间内单位体积中底物的减少量或产物的增加量来表示。以底物浓度[S]为横坐标，以反应速率 v 为纵坐标作图，得出 v 与[S]的关系曲线（图2-2-9）。从图中可以看出，当底物浓度较低时，v 与[S]的关系呈正比；伴随底物浓度的不断增加，反应速率渐渐不再按比例升高；如果底物浓度再继续增加，反应速率则增加得更少了；继续增加底物浓度，反应速率最终不再升高而达到最大反应速率（v_{max}）。酶促反应的速率与底物浓度之间的关系可以用米氏方程来表示：

$$v = \frac{v_{max}[S]}{K_m + [S]}$$

式中，K_m 称为米氏常数，其数值就是当酶促反应速率达到最大反应速率1/2时的底物浓度。

（二）酶的浓度

酶促反应中，底物浓度足够大时，反应速率与酶的浓度成正比，即[S]足够大时，只有[E]增加[ES]才会增加，反应速率 v 才会增加。

（三）反应温度

温度对酶促反应速度的影响有两个方面，随着温度的升高，一方面反应速率加快；另一方面酶蛋白逐步变性，具有活性的酶减少而使反应速率降低。这两个过程平衡的结果，使得酶促反应具有一个最适温度 T（一般为40~50℃），低于最适温度，前一种效应为主；高于最适温度，后一种效应为主。如图2-2-10所示，在一定时间内，反应温度 $t<T$ 时，v 随 t 的升高而增加；$t = T$ 时，$v = v_{max}$；$t>T$ 时，v 随 t 的升高而减小。温度每升高10℃所增加的反应速率的倍数称温度系数（Q_{10}）。

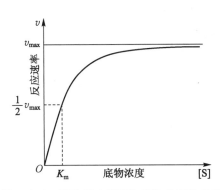

图2-2-9 酶的反应速度与底物浓度的关系

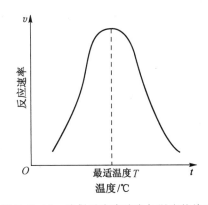

图2-2-10 酶促反应中速度与温度的关系

（四）pH

酶蛋白分子是一种两性离子，介质的pH直接影响酶蛋白分子的解离、带电状态和分子间成键的情况，导致酶蛋白分子的空间构象及其与底物结合能力的改变。不同的酶均有不同的最适pH范围（图2-2-11）。在最适pH范围内，酶促反应的速度最大，在过酸或过碱的条件下，酶的活性完全丧失。在日常工作中常加入缓冲溶液以稳定酶促反应介质的pH。

（五）激活剂（活化剂）

凡是能提高酶活性的物质都称为激活剂。酶的激活剂主要是一些简单的无机离子（如 Na^+、K^+、Mg^{2+}、Cu^{2+}、Zn^{2+}、Co^{2+}、Fe^{2+}、Cl^-、Br^-、H^+ 等）和小分子有机物（如抗坏血酸、半胱氨酸和谷胱甘肽等）。同一种物质对一种酶是激活剂，而对另一种酶则可能具有抑制作用；对于同一个酶，一种物质在一个浓度下是激活剂，而在另一个浓度下则可能是抑制剂。各种酶要求的激活剂的种类及浓度各有特点，但大部分酶都必须在一定的激活剂参与下才能具有高效催化活性。

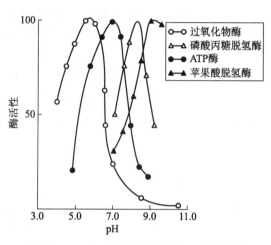

图 2-2-11　豌豆根中某些酶的 pH 活性曲线

（六）抑制剂

引起酶活性中心的化学性质发生改变而造成酶的活力下降或丧失的物质称为抑制剂。对酶的抑制作用是多种多样的，Ag^+、Hg^{2+}、Cu^{2+}、Pb^{3+} 等重金属离子，一氧化碳、硫化氢、氰化物、碘乙酸、砷化物、生物碱、有机磷等化合物都可以成为抑制剂。

有些抑制剂可与酶的某些基团共价结合，很难自发地分解，也不能用透析等物理方法解除。这种抑制剂是不可逆的抑制剂，如有机磷农药、含汞和含砷的有机物、碘乙酸、重金属、氰化物、叠氮化物等。有些抑制剂与酶结合后可以用透析等方法除去，使酶恢复活性，称为可逆的抑制剂。可逆的抑制剂又可分为竞争性抑制剂与非竞争性抑制剂两种。竞争性抑制剂的分子结构与底物相似，能同底物竞争与酶分子相结合，减少酶分子与底物结合的概率，从而引起抑制作用。非竞争性抑制剂和底物同时结合在酶的不同部位上，通过降低酶的活性产生抑制作用，如琥珀酸脱氢酶和 Ag^+、Hg^{2+}、Cu^{2+}、Pb^{2+} 等重金属离子都属于这类抑制剂。

> **动　脑　筋**
>
> 可以用污水和工业废水浇灌农作物吗？为什么？
>
>

七、同工酶

同工酶指能催化同一种化学反应，但在分子结构组成上有所不同的一组酶。同工酶催化相同的化学反应，但它们的蛋白质结构、溶解度、相对分子质量以及对激活剂和抑制剂的反应都存在差异。从生物体中分离出来的有同工酶性质的酶已超过百余种，同工酶的存在是一切生物中的普遍现象。

乳酸脱氢酶（LDH）是同工酶的典型代表，它是由 M 和 H 两种亚基组成的四聚体，M 亚基与 H 亚基的相对分子质量相同，都是 35 000。乳酸脱氢酶有 5 种同工酶，它们的亚基组成分别为 $LDH_1(M_4)$、$LDH_2(M_3H)$、$LDH_3(M_2H_2)$、$LDH_4(MH_3)$ 和 $LDH_5(H_4)$。

同工酶在植物的生命活动中发挥着广泛的作用，是研究基因突变、基因表达、代谢调节、抵抗伤害、生物进化、生态分布和群体遗传的重要工具。

复习思考题

1. 什么是酶？酶有什么特点和作用？
2. 什么是辅酶和辅基？细胞中常见的辅酶和辅基有哪些？
3. 温室生产为什么要适时放风？
4. 什么是酶的活性中心？简述酶的作用机制。
5. 说明底物浓度对酶促反应速度的影响。

实训 小麦种子萌发前后淀粉酶活性的比较

一、技能要求

了解小麦萌发前后淀粉酶变化的原理,掌握比较酶活性的一种实验方法。

二、实验原理

淀粉酶是水解淀粉糖苷键的一类酶的总称,广泛存在于禾谷类作物的种子内。按照其水解淀粉的作用方式不同,可以分为 α-淀粉酶和 β-淀粉酶等。β-淀粉酶主要存在小麦、大麦、黑麦等休眠种子中,而 α-淀粉酶是在上述种子萌发过程中形成的,其活性随种子萌发时间的延长而增强。在禾谷类作物萌发的种子中,这两类淀粉酶都存在。α-淀粉酶催化淀粉水解为糊精和麦芽糖,所以又称糊精生成酶。β-淀粉酶直接把直链淀粉水解成麦芽糖,又称为麦芽糖酶。支链淀粉水解成极限糊精和麦芽糖,并促使一部分糊精糖化,是两种淀粉酶共同催化的结果。

三、药品与器材

1. 药品:10%甘油,0.1%淀粉。

碘试剂(I_2-KI溶液):将碘化钾20 g及碘10 g溶于100 mL蒸馏水中,使用前需稀释10倍。

2. 仪器:试管和试管架,恒温水浴锅,托盘天平(100 g),煤气灯(酒精灯),锥形瓶(50 mL),试管夹,量筒(10 mL),玻璃漏斗,滤纸,移液管(2 mL),移液管架,玻璃棒,研钵,滴管。

3. 材料:小麦种子干粉(过100目筛),萌发2 d和4 d的小麦芽。

四、技能训练

1. 酶液的制备:称取小麦种子干粉、萌发2 d和4 d的小麦芽各2 g,分别放入研钵中研碎,各加入10%的甘油热溶液(50℃)约10 mL,分别转移到锥形瓶中,放入37℃恒温水浴锅中提取1.5 h然后过滤,滤液即为麦芽的酶提取液。

2. 小麦萌发前、后淀粉酶活性的比较:取10支试管,1~10编号。1、2号试管内各加入2 mL种子酶提取液,3、4号管内各加入2 mL萌发2 d小麦芽的酶提取液,5、6号管内各加入2 mL萌发4 d小麦芽的酶提取液,7、8号管内各加入2 mL萌发2 d小麦芽的酶提取液并在酒精灯上煮沸2 min,9、10号管内各加2 mL蒸馏水。然后再向各管内分别加入0.1%的淀粉溶液2 mL,摇匀后放入37℃恒温水浴保温15 min。同时取出10支试管,冷却后各滴入2~3滴碘试剂,混匀,观察颜色变化,并解释实验结果。

五、实验作业

按要求撰写实验报告,并分析实验结果。

任务小结

化学组成:水分,蛋白质(氨基酸),核酸(DNA、RNA),脂质(真脂、磷脂、糖脂),糖类(单糖、寡糖、多糖),无机盐。

酶的概念:酶是生活细胞产生的具有催化活性的蛋白质,也称为生物催化剂。

酶的辅助因子组成:辅酶,辅基,金属离子。

酶的种类:氧化还原酶类,转移酶类,水解酶类,裂解酶类,异构酶类,合成酶类。

酶促反应:底物浓度,酶浓度,温度,pH,抑制剂,激活剂。

学习任务三 植物的光合作用

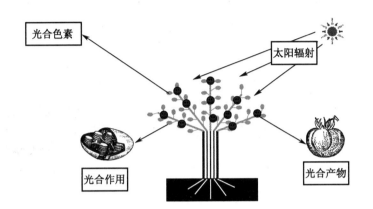

知识目标

- 了解太阳辐射的特点,明确光合色素的种类、结构及作用特点。
- 掌握光合作用的影响因素,了解通过提高光能利用率增加作物产量的方法。

能力目标

- 掌握植物叶绿素含量的测定技术。

　　植物不需摄取现成的有机物,而是通过根、茎、叶乃至整个植物体从环境中吸收 H_2O、CO_2、矿质元素和太阳光能,经过体内特定的生理过程,把这些无机物转化为有机物,变成自身的营养物质。绿色植物利用日光能,把 CO_2 和 H_2O 同化为有机物,释放 O_2,同时储存能量的过程称为光合作用,亦称为碳素同化作用。光合作用为生命活动提供 O_2 和食物,为人类和动物提供生存的基础。

内容一　太阳辐射与光

一、太阳辐射

　　太阳以电磁波或粒子形式向外放射的能量称太阳辐射。按电磁波波长的不同,太阳辐射分为无线电辐射、红外线辐射、可见光辐射、紫外线辐射、X 射线辐射、γ 粒子辐射等。太阳辐射的主要波长为 150~4 000 nm。太阳辐射的波长比地面和大气辐射的波长短得多,所以人们习惯上把太阳辐射称为短波辐射。其中,对地球生物影响最大的是可见光辐射和紫外线辐射,能够被叶绿素吸收的各种波长的太阳辐射又称为生理辐射。

　　当太阳斜射到水平面上时,该水平面上所得到的太阳辐射能的多少,取决于太阳辐射在水平面上的投射角——太阳高度角(h)。水平面上所接受的太阳辐射能量(I)与太阳高度角成正比。正午时 h 最大,所以 I 也最大,地面温度也就比较高。日出和日没时 h 最小,所以 I 也最小,地面温度也就比较低(图3-1-1)。在农业生产上,虽无法改变太阳高度角,但若改变地面坡度就相当于改变了太阳高度角。在一定条件下,地面坡度越大,地面获得太阳辐射能就越多,温度就越高。所以,山的南坡热量资源总是高于平地,其道理也就在此。我国冬季北方地区应用的阳畦、冷床、日光温室的塑料薄膜向南倾斜等都是为了充分利用太阳辐射。

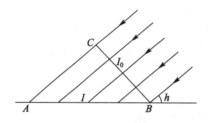

图 3-1-1　水平面上的太阳辐射

微课　太阳高度角

二、太阳光谱

太阳光是一种自然光,它由各种不同波长的光所组成(图3-1-2)。太阳辐射能随波长的分布,称为太阳辐射光谱。波长在 390~760 nm 的光为可见光,波长小于 390 nm 的光为紫外光(紫外线),波长大于 760 nm 的光为红外光(红外线)。不同波长的光其能量不同,对植物的生长发育起着不同的作用。

红外线具有热效应,供植物生长发育所需热量,植物吸收的红外线主要通过蒸腾耗热与叶面辐射而全部损失掉。紫外线波长较短的部分能抑制植物生长,波长较长的部分对植物有刺激作用,可促进种子的发芽和果实的成熟,并能提高蛋白质和维生素的含量。果实成熟期间,增加紫外线和紫光含量,向阳的果实比较香甜而且产量高。紫外线和紫光不易透过普通的玻璃,但可以透过塑料薄膜,这是塑料膜在生产上广泛应用的原因。

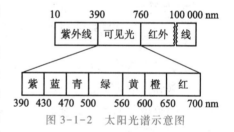

图 3-1-2　太阳光谱示意图

对植物的生长发育起主要作用的是可见光,可见光是复合光,由红、橙、黄、绿、青、蓝、紫 7 种单色光混合而成。太阳光照射在物体上,光被物体吸收一部分,余下的光反射出来,反射光的颜色就是我们见到的物体的颜色。可见光中被绿色植物吸收最多的是红橙光和蓝紫光,红橙光有利于糖类的积累,蓝紫光促进蛋白质与非糖类的积累。

不同植物对光谱的要求和反应不同。水稻、小麦、玉米等在红橙光的照射下,能迅速生长发育,而且早熟。黄瓜在红橙光长期照射下,植株营养少,产量低;在蓝紫光照射下,则能形

动　脑　筋

为什么自然界中不同的物体显现不同的颜色?

成大量的干物质,产量高。在夜间用强的红色闪光打破黑暗,可以诱导长日照植物提前开花,抑制短日照植物开花。用浅蓝色塑料薄膜覆盖水稻育秧,其秧苗比用无色薄膜覆盖的健壮,这是因

为浅蓝色薄膜能通过蓝紫光。

复习思考题

微课　太阳光谱

1. 什么叫光合作用？光合作用有什么意义？
2. 什么是太阳辐射？太阳光谱有什么特点？
3. 自然界中，山区阳坡的温度总高于阴坡的温度，为什么？
4. 不同颜色(波长)的光与作物生长之间是什么关系？
5. 我国北方设施蔬菜栽培采用日光温室，分析日光温室的设计原理。

世界国花知多少

英、美国花——玫瑰。英国人和美国人习惯把色彩艳丽、芳香浓郁的玫瑰看作"友谊之花"和"爱情之花"，往往把玫瑰花作为高尚馈赠的礼物，情人更以互赠玫瑰表达爱情。英国人和美国人还把玫瑰花比作花中皇后。把玫瑰定为国花的国家，欧洲还有卢森堡和保加利亚，西亚还有伊朗、伊拉克和叙利亚。

日本国花——樱花。樱花是日本民族的骄傲，它同雄伟的富士山一样，是勤劳、勇敢、智慧的象征。每年的 3 月 15 日，是日本的樱花节。樱花与日本人民的生产、生活和感情融合在一起：花开花落，预告着春播、秋收时令的到来；樱汁、樱叶、樱花、樱木，是常见的药材、食品、家具和木雕的上好原料。

荷兰国花——郁金香。西欧花园——荷兰，被称为"郁金香之国"。郁金香与风车、奶酪、木鞋并称为"荷兰四宝"。荷兰人民一直把它作为美丽、华贵、庄严的象征。郁金香原产于我国青藏高原，16 世纪传到欧洲。

菲律宾、印度尼西亚国花——茉莉花。菲律宾和印度尼西亚，都把茉莉花定为国花。菲律宾人民把它视为纯洁、热情的象征，称它为友谊之花、爱情之花。印度尼西亚人民爱茉莉如爱家珍，家家都有茉莉花。有些妇女把茉莉花放在小篮子里，挂于蚊帐中，连睡梦都充满着浓郁的香甜味。

德国国花——矢车菊。矢车菊以其清丽的色彩、美丽的花形、芬芳的气息、顽强的生命力博得了德国人民的赞美和喜爱，因此被奉为国花。

法国国花——鸢尾。巴黎是世界著名的花都，每年要举行一次世界花卉展览，各种奇花争芳斗艳。但法国人只把白色的鸢尾花作为光明、纯洁、庄严的象征；认为它能体现法兰西民族自由、乐观和光明磊落的精神，因此法国把白色的佛罗伦萨鸢尾定为国花。在法国的国徽上，从 12 世纪起，就绘有鸢尾的图案。

另外，泰国的国花是睡莲，意大利的国花为雏菊，墨西哥以大丽花作为国花，而澳大利亚的国花则是金合欢。

内容二　光合色素与光合作用

绿色植物为什么能进行光合作用呢？那是因为绿色植物的细胞中存在一种特殊的细胞器——叶绿体，叶绿体中存在着能进行光合作用的化学活性物质——光合色素。叶绿体是植物进行光合作用的场所，从鲜叶中分离出来的叶绿体，在适当的介质和条件下，可以完成光合作用的全过程。

一、叶绿体的基本结构

高等植物的叶绿体一般呈圆盘形或椭圆盘形，直径 $3 \sim 6~\mu m$，厚 $2 \sim 3~\mu m$，每个细胞含有 $20 \sim 200$ 个叶绿体，主要集中在叶肉栅栏组织细胞中。高等植物的叶绿体结构极为复杂和精细，叶绿体的外部是由两层单位膜围成的被膜，被膜以内是透明的基质，基质里悬浮着粒状结构称为基粒。基粒由类囊体垛叠而成，类囊体是由单层单位膜围成的具有很多穿孔的扁平小囊，组成基粒的类囊体称为基粒片层，连接基粒的类囊体称基质片层（图 3-2-1）。构成类囊体的单位膜上分布有大量的光合色素，是光能的吸收与转化的主要部位，所以类囊体膜也称光合膜。基质片层与基粒片层相连，使各类囊体之间相互沟通，利于光能的吸收与转化，也促进了物质代谢的进程和光合产物的转运。

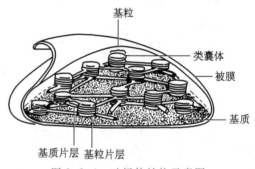

图 3-2-1　叶绿体结构示意图

叶绿体内约含有 75% 的水分，干物质中蛋白质占 30%～45%，脂质占 20%～40%，是光合膜的主要成分。各种色素约占 10%，是光合作用的主体。镁、铁、铜、锌、锰、磷、钾、钙等元素约占 10%，其中以镁含量最高。叶绿体中还存在有贮藏的糖类和 A、E、K、D 等维生素。叶绿体的基质内含有光合磷酸化和固定还原 CO_2 等众多的酶系统及担任电子传递功能的细胞色素、质体醌、NAD、NADP、DNA、RNA 等，具有核糖体和蛋白质合成的全套完整系统。叶绿体是合成有机物的重要场所，也是细胞中代谢活动的活跃场所。

二、光合色素

1. 光合色素的种类及特点

光合色素是绿色植物进行光合作用的化学活性物质。高等植物的光合色素主要有叶绿素和类胡萝卜素。叶绿素共有 a、b、c、d 共 4 种。叶绿素分子的主要结构部分是卟啉环，它是由 4 个吡咯环经 4 个甲烯基连接而成的大环，Mg 原子位于卟啉环的中央，4 个 N 原子围绕在周围。另有 1 个含羧基和羰基的副环，羧基以酯键和甲醇结合，叶绿醇则以酯键与在第 IV 吡咯环侧链上的丙酸相结合（图 3-2-2）。叶绿素分子中含有双键，因而具有吸光性，叶绿素分子的吸收光谱是红光部分（640～660 nm）和蓝紫光部分（430～450 nm）。由于叶绿素对绿色吸收最少，所以叶绿素溶液呈现绿色，叶片绿色亦是这个道理。类胡萝卜素包括胡萝卜素和叶黄素，胡萝卜素能够吸收光能，也能对叶绿素起保护作用。秋天，叶绿素被破坏，叶黄素显露出来,叶子变黄。

2. 影响叶绿素形成的环境因素

影响叶绿素形成的环境因素主要有光照、温度、营养元素、氧气和水分。光照是影响叶绿素形成的主要因素,叶绿素形成过程中的一些中间产物必须在光照下才能形成,这是黑暗中形成黄化幼苗的主要原因。叶绿素的形成是一个酶促反应过程,温度主要影响酶的活性,叶绿素合成的最低温度 2~4℃,最适温度 30℃,最高温度 40℃。温度不适抑制酶的活性,也就抑制了叶绿素的合成。营养元素 N 和 Mg 是叶绿素的分子的重要组成成分,Fe、Cu、Zn、Mn 对叶绿素的合成具有催化作用,营养元素缺乏时叶绿素不能形成,在生产上作物常出现缺绿症状。叶绿素的合成与有氧代谢是相联系的,氧气是植物有氧呼吸的必要条件,氧气缺乏呼吸作用减弱,能量供应不足同样不能形成叶绿素。水则是一切生命活动的介质,干旱缺水不仅使叶绿素的合成受到抑制,而且原有的叶绿素也会受到破坏,干旱条件下植物失水最先出现的症状就是叶片失绿变黄。植物体内叶绿素代谢合成和分解过程是同时进行的,如果环境条件不适合,叶绿素合成受阻,而叶绿素分解照常,叶绿素破坏,茎叶变黄,光合作用受阻。

动　脑　筋

韭黄是怎样生产出来的? 韭黄相比韭菜要嫩一些,为什么?

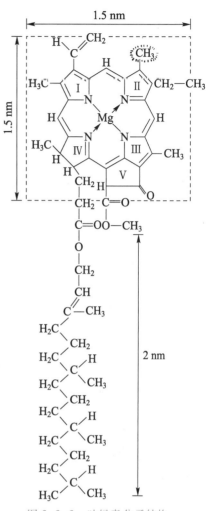

图 3-2-2　叶绿素分子结构

三、光合作用的机制

光合作用是一系列光化学、光物理和生物化学转变的复杂过程。光合作用必须在有光的条件下才能进行,但并不是光合作用的每一步骤都需要光。光合作用总体来说分两步进行。第 1 步需要光,称为光反应,它通过原初反应、电子传递与光合磷酸化,吸收太阳光能转换为电能,再形成活跃的化学能,储存在 ATP 和 $NADPH_2$ 中。这一过程是在叶绿体的基粒片层上完成的,它随着光强的增大而加速。第 2 步不需要光,称为暗反应,它通过

微课　叶绿素合成条件

CO_2 的同化和吸收 H_2O 合成有机物,同时将活跃的化学能转变为稳定的化学能,储存在这些有机物分子的化学键当中,成为植物体的组成物质。这一过程是在叶绿体的基质中进行的,它随温度的升高而加快。

光合作用过程可总结如下:

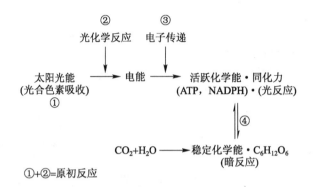

①+②=原初反应

1. 原初反应

原初反应(图 3-2-3)是光合作用的起点,是光合色素吸收光能所引起的一系列物理化学反应,速度快,与温度无关,包括光能的吸收、传递和光化学反应等过程。原初反应通过聚光色素收集太阳的光能,并以诱导共振的方式将其传递给中心色素分子,中心色素分子发生光化学反应,把光能转化为电能,以高能电子的形式存在。聚光色素亦称集光色素、天线色素,本身没有光化学活性,只能吸收、传递光能到作用中心色素分子上起光化学反应,包括大部分的叶绿素 a、全部的叶绿素 b 和类胡萝卜素。作用中心色素亦称中心色素,有光化学特性,它能接受聚光色素传递来的光能并通过光化学反应将其转换为电能,包括少数特殊状态的叶绿素 a(P_{680}和 P_{700})。

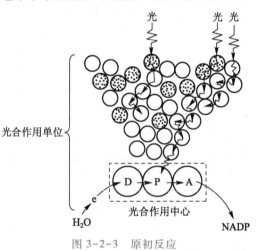

图 3-2-3 原初反应

2. 电子传递与光合磷酸化

原初光化学反应产生的高能电子在一系列电子传递体之间移动,释放能量并通过光合磷酸化作用把释放出来的电能转化为活跃的化学能($NADPH_2$ 和 ATP)。作为能量载体的电子是从 H_2O 中夺取的,H_2O 失去电子,自身分解放出 O_2,这是光合作用所释放的 O_2 的来源。按电子传递体的氧化还原电位顺序作图,图形极像横写的英文字母“Z”,由此得名 Z 链(图 3-2-4)。利用光合电子传递释放的能量合成 ATP 的过程,称光合磷酸化。

经过上述变化之后,由光能转变来的电能进一步形成活跃的化学能,暂时储存在 ATP 和 $NADPH_2$ 中,它们

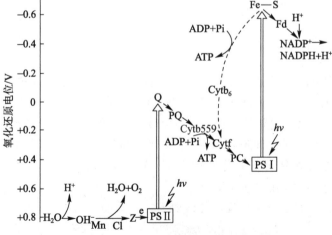

图 3-2-4 光合电子传递及光合磷酸化示意图

将用于 CO_2 的还原,进一步形成各种光合产物,把活跃的化学能转变为稳定的化学能储存在有机化合物之中。ATP 和 $NADPH_2$ 合起来称为同化力。

3. CO_2 的同化

CO_2 的同化在叶绿体的基质里进行。一系列的酶促反应,把 CO_2 和 H_2O 合成有机物(糖),同时把活跃的化学能转化为稳定的化学能(键能),储存在所生成的有机物的化学键中。CO_2 的同化过程在有光和黑暗条件下均可进行。目前,已经明确高等植物光合碳同化途径有3条,即 C_3 途径(图 3-2-5)、C_4 途径(图 3-2-6)和景天酸代谢途径(CAM)(图 3-2-7)。C_3 途径是最基本的碳素同化途径,其他两种途径都必须经过 C_3 循环才能把 CO_2 固定为光合产物——糖。

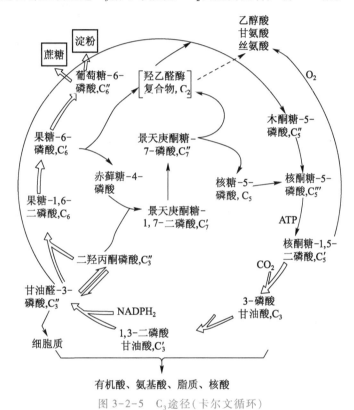

图 3-2-5　C_3 途径(卡尔文循环)

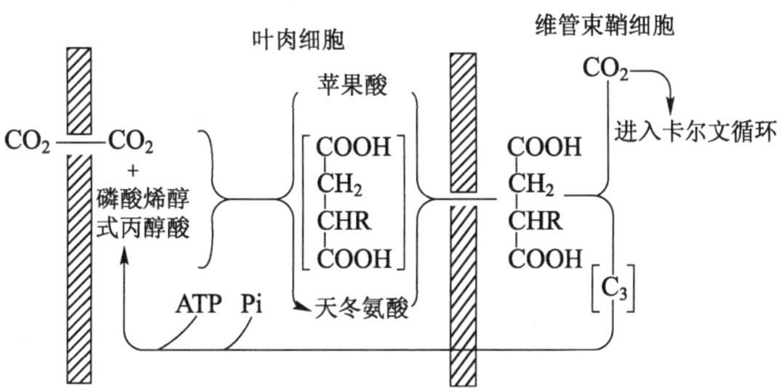

图 3-2-6　C_4 途径(C_4 三羧酸途径卡尔文循环)

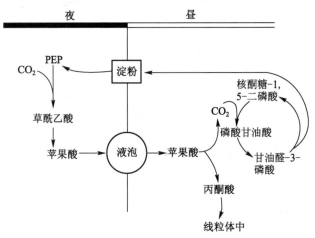

图 3-2-7　景天酸(CAM)代谢途径

4. 光合作用的产物

光合作用产物主要是糖类,包括单糖(葡萄糖和果糖)、双糖(蔗糖)和多糖(淀粉),其中以蔗糖和淀粉最为普遍。

在卡尔文循环中,CO_2被还原产生的磷酸丙糖(3-磷酸甘油醛),不能在叶绿体内积累,2 个磷酸丙糖缩合形成六碳糖;再通过一系列转化形成淀粉;暂时贮藏在叶绿体中,同时,磷酸丙糖还运出叶绿体,在细胞质中合成蔗糖。

实验证明,光合作用也可直接形成氨基酸、脂肪酸等。应该改变过去认为糖类是光合作用的唯一直接产物的认识。

光合作用的直接产物是植物进行代谢活动最基本的物质,它既可作为呼吸的底物,又可进一步转变为生命活动中的其他物质,包括结构物质和其他贮藏物质。

不同种类的植物或同一植物处于不同的生态环境,其光合产物也有所不同。例如,棉花、大豆等作物在光下是以积累淀粉为主;小麦、蚕豆等则以合成蔗糖为主,洋葱、大蒜的光合产物则是葡萄糖和果糖,不形成淀粉。另外,不同发育时期的叶片和光质对光合产物也有影响。一般成长的叶片中主要是形成糖类,而幼嫩叶片中除糖类外,还形成较多的蛋白质;在红光下,叶片形成较多的糖类(包括三碳糖、蔗糖和淀粉),蛋白质较少;而在蓝紫光下;形成的蛋白质、脂肪和核酸的数量增加。这说明光合作用产物的种类与植物的遗传性以及环境条件有密切关系。

复习思考题

1. 画图说明叶绿体的结构特点及其在光合作用中的作用。
2. 简要说明光合色素的种类及功能。
3. 秋天植物叶片由绿变黄或变红,为什么?
4. 缺水也能引起植物叶片变黄,说明其可能的原因。
5. 简述光合作用的基本过程。

植物的变性

在美国生长着一种叫作印度天南星的有趣植物,它四季常绿,在长达 15~20 年的生长期中总是不断地改变着自己的性别,从雌性变为雄性,又从雄性变为雌性。

印度天南星为什么会出现这种现象呢? 据一些科学家研究发现,中等大小的印度天南星通常只有一片叶子,开雄花。大一点的有两片叶子,开雌花。而在更小的时候,它没有花是中性的,以后既能转变为雄性,也能转变为雌性。经进一步的观察,他们发现,当印度天南星长得肥大时,就变成雌性;当植物长得瘦小时又变成雄性。所以他们认为印度天南星的性变生理是植物"节省"能量、生存应变的策略。

原来,植物像动物一样,雌性植物产生后代所需要的能量远比雄性植物产生精子所需要的能量要多。印度天南星的种子比较大,发育过程中消耗的能量比一般植物更多。如果年年结果,能量和营养都会入不敷出,以致植物越来越瘦小,甚至因营养不良而死去。所以,只有长得壮实肥大的植物才变成雌性,开花结果。结果后,植物瘦弱了,就转变为雄性,这样可以大大节省能量和营养。经过一年的"休养",等到它们恢复了元气,再变成雌性,再开花结果。

有趣的是,这种植物不仅依靠性变来繁殖后代,还利用性变来适应不良的环境。植物学家发现,当动物吃掉印度天南星的叶子,或大树长期挡住光线时,印度天南星也会变成雄性。不良环境消失后,它们会变成雌性,繁殖后代。

实训　叶绿素的提取、分离、理化性质和含量测定

一、技能要求

了解光合色素的一些重要理化性质,明确光合色素的提取及分离方法,学会利用分光光度计测定叶绿素含量。

二、实验原理

高等植物光合色素分为叶绿素(a 和 b)和类胡萝卜素(胡萝卜素和叶黄素)。这两类色素均不溶于水,而溶于有机溶剂,故可用丙酮或乙醇提取。这 4 种色素在以滤纸为支持物的两相中(即流动相和固定相)的分配系数不同,它们的移动速率也不同,因而可把它们从样品混合物中分离开。

叶绿素是一种二羧酸酯,能与碱起皂化作用,形成的盐溶于水中,因而可与类胡萝卜素分开。叶绿素具有光化学活性,它吸收光能(光量子)后由基态转变成激发态,处于激发态的叶绿素分子很不稳定,会迅速发射出长波(红光)而回到原来的状态,产生暗红色的荧光。叶绿素易被光所破坏而褪绿。叶绿素中的镁可被 H^+ 所取代而生成褐色的去镁叶绿素,后者遇铜则成为绿色的铜代叶绿素。铜代叶绿素很稳定,在光下不易破坏,因此,用此法浸渍绿色标本可长期保持绿色。

　　根据叶绿素对可见光的吸收光谱,利用分光光度计在某一特定波长下测定其光密度,将色素分子的光密度对波长作图绘制成曲线,而后用公式计算叶绿素含量。该方法不但精确度高,而且能够在未分离叶绿素 a 和叶绿素 b 的情况下分别测定出叶绿素 a 和叶绿素 b 的含量。

　　根据 Lambert-Beer 定律,某有色溶液的吸光度 A 与其含量 c 成正比,即:

$$A = Kbc$$

式中,K 为吸光系数,b 为液层厚度。当 c 为溶质的质量浓度,b 为 1 cm 时,K 为比吸光系数。

　　测定光合色素混合提取液中叶绿素 a 和叶绿素 b 的含量,只需要测定该提取液在某一特定波长下的吸光度 A,并根据叶绿素 a 和叶绿素 b 在该波长下的比吸光系数可求出叶绿素含量。为了排除类胡萝卜素的干扰,所用单色光应选择叶绿素在红光区的最大吸收峰。

　　已知叶绿素 a 和叶绿素 b 在红光区的吸收峰分别位于 663 nm 和 645 nm,又知在波长 663 nm 下,叶绿素 a 和叶绿素 b 的 80% 丙酮溶液的消光系数分别为 82.04 和 9.27,在波长 645 nm 下分别为 16.75 和 45.6,可据此列出下列关系式:

$$A_{663} = 82.04c_a + 9.27c_b \qquad ①$$

$$A_{645} = 16.75c_a + 45.6c_b \qquad ②$$

式①和②中,A_{663} 和 A_{645} 分别为叶绿素溶液在波长 663 nm 和 645 nm 时的光密度,c_a 和 c_b 分别为叶绿素 a 和叶绿素 b 的含量(mg/L)。解方程得:

$$c_a = 12.7A_{663} - 2.59A_{645} \qquad ③$$

$$c_b = 22.9A_{645} - 4.67A_{663} \qquad ④$$

　　将 c_a 与 c_b 相加即得叶绿素总含量 c_T

$$c_T = c_a + c_b = 20.3A_{645} + 8.04A_{663} \qquad ⑤$$

　　只要测得叶绿素溶液在 663 nm 和 645 nm 处的光密度值,就可计算出叶绿素 a、叶绿素 b 或叶绿素的总含量。

$$\text{叶绿素 a 含量(mg/g)} = \frac{c_a \times \dfrac{\text{提取液总量}}{1\,000} \times \text{稀释倍数}}{\text{样品鲜重(g)}} \qquad ⑥$$

$$\text{叶绿素 b 含量(mg/g)} = \frac{c_b \times \dfrac{\text{提取液总量}}{1\,000} \times \text{稀释倍数}}{\text{样品鲜重(g)}} \qquad ⑦$$

$$\text{叶绿素总含量} = \text{叶绿素 a 含量} + \text{叶绿素 b 含量}$$

　　由于叶绿素在 652 nm 处有相同的消光系数,均为 34.5,也可以在此波长下测定 1 次光密度(A_{652})而求出叶绿素 a 和叶绿素 b 的总含量(c_T):

$$c_T = \frac{A_{652} \times 1\,000}{34.5} \text{mg/L} \qquad ⑧$$

三、药品与器材

　　1. **药品**:95% 乙醇,醋酸铜粉末,苯,30% 醋酸,20% 氢氧化钾甲醇溶液[20 g 氢氧化钾以 100 mL 甲醇(约 80 g)溶解,混匀],80% 丙酮,汽油。

　　2. **仪器**:托盘天平,口径相同的两个培养皿,研钵,试管,漏斗,细玻棒,滴管,剪刀,电吹风或电炉,三角瓶,圆形滤纸,分光光度计,小烧杯,试管架,酒精灯,移液管,药匙。

3. 材料:新鲜植物叶片或绿叶干粉,新鲜植物叶片的光合色素提取液。

四、技能训练

(一)光合色素的提取和分离

1. 提取:将新鲜植物叶片 3~5 g 剪碎放入研钵中研磨成匀浆,加入 95% 乙醇 10 mL,充分混匀,以提取叶匀浆中的光合色素,5~10 min 后,过滤入小三角瓶中,加塞备用。

2. 分离:取一张圆滤纸从中央穿一小孔,另剪一小条滤纸搓成一纸卷插入孔内作芯用。然后用拉细尖头滴管吸取叶绿素提取液滴在芯上,通过芯进入滤纸,反复滴几次,每一滴用电吹风吹干(或在电炉上烘干)后再滴第 2 滴,直至滤纸上呈浓绿色的圆环。滴完后换一干净纸芯,再将纸芯插入盛有汽油的小培养皿中,当汽油沿纸芯向周围扩散时,就推动光合色素向边缘移动。由于各种色素在滤纸上移动速率不同,于是形成了同心圆。最内一圈黄绿色的是叶绿素 b,其次是蓝绿色的叶绿素 a,再次是黄色的叶黄素,最外圈是橙黄色的胡萝卜素。

(二)叶绿素的理化性质

将光合色素提取液用 95% 乙醇稀释 1 倍,摇匀后进行以下实验。

1. 皂化作用:用移液管吸取光合色素提取液 5 mL 放入试管中,再加 20% 的氢氧化钾甲醇溶液 1.5 mL,充分摇匀,在水浴上加热至沸腾 3~5 min,冷却后加入苯 3 mL,摇匀后沿试管壁慢慢加入 3 mL 水,轻轻摇动混匀,静置于试管架上,可看到溶液逐渐分为两层,下层是稀的醇溶液,其中溶有皂化的叶绿素 a 和叶绿素 b,以及少量叶黄素;上层是苯溶液,其中溶有黄色的胡萝卜素和叶黄素。

2. 取代作用:将光合色素提取液 2~3 mL 放入试管中,加 30% 醋酸数滴,摇匀,可见溶液变为褐色,这时为去镁叶绿素。然后加入醋酸铜晶体少许,微微加热,又会慢慢产生绿色,此时表明铜已在叶绿素分子中取代了镁的位置,成为铜代叶绿素。

3. 荧光现象:取浓的光合色素提取液放入试管中,在直射光下观察溶液呈绿色,这是由于叶绿素对绿光吸收力弱,透射光为绿光。如果于入射光一侧或从溶液顶部往下看,可看到溶液的反射光为暗红色,这是由于叶绿素吸收光后,又重新以波长更长的红光辐射出来,即荧光现象。

(三)叶绿素含量的测定(分光光度法)

1. 提取叶绿素:从植株上先取有代表性的叶片,称取鲜重 0.5~1 g 的叶片,剪碎后置于研钵中,仔细研成匀浆,加 80% 丙酮 20 mL 继续研磨,静置 5~10 min 后,把上清液过滤于 50 mL 容量瓶中,再加丙酮 20 mL,继续研磨至组织变白无绿色,把残渣一起过滤于 50 mL 容量瓶中,然后用少量丙酮冲洗研钵和玻璃棒,再用丙酮将滤纸上色素冲洗干净,最后用丙酮定容至刻度,摇匀,待测。

2. 测量吸光度:吸取叶绿素丙酮提取液 2 mL,加 80% 丙酮 2 mL 稀释后摇匀。以 80% 丙酮作为空白对照。用分光光度计分别在 663 nm、652 nm 和 645 nm 波长下读取吸光度。

3. 计算结果:将测量结果代入公式计算得出叶绿素 a 的含量(c_a)、叶绿素 b 的含量(c_b)和叶绿素总含量(c_T)。

五、实验作业

按要求撰写实验报告,并分析实验结果。

内容三　光合作用的影响因素及生产潜力

光合作用是一个在有光条件下，以 CO_2 和 H_2O 为原料合成有机物的酶促反应过程，一切与之相关的因素都会对光合作用的进行产生影响。表示光合作用快慢程度的生理指标称光合速率，即每小时每平方分米叶面积吸收 CO_2 的总量，单位 $mg/(dm^2 \cdot h)$。测定光合效率的另一个生理指标称光合生产率（净同化率），即每天每平方米叶面积实际积累的干物质量，单位 $g/(m^2 \cdot d)$，它反映较长时间（如一昼夜或一周）的表观光合速率。

一、影响光合作用的环境条件

1. 光呼吸

植物的绿色细胞在光照条件下吸收 O_2、放出 CO_2 的过程称为光呼吸。光呼吸表面上类似于一般植物都具有的呼吸作用（暗呼吸），也是消耗有机物、吸收 O_2、释放 CO_2 的过程，但必须在有光条件下的绿色细胞内才能进行，这是与暗呼吸的根本区别。降低光呼吸是提高光合作用的途径之一。

2. 光照

在一定范围内，光合速率随光照度的增加而增加，但达到一定数值时，光合速率便达到最大值，此后，即使光照度继续增加，光合速率也不再提高，这种现象称光饱和现象。开始达到光饱和现象时的光照度称光饱和点，光饱和点是植物需光的上限。植物群体生长，由于叶片相互交错，往往外部叶片已达到光饱和，而内部叶片仍处于光饱和点以下，随着光照度的增大，群体的光合速率仍能继续增加。因此，群体的光饱和点比单株高得多，甚至看不到光饱和点。

光照度较高时，植物的光合作用比呼吸作用要高若干倍。光照度下降时，光合作用与呼吸作用均随之下降，但光合作用下降较快。光照度下降到一定数值时，光合作用吸收的 CO_2 量与呼吸作用放出的 CO_2 量相等，表观光合速率等于零，此时的光照度称光补偿点，光补偿点是植物需光的下限。在光补偿点时，植物叶片制造的有机物与呼吸消耗的有机物相等，因而植物没有积累。

光饱和点和光补偿点分别表示植物对强光及弱光的利用能力，因而可以作为植物需光特性的指标。在生产中，应努力提高植物的光饱和点，降低光补偿点，做到增加积累，减少消耗。

根据植物对光照度的要求，可分为喜光植物和耐阴植物。大多数的农作物（玉米、小麦、棉花、水稻、花生、豆类、薯类等）属于喜光植物，光照不足将明显影响其生长发育。

3. CO_2

CO_2 是光合作用的原料，作物营养的"主食"。环境中 CO_2 浓度的高低，直接影响植物的光合速率。在一定范围内，植物的光合速率随环境中 CO_2 浓度的升高而增加。但 CO_2 浓度达到一定数值时，光合速率不再增加，此时环境中 CO_2 的浓度称为 CO_2 饱和点。环境中 CO_2 浓度增加会对植物吸收 CO_2 产生两方面的影响，一是增加叶片内、外 CO_2 浓度差，促进 CO_2 向叶内扩散；二是 CO_2 浓度过高会引起叶片气孔开度减小，阻止 CO_2 向叶内扩散。故大气中 CO_2 浓度升至一定程度即达饱和，有的植物在 CO_2 浓度过高时甚至会发生中毒现象。

自然条件下,空气中 CO_2 浓度很低,远远不能满足植物光合作用的需要,增加环境中 CO_2 浓度(CO_2 施肥、改善透气条件、施用有机肥)是提高作物产量的有效途径。

4. 温度

植物的光合作用有温度三基点,即最低温、最适温、最高温。温度主要影响酶的活性。光合作用的最低温(冷限)和最高温(热限)是指在该温度下,CO_2 的吸收和释放速度相等,光合速率等于零。在光合作用的最适温时,光合速率最高。生产实践中要注意控制环境温度,避免高温和低温对光合作用的不利影响。

微课　温室放风

5. 水分

水是光合作用的原料之一,植物体内水分含量也会影响其他生理活动。当叶子水分充足时,气孔充分张开,CO_2 进入叶内速度加快,光合作用增强;当叶子水分缺乏时,气孔开度减小,增大了 CO_2 进入叶内的阻力,CO_2 吸收减少,光合作用减弱。水分的多少还可影响植物体内激素水平的变化,激素控制气孔的开闭,影响光合作用的强弱。

6. 矿质元素

矿质元素直接或间接地影响光合作用。N、P、S、Mg 是叶绿素的组成成分,Mn、Cl、Fe、Cu、Zn 影响光合电子传递和光合磷酸化,K 影响气孔的开闭,K、P、B 影响光合产物的运输和转化等。所以,合理施肥对保证光合作用的顺利进行是非常重要的。

影响光合作用的各种因素彼此并非是孤立的,而是相互联系相互制约的,光合速率的高低是各种因素综合作用的结果。

二、光能利用率低的原因

1. 作物的光能利用率和产量的关系

通常,占植物干重 90%~95% 的有机物质来自光合作用。因此,如何使植物最大限度地利用太阳辐射能以进行光合作用,是农业生产中的一个根本性问题。

作物光能利用率是指在单位土地面积上,作物光合产物中储存的能量占作物光合作用期间照射在同一地面上太阳总能量的百分率。植物的光能利用率是很低的,一般植物约为 1%,森林植物大概只有 0.1%。

根据中国科学院地理研究所的资料,长江下游与华南地区年总辐射量为 502.32 kJ/cm^2 或 502.32×10^8 kJ/hm^2,水稻生育期的太阳辐射能约占全年的 50%,光能利用率按 2% 计算,水稻经济产量占生物产量的 50% 计算,其中呼吸又消耗掉 40% 有机物,假定稻谷的全部干物质均为淀粉(其燃烧值为 17 664.92 kJ/kg),利用这些数据推算,水稻产量如下:

$$\frac{502.32 \times 10^8 \times 50\% \times 2\% \times 50\% \times (1 - 40\%)}{17\ 664.92} \text{ kg/hm}^2 = 8\ 530.81 \text{ kg/hm}^2$$

以上是以干物质计算,稻谷约含有 14% 的水分,因此实际产量应为 8 530.81×114% = 9 725.12 kg/hm^2。如光能利用率再提高 1%,则每 hm^2 增产 4 860 kg,产量应为 14 585.12 kg/hm^2。由此可见,提高光能利用率对作物产量提高的重要性。

2. 光能利用率低的原因

(1) 太阳辐射:辐射到地面的光线,波长为 300~26 000 nm,而植物光合作用只能利用 380~

720 nm的光波,其能量占太阳总辐射能的40%~50%。此值受大气透明度等因素的影响。

（2）漏光损失:作物生长初期植株较小,或由于基本苗数过少、肥水不足,致使群体稀疏,没有足够的绿色叶片来吸收光能,引起漏光损失。如栽培措施得当,使其较早封行,则可减少作物生育后期田间漏光损失。

（3）反射及透射损失:照射到叶面上的太阳光能并未全部被吸收,其中一部分被反射并散失到空间(10%~15%),另一部分透过叶片(5%)。这部分能量损失因植物种类、品种、叶片厚薄等不同而有很大的差异。如株型紧凑、叶片较直立的,其反射光的损失就减少;叶片较厚,则透光的损失减少;反之,叶面的蜡质及茸毛较多,则反射光也较多。

（4）蒸腾损失:被叶片吸收的太阳光能,大部分以热能消耗于蒸腾过程(76.5%~84.5%),只有极少部分能量被光合作用利用(0.5%~3.5%)。

（5）环境条件不适:

1）光照度的限制:在弱光下虽然其他条件适合,光合速率也很低,因为受到光照度的限制。当光照度增加到光饱和点以上时,超过光饱和点的光又不利用于光合作用,甚至直接或间接地使植物受到损伤。

2）温度:温度过低或过高影响酶的活性。

3）CO_2:CO_2供应不足,使光合速率受到限制。

4）肥料:肥料不足或施用不当,影响光合作用进行或使叶片早衰等。

动　脑　筋

各地都有不同于其他地区的土特产,为什么?

三、提高光能利用率的途径

1. 增加光合面积

光合面积即植物的绿色面积,常以叶面积系数或叶面积指数加以衡量。叶面积系数是指单位土地面积上作物叶面积与土地面积之比。叶面积系数过小,不能充分利用太阳辐射能;叶面积系数过大,叶片相互遮阴,通风透光差。生产实践表明,小麦、玉米、水稻、棉花、大豆等的最适叶面积系数应为4~5,即能最大限度地利用光能。为此,在生产上可采取合理密植,以肥水调节植物的叶面积系数。近年来,通过育种手段,培育出理想株型,即株型紧凑、矮秆、叶小而厚且直立、分蘖密集等。这种株型既能提高密植程度,又可适当扩大光合面积,减少漏光损失,提高群体的光能利用率。

2. 延长光合时间

（1）延长生育期:大田作物可根据当地气象条件选用生育期较长的中晚熟品种,并采用适时早播、地膜覆盖等办法。蔬菜或瓜类作物可采用温室育苗、适时早栽或者利用塑料大棚。在田间管理过程中,尤其要防止生长后期叶片早衰,最大限度地延长生育期。

（2）提高复种指数:复种指数是指全年内农作物收获面积对耕地面积之比。提高复种指数的办法就是将一年一熟制改为一年二熟制或二年三熟制。其措施是通过轮、间、套种,在一年内巧妙地搭配各种作物,从时间上和空间上更好地利用光能,缩短田地空闲时间,减少漏光率。

3. 增强光合效率

目前主要通过栽培措施来提高作物的光合效率。例如,通过水(灌溉)肥(主要是氮肥)调控作物的长势,尽早达到适宜的叶面积系数,通过向大棚或温室施放干冰、田间增施有机肥等提高田间 CO_2 浓度;利用 2,3-环氧丙酸及其他盐类、$NaHSO_3$、α-羟基磺酸盐等降低作物的光呼吸。

微课　光能
利用率提高

4. 减少呼吸消耗

通过育种培育低呼吸消耗的品种,通过栽培管理措施减少植物生长过程中的呼吸消耗,提高植物的净光合效率。

复习思考题

1. 在果树栽培中,适当采取枝条修剪的目的有哪些?
2. 什么是光合作用? 光合作用的意义有哪些?
3. 什么是温度三基点? 掌握温度三基点在生产上有什么实际意义?
4. 什么叫光能利用率? 分析植物光能利用率低的原因。
5. 简述提高植物光能利用率的措施或途径。

海洋微生物可进行光合作用

美国科学家最近发现,除了植物能够利用光合作用产生能量之外,还有一些海洋微生物也能依靠光合作用而生存。美国微生物学家艾得·德隆说,这是一种转换太阳能量的新方式,其研究发现,有10%左右的海洋微生物都利用这种能量转化方式来制造养分,这是生物适应环境的又一种生存方式。

美国蒙特拉湾水族研究所有一个专门用于晒盐的池塘,池塘的水呈红色,这是因为里面生存着一种喜盐细菌的结果。科学家们在菌体中第一次发现了细菌视紫质,视紫质通常存在于人体的视觉细胞中,是一种感光体,能接收外界光线并通过复杂的生理生化反应将光能转化成为神经信号。海洋微生物中的这种细菌视紫质却能够将光线转化成移动电子,成为推动菌体新陈代谢的能量。这一发现解答了为什么海洋中的众多微生物在没有什么食物来源的情况下也能够长期生存繁衍下去的疑问。

任务小结

太阳辐射:太阳辐射,太阳光谱,光质与植物生长。

光合色素:色素种类,叶绿素特性,影响叶绿素合成的因素。

光合机制:原初反应,电子传递与光合磷酸化,二氧化碳同化(C_3途径、C_4途径、景天酸代谢途径),光合作用产物。

影响因素:光呼吸,光照,二氧化碳,温度,水分,矿质元素。

光能利用:光能利用率,光能利用率低的原因,提高植物光能利用率的途径。

学习任务四　植物的呼吸作用

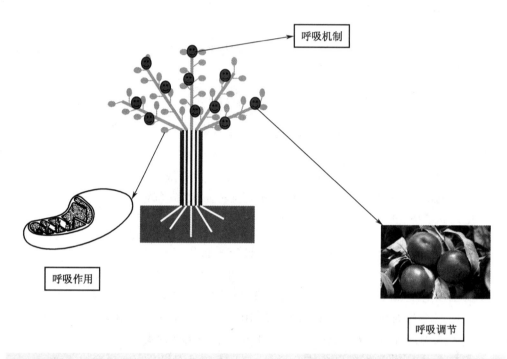

呼吸机制

呼吸作用

呼吸调节

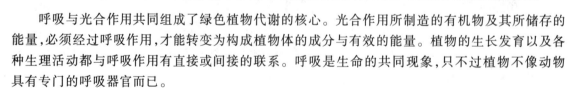

呼吸与光合作用共同组成了绿色植物代谢的核心。光合作用所制造的有机物及其所储存的能量,必须经过呼吸作用,才能转变为构成植物体的成分与有效的能量。植物的生长发育以及各种生理活动都与呼吸作用有直接或间接的联系。呼吸是生命的共同现象,只不过植物不像动物具有专门的呼吸器官而已。

内容一　呼吸作用的类型及生化过程

活细胞内的有机物质,在酶的催化下进行氧化分解,产生 CO_2 和 H_2O,并释放出大量能量的过程,称为呼吸作用。被呼吸作用氧化分解的有机物主要是糖类,常被称为"呼吸底物",呼吸底物的分解亦称降解。伴随呼吸作用的进行,植物质量减轻,同时有大量的能量和 CO_2 释放。

一、呼吸作用

高等植物和低等植物的呼吸途径是不同的,根据植物呼吸过程中对氧气的需求的差异,可将呼吸作用分为有氧呼吸和无氧呼吸两大类型。

1. 呼吸作用的类型

(1) 有氧呼吸:生活细胞吸收大气中的氧,将体内的有机物彻底氧化分解,形成 CO_2 和 H_2O 并释放能量的过程,称为有氧呼吸。

$$C_6H_{12}O_6+6O_2\longrightarrow 6CO_2+6H_2O+2\,878.59\ kJ$$

微课　有氧呼吸

(2) 无氧呼吸:生活细胞在不吸收氧的情况下,将体内有机物不彻底氧化,形成不彻底的氧化产物并释放能量的过程,称为无氧呼吸。无氧呼吸有乙醇发酵和乳酸发酵两种类型,长期无氧呼吸的结果会造成乙醇中毒。

$$C_6H_{12}O_6\longrightarrow 2CH_3CH_2OH+2CO_2+100.42\ kJ(乙醇发酵)$$

$$C_6H_{12}O_6\longrightarrow 2CH_3CHOHCOOH+75.312\ kJ(乳酸发酵)$$

2. 呼吸作用的生理意义

(1) 作为生命活动的重要指标:呼吸作用是植物生活细胞普遍进行的一个生理活动,当细胞死亡时呼吸也就停止。因此,常把呼吸作用强弱和有无作为衡量生命活动与代谢强弱的重要标志。

(2) 提供植物生命活动所需要的能量:植物的各种生命活动,如植物对矿质营养和水分的吸收,有机物质的运输与合成,植物的生长与发育等,都是需要能量的。总的说来这些能量虽然是来自光合作用,是通过光合作用将太阳光能转变为化学能储存在光合产物中,但是这种化学能必须依靠呼吸作用才能从产物中氧化分解被释放出来。释放出的能量,一部分转变为热能而散失掉,一部分以 ATP 形式暂时储存起来。必要时 ATP 再分解,释放出能量,供植物生命活动所用。因此,必须了解植物生命活动强弱的规律性,采取各种措施,调节植物的呼吸强度,为其生命活动提供有效的能量。

(3) 呼吸作用为其他有机物的合成提供原料:呼吸作用过程中产生的一系列不稳定的中间产物,为进一步合成许多其他重要物质提供了原料。蛋白质、核酸、脂肪、糖类等重要有机物的合成,都有赖于呼吸作用的中间产物。因此,呼吸作用和有机物的合成、转化有着密切的联系,成为植物体内新陈代谢的中心。由此看来,呼吸作用不仅仅是氧化有机物质释放能量的异化过程,而且也是合成物质的同化过程的一部分。

动　脑　筋

呼吸是生命存在的标志,呼吸停止生命就停止了,为什么?

(4) 提高植物的抗性:当植物被病原菌侵染时,植物呼吸作用急剧增强,氧化毒物,以消除毒素或使其转变为其他无毒物质。旺盛的呼吸还有利于伤口的愈合,使伤口迅速木化、栓化,以减少病原菌的侵染。

总之,呼吸作用是植物有机体普遍进行的生理过程,是植物代谢的中心,同所有的代谢过程都有密切的关系。因此,呼吸作用的强弱必然影响到植物的生长发育,从而关系农作物的产量和品质。

二、呼吸作用的生理指标

1. 呼吸强度

呼吸强度是衡量呼吸作用强弱、快慢的一个指标,呼吸强度也称为呼吸速率或呼吸率,常以单位质量(鲜重或干重)在单位时间内释放 CO_2 的量、吸收 O_2 的量或干鲜重损失量的多少来表示。例如,吸收 O_2 的体积/[鲜重(干重)·时间], $\mu L/(g \cdot h)$;释放 CO_2 的体积/[鲜重(干重)·时间], $\mu L/(g \cdot h)$ 。

植物的呼吸强度随植物的种类、年龄、器官和组织的不同而不同,一般生长旺盛的、幼嫩的器官(根尖、茎尖、嫩根、嫩叶)的呼吸强度高于生长缓慢的、年老的器官(老根、老茎、老叶),生殖器官的呼吸强度高于营养器官。

2. 呼吸商

植物组织在一定时间内释放 CO_2 量与吸收 O_2 量的比值,称为呼吸商(简称 RQ)。

$$RQ = \frac{\text{释放的 } CO_2(\text{物质的量或体积})}{\text{吸收的 } O_2(\text{物质的量或体积})}$$

底物完全被氧化时,可以用呼吸商的值推测出植物呼吸底物的性质。糖被完全氧化,其呼吸商为 1.0。脂质相对糖类物质还原程度较高,氧化时需要更多的氧,因而呼吸底物为脂质时,呼吸商小于 1,一般为 0.7~0.8。有机酸相对含氧较多,以有机酸作为呼吸底物,其呼吸商大于 1。

三、呼吸作用的生化过程

植物体内的有机物首先被分解为葡萄糖。呼吸作用的整个过程可以分为两个阶段:第 1 阶段为有机物的分解,通过 3 种不同的代谢途径将葡萄糖分解为 CO_2 和 H_2O ,同时形成 ATP、NADH、$FADH_2$ 和 $NADPH_2$ 。第 2 阶段为电子传递与氧化磷酸化,即生物氧化过程,电子在呼吸链各电子传递体间传递,释放能量,并通过氧化磷酸化作用形成 ATP,满足植物体新陈代谢的需要。

1. 有机物分解

呼吸作用是分解有机物、释放 CO_2 的过程。不同的植物、同一植物的不同器官和组织在不同的生育期和不同环境条件下,有机物分解的方式各不相同,这是植物对多变环境的一种适应机制。不同的呼吸途径在细胞内不同的区域内进行,又相互联系、相互配合,协调发挥作用。植物主要通过糖酵解、三羧酸循环和磷酸戊糖途径来分解有机物。

(1)糖酵解(EMP 途径)——无氧呼吸:糖酵解是指葡萄糖直接分解为丙酮酸的过程,在植物的细胞质内进行。分解过程中不需氧气参与,利用底物分解释放的能量进行磷酸化作用,形成 ATP,这种利用底物降解释放的能量形成 ATP 的过程,称为底物磷酸化。无氧呼吸就是糖的无氧降解,产物为乳酸的称为乳酸发酵;产物为乙醇的称乙醇发酵(图 4-1-1)。酸奶和酒就是依据无氧呼吸的原理进行生产的。

(2)糖酵解-三羧酸循环(EMP-TCA)——有氧呼吸:有氧呼吸是生活细胞在 O_2 的参与下,把有机物彻底氧化为 CO_2 和 H_2O ,同时释放能量的过程。糖酵解过程在细胞质内进行,三羧酸循环过程在线粒体内进行。底物通过有氧呼吸分解，不但形成 ATP，还产生 $NADH_2$ 和 $FADH_2$（图 4-1-2）。

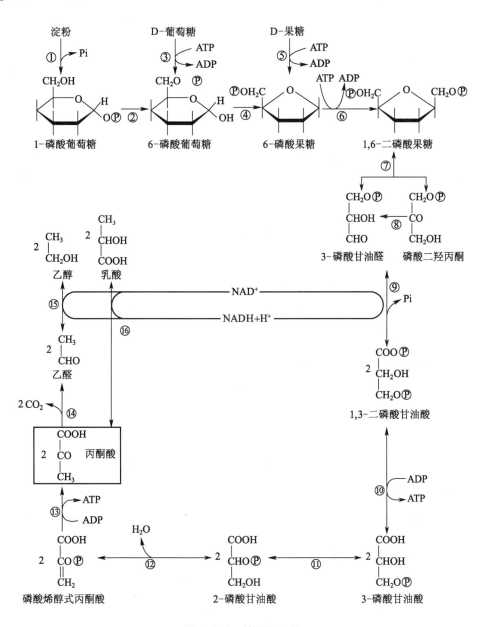

图 4-1-1　糖酵解途径

（3）磷酸戊糖途径（HMP 或 PPP 途径）——有氧呼吸支路：磷酸戊糖途径是植物有氧呼吸的一条辅助途径，在细胞质内进行。磷酸戊糖是该途径的中间产物，呼吸作用的结果形成 $NADPH_2$（图 4-1-3）。

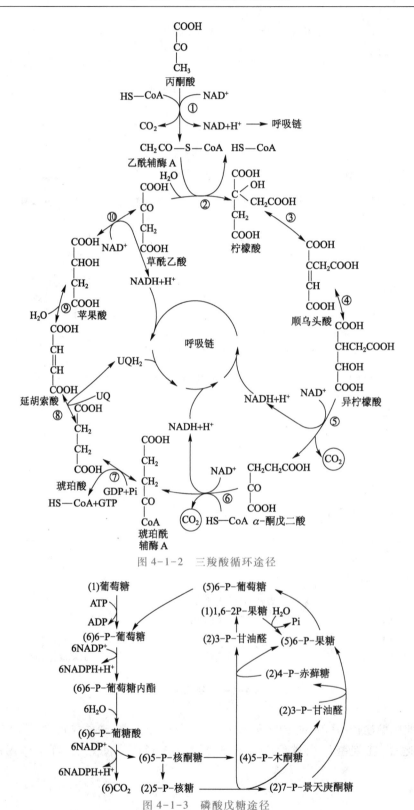

图 4-1-2　三羧酸循环途径

图 4-1-3　磷酸戊糖途径

2. 电子传递与氧化磷酸化

有机物分解所产生的 ATP 可以直接被植物体利用。$NADH_2$、$NADPH_2$ 和 $FADH_2$ 必须转化为 ATP 后才能被利用,植物细胞中完成这一转化过程的结构称呼吸链。呼吸链由一系列的传递体组成,$NADH_2$、$NADPH_2$ 和 $FADH_2$ 所携带的电子在各传递体间移动并释放能量,释放的能量通过氧化磷酸化作用形成可被植物利用的 ATP(图 4-1-4)。

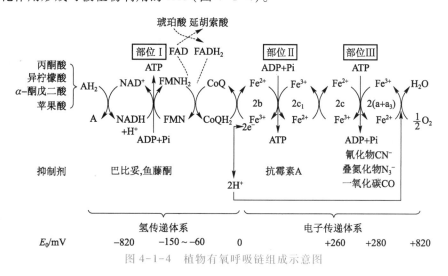

图 4-1-4　植物有氧呼吸链组成示意图

复习思考题

1. 什么是呼吸作用? 呼吸作用有几种类型? 各有什么特点?
2. 简述呼吸作用的生理意义。
3. 什么叫呼吸商? 测定植物的呼吸商有什么生物学意义?

植物也喜欢音乐

20世纪60年代,英国的一位苗圃主在温室里研究水仙属植物开花习性,发现音乐起到了促进作用。随后植物学家史密斯在温度、湿度相同的两个育苗箱里分别播上大豆种子。一个箱子 24 h 播放《蓝色狂想曲》,另一个箱子里静悄悄的、什么声音也没有。结果是听音乐的种子发芽早,秆也粗,绿色也浓。史密斯还把听音乐和不听音乐的苗割下来称重,结果是听音乐的苗质量大。1968 年,雷塔拉克在两块地里同时将玉米、胡萝卜、老鹳草和紫茱菜等混种,然后向一块地播放从钢琴录下的大音阶"7"与"2"的录音,每天12 h。3 周后,不断听音阶的一组除了紫茱菜外,全部枯死,其中有些像被强风吹倒似的,主干朝远离声源的方向倒伏延伸,而不听音阶的一组均正常地生长。进一步的研究发现,植物最喜欢的是东方音乐,特别是印度的西它尔等弦乐器。植物听了这些音乐后,能以 2 倍于正常的速度生长;之后是古典音乐,特别是听了巴赫、海顿那样有人情味的音乐,植物会朝着声源的方向生长。摇摆乐令植物讨厌。因为植物体的表现总是向远离声源的方向躲避,甚至引起发育异常。

实训　植物呼吸强度的测定（小篮子法）

一、技能要求

了解呼吸强度的测定原理，学会呼吸强度的测定方法。

二、实验原理

植物在密闭瓶中进行呼吸作用，使瓶内 CO_2 增多，CO_2 溶于水形成 H_2CO_3。当瓶中装有定量 $Ba(OH)_2$ 溶液时，H_2CO_3 便与 $Ba(OH)_2$ 中和。剩下未反应的 $Ba(OH)_2$ 用草酸溶液（$H_2C_2O_4$）滴定中和。呼吸产生的 CO_2 越多，则 $H_2C_2O_4$ 的滴定用量便越少，与对照瓶（无植物材料）比较，少用的 $H_2C_2O_4$ 量即相当于植物呼出的 CO_2 量，单位是 mg/（100 g·h）。

三、药品与器材

1. 药品：0.7% $Ba(OH)_2$ 溶液，酚酞指示剂，0.023 mol/L 草酸溶液。

2. 仪器：广口瓶，温度计，酸滴定管，尼龙纱制作的小篮，托盘天平。

草酸溶液的配制：准确称取重结晶的草酸（$H_2C_2O_4\cdot 2H_2O$）2.865 2 g 溶于蒸馏水，定容至 1 000 mL。每 mL 溶液相当于 1 mg 的 CO_2。

3. 材料：干小麦种子、发芽的小麦种子。

四、技能训练

1. 取 250~500 mL 三角瓶或药品瓶 4 个，各加 1 个双孔或单孔橡皮塞，本实验采用单孔橡皮塞，供滴定用。橡皮塞下有小钩，用以挂塑料纱布袋。4 个瓶分别加入 0.7% $Ba(OH)_2$ 溶液 20 mL，用瓶塞塞好（图 4-1-5）。

2. 称取干小麦种子 3 g（约 50 粒），再取同样数的发芽种子两份装入纱布袋内，然后分别放入瓶内，挂在瓶塞下，使装有种子的纱布袋悬在瓶中，不要和瓶底的溶液接触，未放入种子那一个瓶做对照。将一个有发芽种子、干种子的瓶和空白瓶放在室温下，另一个有发芽种子的三角瓶置于 35~40℃ 环境中。

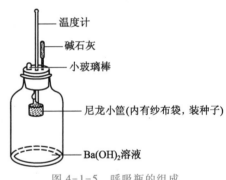

温度计
碱石灰
小玻璃棒
尼龙小筐（内有纱布袋，装种子）
$Ba(OH)_2$ 溶液

图 4-1-5　呼吸瓶的组成

3. 装置好后，立即记下时间，每隔 2~3 min 轻轻摇 1 次，20~30 min 后进行滴定。先小心把种子取出，再迅速把瓶塞塞好，充分摇匀 2 min，使瓶内 CO_2 充分被 $Ba(OH)_2$ 吸收中和，然后各瓶加酚酞液 2~3 滴，摇匀后用草酸滴定，至红色刚刚消失为止。准确记录各瓶所用草酸的量。

4. 依照下式计算每百克小麦每小时放出 CO_2 的量[mg/（100 g·h）]。

$$呼吸强度 = \frac{空白滴定值 - 正式滴定值}{种子克数 \times 测定时间（min）} \times 60 \times 100$$

5. 注意事项

（1）滴定时要缓慢，要不断轻轻摇动三角瓶下部，切不可急滴，尤其在后期阶段，以免过量作废。

$$Ba(OH)_2 + CO_2 \longrightarrow BaCO_3\downarrow + H_2O$$
$$Ba(OH)_2 + (COOH)_2 \longrightarrow BaC_2O_4\downarrow + H_2O$$

（2）用 0.023 mol/L 浓度的草酸是因其 1 mL 相当于 1 mg CO_2 量。

五、实验作业

按要求撰写实验报告,并说明各瓶呼吸强度差异的原因。

内容二　呼吸作用的影响因素及调控应用

呼吸作用的强弱随植物的种类、年龄、器官和组织的生理状态而不同,生长旺盛的植物呼吸作用较强,生长缓慢的植物呼吸作用较弱。表示植物呼吸作用强弱的生理指标是呼吸强度,以单位质量在单位时间内释放 CO_2 的量、吸收 O_2 的量或质量损失的多少来表示。

一、影响呼吸作用的环境条件

1. 温度

在最低温度与最适温度之间,呼吸强度随温度的升高而增加;超过最适温度后,呼吸强度随温度的升高而降低。这是因为温度升高可以加速呼吸作用生化反应的速率,同时又加速酶的钝化作用和原生质结构的破坏。呼吸作用最低点的温度称呼吸最低温度,不同植物呼吸作用的最低温度不同,松、柏等耐寒树种在-25℃条件下仍能进行呼吸。呼吸作用最高点的温度称呼吸最高温度,一般为45~55℃,在该温度下,开始呼吸强度可能比最适温度下还高,但很快急剧下降。呼吸作用进行得最快且持续时间最长时的温度就是呼吸最适温度,大多数温带植物呼吸最适温度为25~35℃。

2. O_2 和 CO_2

O_2 是植物正常呼吸的重要因子,植物的呼吸强度随 O_2 浓度的升高而增加。O_2 浓度下降,有氧呼吸降低,无氧呼吸增高。短时期的无氧呼吸和局部的无氧呼吸对植物的伤害还不大,但无氧呼吸时间长,植物就会受伤死亡。

CO_2 约占大气成分的 0.03%。CO_2 含量高于 5% 时,呼吸作用就受到抑制,当含量达到 10% 时,可以使植物死亡。这种现象在土壤板结的深处,尤其是夏秋高温季节,植物根系和土壤微生物的呼吸活动旺盛的情况下常会出现。当土壤水分过多,O_2 不足时,根系及微生物无氧呼吸上升,土壤中会积累 CO_2 和乙醇,对根系呼吸等生命活动都有不利影响。在作物生长期间,进行中耕松土、开沟排水等措施,目的之一即在于改善土壤通气条件使根系能进行正常的呼吸作用,以利于根系生长。

3. 水分

水是生物化学反应的介质,细胞的含水量对呼吸作用的影响很大,在一定范围内呼吸强度随含水量的增加而增加。植物的根、茎、叶和果实等器官在失水过多发生萎蔫时,会出现呼吸作用的暂时上升而后下降的现象。呼吸作用的暂时上升对植物本身无积极意义,只是有机物消耗的骤然增加,加快受害进程。

4. 机械伤害

机械伤害会显著加快植物组织的呼吸强度。首先,正常生活着的细胞内酶与各种底物是隔开的,机械伤害破坏了这种分隔,使底物与酶接触而加快了底物的生物氧化过程。同时,有一部分未受伤的细胞转化为分生组织,形成愈伤组织去修补伤口,这些细胞的呼吸强度比原有细胞要大些。因此,在产品收获、包装、运输及贮藏过程中,应尽可能地防止产品的机械损伤,避免造成损失。

5. 农药

植物的呼吸作用受到各种农药的影响,包括杀虫剂、杀菌剂、除草剂与生长调节剂。它们的影响很复杂,有的促进呼吸,有的降低呼吸,在农药使用上一定要注意这些问题。

二、呼吸作用的调节

植物的呼吸作用与其生长发育及外界环境变化相适应,在正常情况下生成的产物和能量,既足以满足生物的需要,又不会过多以致造成浪费。这说明植物在进化过程中形成了一整套有效而灵敏的调节控制系统。

1. 氧气的调节——巴斯德效应

巴斯德效应是指氧抑制乙醇发酵的现象。是法国微生物学家巴斯德(Pasteur)首次发现,低氧浓度有利于酵母的发酵,而高氧浓度则抑制发酵,也就是说氧能抑制乙醇发酵。以后在植物组织中也发现有这种现象。假如植物组织周围的氧浓度,从零开始顺次增加时,发酵的产物累积逐渐减少,这就说明糖酵解的速率降低了。这种有氧氧化抑制糖酵解的现象,就是巴斯德效应的一种表现。

长期以来,人们一直在探索巴斯德效应的原因,到目前为止还不是很清楚,只能粗略介绍一些。在有氧条件下为什么会抑制发酵,这个问题的原因是乙醇发酵或乳酸发酵过程中,3-磷酸甘油醛氧化为1,3-二磷酸甘油酸时,同时伴随有 NAD^+ 被还原为 $NADH+H^+$。而还原型 $NADH+H^+$ 又用于丙酮酸或乙醛的还原生成乳酸或乙醇,从而使 $NADH+H^+$ 被氧化。可是在有氧条件下则不同,上述产生的 $NADH+H^+$ 在透过线粒体膜的过程中进入电子传递链去还原 O_2 形成 H_2O,而不能去还原丙酮酸和乙醛,致使发酵作用自然会停止。由于丙酮酸不能被还原,就只能通过氧化脱羧形成乙酰辅酶 A,这样也就促进了三羧酸循环的进行。

在有氧条件下,糖酵解的速度减慢还涉及两种调节酶,即 6-磷酸果糖激酶和丙酮酸激酶。这两种酶在有氧条件下使 ATP 和柠檬酸的浓度升高,从而又反馈抑制了这两种酶,使糖酵解作用减慢。

2. 能荷的调节

细胞中储存能量的化合物主要是腺苷酸类化合物,如 AMP、ADP 与 ATP。许多放能反应都与 ATP 的形成相偶联。在这些反应中,ADP 作为一个底物,它们常常对反应进行的速度起限制作用,这种现象在底物水平磷酸化与氧化磷酸化方面都有存在。因此,ADP 的可用性对糖酵解与电子传递过程都具有调节作用。腺苷酸中的 ATP+ADP+AMP 在细胞中的总量是一定的,但是它们之间的比例却变化很大,这3种化合物的能量水平又相差很大。例如,ADP 含有的能量只有 ATP 的 1/2,如果全部腺苷酸都是 ATP,则能量水平达到最高点,如果全部是 AMP 则能量水平最低。能荷就是表示这种腺苷酸能量水平的一个指标。能荷百分率可用下式表示:

$$能荷 = \frac{[ATP] + \frac{1}{2}[ADP]}{[ATP] + [ADP] + [AMP]} \times 100\%$$

从上式可见,能荷的数值在 0~100% 的范围变动。通常细胞的能荷保持80%的状态,在这个水平上受到反馈控制。当能荷很低时,能促进 ATP 合成作用的加速与 ATP 利用过程的减慢,将能荷水平提高;反之,将能荷水平降低,这样就对呼吸代谢起着调节作用。

3. NADH/NAD$^+$对代谢的调节

在 EMP-TCA 循环中生成 NADH,而 NADH 和 NAD$^+$常以一定的比例存在。如糖酵解过程中,3-磷酸甘油醛氧化时形成的 NADH 使比值增高;在乳酸发酵和乙醇发酵时用于丙酮酸(或乙酸)还原,就会促使糖酵解的进行。可是在有氧条件下,NADH 进入呼吸链,使二者比值下降,而不会用来生成乳酸或乙醇,会使发酵过程减慢。

三、调控呼吸在农业生产上的应用

调控呼吸对于作物生长发育,有机物运输分配,经济产量形成以及农产品的贮藏保鲜等具有重要实际意义。

1. 调控呼吸作用在作物栽培管理中的应用

种子萌发是植物有机体生命活动极为强烈的一个时期。特别是种子吸水后,呼吸作用和酶的变化相当明显。一般种子萌发过程中,呼吸强度的变化包括 4 个阶段,即急剧上升—滞缓—再急剧上升—显著下降,总的趋势是呼吸作用不断加强。第 2 阶段出现呼吸滞缓与种皮阻碍气体交换有关,如剥去种皮的种子,其呼吸滞缓期即缩短或不明显。第 4 阶段显著下降是由于种子在暗处萌发,贮藏的营养物质大量消耗和解体,呼吸基质减少,又没有光合产物的补充所致。

种子萌发时另一生理生化变化是酶的数量增多和活力的增强,这样就加快了贮藏物质的水解与转化。种子萌发阶段酶的形成有两个来源,一是种子中早已存在的束缚酶,吸水后很快

动　脑　筋

栽培作物灌溉后,在土壤干涸表面形成硬壳前要及时松土,为什么?

活化起来,如 β-淀粉酶、磷酸化酶等;二是重新合成的,如 α-淀粉酶、脂肪酶、硝酸还原酶等。

为使种子萌发顺利,促进呼吸作用,生产实践中采用谷物浸种、催芽和深翻播种等措施。

(1)浸种、催芽与深翻播种:呼吸作用既能释放能量以供植物各种生理过程的需要,又为机体内主要有机物的合成提供间接原料,所以呼吸作用不仅影响植物的无机营养和有机营养,也影响到有机物的转化和运输,进一步影响植物的生长。谷物种子浸种催芽时用温水淋种和不时翻种,目的就是控制温度和通气,使呼吸保持适度以利迅速出芽。作物种子播前深翻松土,作物中耕除草、黏土掺砂等都是为了改善土壤通气条件,以利种子萌发,促使根系良好生长。

微课　浸种催芽　　　　　　　微课　田间松土

(2)果树修剪:果树夏剪中去萌蘖,有利果树的通风透光。通风可以降低冠内温度,控制呼吸,降低消耗。透光是为了加强光合作用,增加物质积累,达到树体层层有果、上下有果、内外有果的立体结果的目的。

(3)施肥和除草剂的使用:施氮肥过多造成枝叶旺长,呼吸作用消耗增强。水田使用选择性除草剂时,一般是先排水后施药,促进杂草加快分化和生长,从而促进杂草呼吸。然后再满深水,让杂草淹没于水中,使它的生长和呼吸作用均受到抑制,这就是水田化学灭草的生理机制。

2. 调控呼吸作用在农产品贮藏中的应用

（1）粮油种子的贮藏：种子是有生命的机体，不断进行着呼吸作用，呼吸强度的高低，要由种子所处内、外条件来决定。但总的趋势是呼吸强度高，引起有机物的大量消耗，放出的水分会使粮堆内部湿度加大，呼吸放出的热量使粮温增高，这些变化反过来又会促进呼吸增强，最后导致种子发热霉变，使粮油种子的质量发生变化。因此，在贮藏过程中，必须降低种子的呼吸强度，确保安全贮藏。要使粮油种子安全贮藏，要求种子呈风干状态，含水量一般在 8% ~ 16%（因种子而异），称安全含水量，又称临界含水量。

当种子含水量超过安全含水量时，呼吸强度急骤升高。经过分析，种子本身呼吸增高并不快，主要是种子上附着有的微生物，它们在 75% 的相对湿度中可迅速繁殖。微生物数量增多，呼吸也增强。因此使用药剂杀菌消毒就可使种子的呼吸减弱。

安全含水量对种子安全贮藏固然很重要，但它也受气温和湿度变化的影响。因此，在粮油种子贮藏工作中应掌握大气湿度和仓内湿度的变化规律，根据此规律可应用通风和密闭的方法以降低种子的呼吸作用。在冬季或晚间开仓，西北冷风透入粮堆，降低粮温。在春末夏初的梅雨季节，可进行密闭贮藏，防止外界潮湿空气侵入。密闭方式贮藏必须以粮食干燥，无虫、无菌为基础。

综上所述，有效的干燥或必要的低温，常年安全贮藏才可能。从现有的经验来看，干燥和低温，特别是有效的干燥，是常年安全贮藏的主要途径。遇到梅雨，某些成品粮无法进行翻晒，或在高温季节很难保持必要的低温时，对某些水分较高或容易发热变质的粮食采用缺氧保管等方法，可取得较好效果。目前，有用真空充氮、充二氧化碳或密封自行缺氧等方法，以抑制粮油种子的呼吸，保持粮食的新鲜度，效果良好。

（2）果蔬贮藏：采收以后的肉质果实，虽离开了母体，呼吸作用仍继续进行。果蔬贮藏不能像粮油种子那样先行干燥，因为干燥会造成皱缩，失去新鲜状态，呼吸反而加强。因此，必须了解果蔬成熟过程中呼吸作用的变化规律，采取适当的方法，以控制其呼吸作用，达到贮藏保鲜的目的。

果实在整个成长过程中，先是子房发育成为果实，伴随着大量有机物的运入和转化，果实不断膨大。当果实体积长到应有的大小，生长停止，营养物质积累也基本停止，这一阶段果实的呼吸作用是逐渐下降的。呼吸作用降到最低点时，果实生硬、缺乏甜味、酸涩。

果实成熟之前，呼吸强度有一明显的上升，出现一个呼吸高峰，称呼吸跃变。呼吸高峰的出现，意味着果实已达成熟，进入可食状态，此期过后会烂熟而失去食用价值。对这样的果实应采取措施减弱其呼吸作用。推迟或降低呼吸高峰，是延长果实贮藏期的关键。

关于呼吸高峰与成熟之间的关系，目前比较明确的是，成熟是由于果实内产生了成熟激素——乙烯，乙烯可促使呼吸作用的增强，从而加速了果实的成熟。因此，如何控制乙烯的产生降低呼吸作用，又是一个综合因素的影响。

温度对呼吸高峰的出现影响极大。洋梨呼吸高峰的出现随温度的增加而提早且峰值提高，因此应当低温贮藏，但不是温度越低越好，太低了容易发生冻害。湿度对果蔬贮藏也有重要的影响。贮藏期间，果蔬常因得不到水分的补充造成萎蔫，正常的呼吸也受到破坏。由于缺水使酶的活动趋向于水解作用，从而加速了细胞内可溶性物质的水解，使组织衰老，削弱了果实固有的耐贮藏性和抗病性。因此，在果实储运中应防止水分损失，保持一定的湿度就显得特别重要。

多汁果蔬贮藏保鲜可采用调节气体成分，抑制呼吸作用的气调法，目前在国内普遍使用，效果较好。

（3）植物的抗病性与呼吸作用的关系：植物受到病原物侵染后，被侵染植物的呼吸作用通常都会增强。如棉花感染黄萎病后，体内的多酚氧化酶和过氧化物酶的活性加强。小麦感染锈病后，体内的多酚氧化酶和抗坏血酸氧化酶活性加强。呼吸上升的幅度及持续的时间长短也与抗病性有关。抗病力强的植株染病后，呼吸强度的上升幅度大，持续时间长；抗病力弱的植株则相反。

微课 果蔬
贮藏与呼吸

植株感病后呼吸作用增强的原因可从以下几方面分析：① 病原微生物有强烈的呼吸作用，致使寄生植物表观上的呼吸上升。② 寄主呼吸作用加强，是因为病原菌侵入寄主后，呼吸基质与有关酶的接触机会增加，使呼吸作用的生化过程明显加强。③ 寄主受侵染以后，呼吸作用的生化途径发生变化。如前所述，植物感病后糖酵解酶系统可能被抑制，而磷酸戊糖途径酶系统活化，使这条途径增强，氧化磷酸化作用解偶联，大部分能量以热的形式释放出来，使感病组织的温度升高。

寄主感病后呼吸作用增强能具有一定的抗病力，借以消除病原菌分泌的毒素，使之氧化分解成 CO_2 和 H_2O 及其他无毒物质。其次，被侵染部分的细胞呼吸加强，促使其坏死，使病原菌在死细胞中不能继续发展，被困死在一个小范围内，死细胞成为健康细胞的保护圈。再次是呼吸作用有助于伤口愈合。最后，呼吸作用可抑制病原菌体内水解酶的活性，从而限制或中断对病原菌营养的供应，以终止病原菌的蔓延。

复习思考题

1. 简述影响呼吸作用的环境因子。
2. 粮食入库贮藏前必须降低其含水量至一定水平，解释其原因。
3. 气调贮藏水果蔬菜的条件是低温、高湿和少氧环境，说明其原理。
4. 陆生植物为什么不能长期浸泡在水中？
5. 机械伤害为什么会增强植物的呼吸作用？

你能抱起一粒种子吗

一粒列当种子只有 10^{-6} g 左右。有的植物种子却大得出奇。如复椰子的种子长 50 cm，最大的重达 15 kg，是世界上最大的种子。它的种子外部中间有条沟，好像一对连体兄弟。外果皮由海绵状纤维组成，里面具有硬壳的内核才是植物学上所说的种子。复椰子每年只抽出 1 片长 7 m、宽 2 m 的大叶子，从开花、授粉到种子成熟要历时 13 年之久，而种子发芽则要 3 年，难怪它长得这么大。

面 包 树

在印度、斯里兰卡等热带地区，有一种奇怪的树，它的果实圆圆的，直径 15～20 cm，重达 1.5～2.0 kg，摘下放在火上烤烤就可以吃。果实味道酸中带甜，浓郁芳香，很像面包，因而人们管这种树叫面包树。面包树是一种常绿树木，高 7～8 m。它的果实除了当粮食用外，还可以制作各种果脯、果酱和果酒等食品。

任务小结

呼吸作用：有氧呼吸，无氧呼吸（乳酸发酵、乙醇发酵）。

生理指标：呼吸强度，呼吸商。

生化过程：有机物分解（糖酵解、三羧酸循环、磷酸戊糖途径），氧化磷酸化。

影响条件：温度，氧气和二氧化碳浓度，水，机械伤害，农药。

呼吸调节：氧气调解，能荷调节，NADH 调节。

调控应用：浸种催芽，整形修剪，淹水除草，种子贮藏，果蔬保鲜。

学习任务五 植物体内有机物的运输与分配

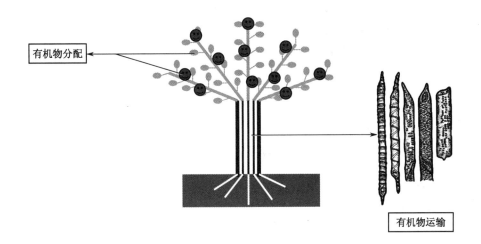

有机物分配

有机物运输

知识目标

● 了解植物体内有机物的运输系统,掌握植物体内有机物运输机制及同化物的分配规律。

能力目标

● 依据植物体内有机物的分配规律,掌握生产应用上的有效措施(疏花疏果,果树环剥)。

植物不断地从环境中吸取必要的营养,同时又不断地把体内的物质与能量相互传递,才能维持植物的生存、生活和生长。高等植物的器官有明确的分工,植物之所以能保持一个统一的整体,都完全依赖于体内有效的运输结构,就像动物体内的血液循环一样,是植物有机体生长、发育的命脉。植物体内制造和提供营养物质的器官(叶片)称为代谢源(简称"源");植物体内消耗和贮藏营养物质的器官(果实、种子)称为代谢库(简称"库")。供应营养物质的"源"与接收营养物质的"库"及它们之间的输导组织构成的营养依存单位称"源–库单位"。

一、植物体内有机物的运输系统

植物体内的运输系统主要有长距离运输系统和短距离运输系统。短距离运输系统主要是指细胞内和细胞间的运输,运输距离以微米(μm)计算,通过共质体(胞间连丝)和质外体(自由空间)来完成。长距离运输系统主要是指器官间和组织间的运输,通过输导组织来完成,

动　脑　筋

无论多么健壮的大树,只要剥掉树皮就会死亡,为什么?

木质部(导管、管胞)运输水分和无机盐,韧皮部(筛管、筛胞、伴胞)运输同化产物。在这里要注意的是,伴胞的生理功能主要是协助筛管分子完成运输,它为筛管细胞提供结构物质(蛋白质)和信息物质(RNA),维持筛管分子间的渗透平衡,并调节同化物向筛管的装载与卸出(图5-0-1)。

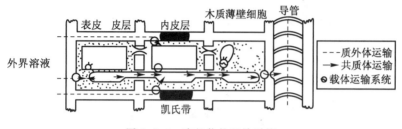

图 5-0-1　有机物的运输系统

微课　植物体内
物质的运输

二、植物体内同化物的运输机制

1. 有机物运输的形式

植物体内有机物运输的主要形式是蔗糖,蔗糖是葡萄糖与果糖分子以糖苷键相连而成的双糖分子。蔗糖的水溶性较强,有利于随着液流运输;植物体内到处存在有分解葡萄糖的酶,但对蔗糖却很难分解,这就起到了保护作用,可以安全运输;蔗糖的糖苷键水解时产生的能量多,运输效率较高(高效运输);蔗糖的某些性质(密度、黏度、表面张力、电解常数、渗透压、扩散系数)与葡萄糖相似,有利于侧向运输。

2. 有机物的运输方向

植物体内有机物的运输没有极性,可以向顶部,也可以向基部,但总的方向是由制造营养物质的器官向需求营养物质的器官运输。植物体内有机物运输的方向主要有 3 种,即单向运输(木质部运输)、双向运输(韧皮部运输)和横向运输(短距离运输)。

微课　植物体内
物质运输方向

3. 有机物的运输机制

韧皮部的源端制造同化产物,同化物浓度较高,水势较低,细胞吸水,体积膨大产生较大的压力势。韧皮部的库端因同化产物被消耗和储存,同化物浓度降低,水势增高,细胞失水,体积缩小,压力势减小。源端到库端的压力势梯度(源高库低)推动同化物不分种类由源端向库端转移。

三、植物体内同化物的分配

叶片的光合产物运出以后不是平均地分配到各个器官,而是有所侧重。就整个植株而言,同化物向各器官的运输因生育期的不同而不同,植物不同生育期的生长中心即是光合产物分配的中心,即"优先供应中心库"。从不同部位的叶片来说,它的光合产物有就近供应和运输的特点,一般下位叶片制造的同化物主要运到植株的下位部分及根部,而上位叶片制造的同化物

动　脑　筋
果树生产要适当进行疏花疏果,为什么?

主要运到新叶、幼叶、茎顶及花的部位,即"就近分配"。同化物还有向同侧器官分配较多的特点,即"同侧分配"(图 5-0-2)。

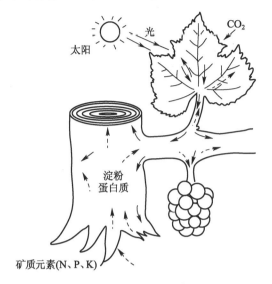

图 5-0-2　同化物的分配

微课　物质分配

微课　果树环剥

复习思考题

1. 什么叫代谢源和代谢库?

2. 甜瓜幼苗定植后喷洒蔗糖溶液是否有利于植株生长,为什么?

3. 植物体内有机物的运输途径有哪些? 伴胞起什么作用?

4. 生长环境不适导致植物死亡,哪个部位最后受害? 为什么?

5. 图 5-0-3 是枣树生产采取的一项管理措施,说明是什么技术。这么做的生理依据是什么? 有什么实际意义?

图 5-0-3　枣树生产管理

任务小结

源库单位:代谢源,代谢库。

运输系统:短距离运输系统,长距离运输系统。

运输机理:运输形式(蔗糖),运输方向(单向、双向、横向),运输动力(水势)。

物质分配:就近分配,同侧分配,优先供应中心库。

植物的生长、分化和发育有其规律性和时间上的顺序性。植物生长发育的全过程包括种子的萌发、植株的生长、发育、生殖和衰老各个阶段，应综合考虑植物生长发育的内外影响因子，培育符合人们需要的植物产品。

第二部分　植物生长发育的基本规律

植物的生长发育是植物体内各个生理代谢活动协调进行的综合表现。生长是分化和发育的基础，发育是生长和分化的结果，发育是通过细胞、组织和器官的分化而实现的。高等植物的个体生长发育过程包括种子的萌发、幼苗的生长、开花结实和衰老死亡4个阶段。

学习任务六 植物的生长发育

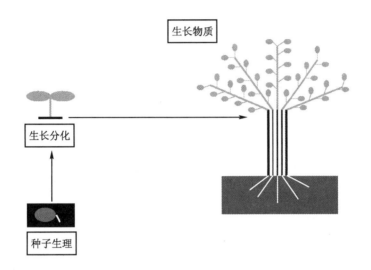

生长物质

生长分化

种子生理

植物生长发育包括生长、分化和发育,三者既有联系又有区别。

生长是细胞分裂和伸长的结果,是植物体积和质量的不可逆增加,为量变过程。根、茎、叶等器官体积和质量的增加,植株的由小到大等都是生长的结果。

分化是同质的细胞转变为形态、机能、化学结构等异质的细胞,即植物的差异性生长,为质变过程。在细胞水平、组织水平和器官水平上均可表现出来,一般与生长并存。如花芽和叶芽的分化、茎和根的分化等。

发育是在生长和分化的基础上,植物的结构和生理机能由简单到复杂的变化过程,导致组织的分化和器官的建成,为质变过程。如根、茎、叶等植物器官的形成,植株由营养生长向生殖生长的转变而产生花、果实、种子等。

内容一　植物的生长物质

植物正常的生长发育,需要水分和营养物质的供应,还需要一些生理活性物质的调控。这些调节和控制植物生长发育的物质,称为植物生长物质。植物生长物质主要包括两类:① 植物激素,是在植物体内自身合成的微量生理活性物质。② 植物生长调节剂,是人工合成的,结构和生理作用类似天然植物激素的有机物。另外,植物体内还存在一些能调节生长发育的物质,如多胺、油菜素内酯（BR）、月光华素、茉莉酸（JA）、水杨酸（SA）等,称为生长调节物质。

动　脑　筋
如果没有这些生长物质,植物生长将是什么状态? 为什么?

一、植物激素

植物激素有以下重要特性:① 内生性,是植物生命活动中正常代谢产生的,在植物界广泛存在。② 移动性,可从植物的合成部位转移到作用部位。③ 显效性,在植物体内含量甚微,多以微克计算,但对生理过程可起到明显的调控作用。④ 双重性,一些激素有促进和抑制两方面作用,不同浓度、对不同器官的作用有所不同。

目前,国际公认的植物激素有 5 大类:生长素、赤霉素、细胞分裂素、脱落酸和乙烯。

1. 生长素(IAA)

（1）特性:生长素即吲哚乙酸（图 6-1-1）,在植物体内含量很低,集中在生长旺盛的部位。生长素在植物体内易被破坏,一般不用来处理植物,而多采用与其类似的生长调节剂,如 IBA、NAA 等。

（2）生理作用与应用:生长素能促进植物生长、促进插条生根、诱导单性结实和控制性别分化等。生产中用 NAA、2,4-D（图 6-1-2）、IBA 等处理插条基部促进生根;用 2,4-D 处理促进番茄、西瓜坐果,并产生无籽果实;黄瓜苗期利用生长素类处理可促进雌花分化;用高浓度的 2,4-D 能杀除田间双子叶杂草。

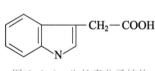

图 6-1-1　生长素分子结构

图 6-1-2　2,4-D 分子结构

2. 赤霉素(GA)

（1）特性:赤霉素（图 6-1-3）多存在于植物体内生长旺盛的部位,赤霉素类物质有 140 多种,其中 GA_3 应用最广泛。GA 配成溶液易失效,一般在低温干燥条件下以粉末形式保存。

（2）生理作用与应用:赤霉素能促进茎的伸长生长、诱导开花、促进雄花分化、打破休眠、诱导单性结实,促进无籽果实的形成。GA 处理能促进甜叶菊、铁树的开花;黄瓜苗期处理能促进

雄花分化;还可促进休眠的马铃薯块茎萌发。

3. 细胞分裂素(CTK)

(1)特性:细胞分裂素(图6-1-4)在植物体内广泛分布,主要存在于细胞分裂活跃的部位。高等植物中有30多种,常见的有激动素(KT)、玉米素(ZT)、6-苄基腺嘌呤(BA)、四氢吡喃苄基腺嘌呤(PBA)等。

图6-1-3 赤霉素分子结构　　　　图6-1-4 细胞分裂素分子结构

(2)生理作用与应用:细胞分裂素可促进细胞分裂和扩大、诱导芽的分化、促进腋芽生长、打破种子休眠、防止衰老。CTK可促进双子叶植物(菜豆、萝卜)的子叶扩大;用BA处理柑橘幼果可促进坐果,促进豌豆的腋芽发育,可打破莴苣、烟草等需光种子的休眠。

4. 脱落酸(ABA)

(1)特性:脱落酸(图6-1-5)是一种天然抑制剂,在植物体内广泛存在,在即将脱落或休眠的组织或器官中较多。

(2)生理作用与应用:脱落酸能抑制植物生长,促进脱落,促进休眠,促进气孔关闭,提高抗逆性。生产上对桃、蔷薇的休眠种子层积处理,使ABA降低,促进萌发。由于价格昂贵,生产中较少大规模应用。

5. 乙烯(ETH)

(1)特性:乙烯(图6-1-6)是一种促进器官成熟的气态激素,在衰老组织和成熟果实中最多。由于乙烯是气体,使用比较困难,所以一般都用它的类似物乙烯利代替。

图6-1-5 脱落酸分子结构　　　　图6-1-6 乙烯分子结构

(2)生理作用与应用:乙烯能促进成熟,促进脱落,调节植物生长,促进开花和雌花分化。香蕉、番茄、苹果和柑橘等果实催熟常使用乙烯利;将乙烯利涂在橡胶树的割口可增加产量,用乙烯利能促进水浮莲种子的萌发,用乙烯利可促使菠萝开花,用乙烯利处理瓜类(黄瓜、葫芦和南瓜等)幼苗能增加雌花数量。

植物体内各种激素的相对水平和相互作用,调控着整个植物的生长发育,其相互作用是很复杂的,有时表现为增效或促进作用,有时表现为拮抗或抵消作用。如ABA强烈抑制生长,使衰老加速,但这些作用会被CTK所解除。植物激素在生产中得到广泛的应用,了解各种激素的生理作用及相互作用具有非常重要的实践意义。

微课 植物生长物质

二、植物生长调节剂

用植物生长调节剂调节和控制植物生长发育的技术,称为植物化学控制。按照作用效果,常用的植物生长调节剂分为生长促进剂、生长延缓剂和生长抑制剂。

1. 生长促进剂

(1) 萘乙酸(NAA):萘乙酸能促进扦插生根,促进开花,疏花疏果,防止采前落果,广泛用于组培生根、园艺植物的扦插繁殖。

(2) 吲哚丁酸(IBA):吲哚丁酸能促进扦插生根,形成的不定根多而细长,常用于组培生根和果树、花卉的扦插繁殖,适应范围广且安全,生产中应用非常广泛。

(3) 2,4-二氯苯氧乙酸(2,4-D):2,4-D 在较低浓度时就可防止落花落果,诱导产生无籽果实;在较高浓度时可作为除草剂,常用于番茄、茄子和柑橘的保花保果或杀除田间的双子叶杂草。

(4) 萘氧乙酸(NOA):萘氧乙酸能促进扦插生根,防止采前果实脱落,常用于促进番茄、茄子和西瓜的结实并形成无籽果实。

(5) 6-苄基腺嘌呤(6-BA,BAP):6-苄基腺嘌呤能促进分生组织形成,促进侧芽萌发,增大分枝角度,减少落果。组培中用于外植体的增殖,或花椰菜、甘蓝和莴苣等蔬菜的贮藏保鲜。

2. 生长延缓剂

(1) 矮壮素(CCC):矮壮素能控制营养生长,使植物根系发达,节间缩短、茎秆加粗,叶色加深,叶片加厚,抗倒伏,促进生殖生长,有利于花芽形成和坐果。在生产中多用于控制小麦、棉花、花生和大豆等植物的徒长,防止倒伏。

(2) 比久(B_9):比久能控制营养生长,抑制顶端优势,使植物矮化粗壮,抗寒、抗旱能力增强,有利于花芽形成,防止落花、落果,促进果实着色,延长贮藏期。可促进马铃薯块茎膨大,促进苹果、瓜类蔬菜的结果,延长叶用莴苣的贮藏期等。比久有强致癌性,在生产中应禁止使用。

(3) 多效唑(PP_{333}):多效唑可明显减弱植物的顶端优势,促进侧芽发生,使茎变粗,叶色变绿,植株矮化紧凑,并可提高植株抗性。生产中用于控制油菜、花生、大豆和菊花等的营养生长,或提高水稻、油菜、桃和辣椒等的抗逆性,或增加苹果、梨和柑橘等果树的花芽数和坐果率。

(4) 缩节胺(DPC):缩节胺常用于棉花,能抑制主茎和节间伸长,防止蕾铃脱落。

3. 生长抑制剂

(1) 乙烯利(CEPA):乙烯利能诱导雌花形成,促进开花,促进果实的成熟和脱落。在生产中应用广泛,用于促进黄瓜雌花分化,苹果、梨的疏花疏果,促进橡胶乳汁分泌等。

(2) 三碘苯甲酸(TIBA):三碘苯甲酸能阻碍生长素运输,消除顶端优势,促进侧芽萌发,使植株矮化。主要用于大豆,使植株变矮,增加分支和结荚,防止倒伏等。

(3) 青鲜素(MH):青鲜素能与生长素作用相反,抑制顶端分生组织的细胞分裂,破坏顶端优势,抑制生长和发芽。生产上常用于抑制洋葱、马铃薯、大蒜等在贮藏期间发芽,抑制烟草侧芽生长等。

(4) 整形素(形态素):整形素能抑制植物生长和种子萌发,使植株矮小。生产中用于园林造型,抑制甘蓝、莴苣的抽薹而促进结球等。

（5）烯效唑（S$_{3307}$）：烯效唑活性比多效唑强，抑制植物徒长，使植株矮化。在生产中应用较多，如大豆花期使用可促进结荚。

植物激素和植物生长调节剂被广泛应用于作物和园艺等生产中。与传统的农业技术相比，成本低、见效快、效益高，已成为现代农业的一项重要技术。常用植物激素和植物生长调节剂的应用见表 6-1-1。

表 6-1-1　生产上常用的各种植物激素和植物生长调节剂的使用

用　途	药剂名称	施用对象	效　果
促进发芽，打破休眠	赤霉素	马铃薯块茎	用于夏收块茎的两季栽培
促进生根	吲哚丁酸 萘乙酸	树木枝条的扦插	加速与增多根的形成
促进生长，增加产量	赤霉素 增产灵 比久	菠菜、芹菜、莴苣等叶菜 水稻、大豆、玉米等 马铃薯植株	增加茎叶产量 促进灌浆、成熟、增产 抑制节间伸长，促进块茎膨大
防止脱落	萘乙酸 赤霉素 比久	棉花、苹果、柑橘 棉花幼铃 苹果、瓜类	防止熟前落果 防止棉铃脱落 防止采前落果，抑制植株徒长，促进结果
促进开花	萘乙酸 赤霉素 乙烯利	菠萝、荔枝 甜菜、甘蓝、萝卜 菠萝	促进菠萝开花 抽薹开花 促进菠萝周年开花
促进结实	萘乙酸 萘氧乙酸 赤霉素	辣椒 番茄、茄子、西瓜 葡萄	提高坐果率 促进结实并获得无籽果实 果实增大
抑制生长 促进花芽分化	比久 乙烯利	苹果、幼树 苹果、幼树	抑制新梢生长，缩短节间，促进花芽分化，提早结实
疏花疏果	萘乙酸钠	鸭梨、苹果	鸭梨可疏花 25%
抑制侧芽提高品质	青鲜素	烟草	抑制侧芽生长，提高烟叶品质
促进雄花发育	乙烯利	黄瓜、南瓜	雌花着生节位低、数量增多
抑制雄性发育	青鲜素 乙烯利	玉米、棉花 小麦	雄蕊被杀死，但活性正常
促进成熟	乙烯利 乙基黄原酸钠	柿子、香蕉、柑橘、番茄、辣椒 水稻 棉花 小麦	提早成熟 提早成熟 3~5 d 提早吐絮、增加收霜前花 提早成熟 5~7 d
促进橡胶分泌乳汁	乙烯利	橡胶树	提高产量、节约劳力
贮藏保鲜	比久或矮壮素 6-苄基腺嘌呤 激动素 青鲜素	叶用莴苣 花椰菜、甘蓝、莴苣 草莓 洋葱、大蒜	8~22℃条件下延长贮藏期 可延长贮藏保鲜期 可保持果实新鲜，延长贮藏期 鳞茎到翌年 3—4 月也不发芽

续表

用　　途	药剂名称	施用对象	效　　果
抑制发芽,延长休眠	萘乙酸甲酯	马铃薯块茎	延长贮藏期
延缓生长,植株矮化	矮壮素	小麦、棉花	矮化,防倒伏 植株紧凑,减少脱落
	三碘苯甲酸	大豆	节间缩短,增加结实率
诱导脱叶	硫氰化铵	棉花、花生、马铃薯	下部1~2个铃开裂时喷,脱叶效果好
	氯化镁	棉花	
	乙烯利	棉花	
	脱落酸	豆类	叶片大量脱落,利于机械收获

复习思考题

1. 说明植物激素、植物生长物质和植物生长调节剂三者的异同。
2. 植物激素有哪些特点?
3. 植物生长调节剂有哪些类型? 在生产中有哪些应用?
4. 农业生产中,简述赤霉素诱导葡萄无籽果实形成的方法。
5. 说明生产中应用植物生长物质时应注意的问题。

有趣的植物

　　埃塞俄比亚的支利维纳山中生长着一种奇妙的植物,当地人称醉人草。醉人草高30 cm左右,茎有刺,叶子上有气孔,从气孔中分泌出类似乙醇之类的物质。醉人草分泌的乙醇味很浓烈,摘下一片叶子,靠近鼻子闻一会儿,人就会像喝醉酒一样慢慢晕倒。如果在房间里放一盆醉人草,几分钟之后,人就会觉得浑身发热,面红耳赤,烂醉如泥。

　　感应草原产于我国南方地区,却不太为人们所熟悉。当用手轻轻触碰感应草的叶片时,它的整个叶序都会合拢,就像含羞草一样,不同的是含羞草是向上合拢,感应草却向下合拢。

　　另外,还有我国云南的跳舞草、巴西雨林的含羞草和中南美洲的含羞树等神奇而有趣的植物。

内容二　种子生理

　　种子是植物世代交替繁衍的媒介,是植物生育周期中上一代植物生产的产物,也是下一代植物生产的繁殖材料,承载着这种植物特定的遗传物质和营养基础。种子的品质优劣直接关系到下一代植株生长的状况,了解种子的发育规律和环境条件对种子活动的影响,对植物的生产至关重要。

一、种子的休眠

1. 休眠的概念

种子的休眠是种子成熟后,种子的生理活动暂时停滞不能萌发的现象。种子休眠有以下两种类型:

(1)生理休眠:由于种子内部生理抑制引起,在适宜条件下也不萌发,需要经过一个时期后才能萌发。这种休眠较为普遍。

(2)强迫休眠:由于外界环境不适,种子暂时相对"静止",条件适宜时便可萌发。不同植物休眠的时期不同,而且休眠期的长短也各不相同。

休眠是植物在进化过程中形成的一种对不良环境的适应,处于休眠状态的种子抗逆性增强,能在不适于萌发的季节存活下来,有利于种族的生存和延续。

2. 休眠的原因

处于生理休眠期的植物种子,在适宜萌发的条件下也不能萌发,这主要是由于种子自身的结构和生理因素造成的,原因可能有以下几点:

(1)种皮障碍:有些植物种子种皮非常厚而坚硬,种皮的透水性差,如兰科、旋花科的种子。还有些植物种皮不透气,外界的氧气无法进入,种子内产生的二氧化碳又无法排出,影响呼吸作用的进行,如甜菜、苍耳的种子。种皮造成的阻碍是导致种子休眠的重要原因。

动　脑　筋

芫荽、胡萝卜的种子播种前应该怎样处理?

(2)胚未发育成熟:有些种子,从外观看已经成熟,但胚尚未发育完全,需要从胚乳中吸收营养,才能完成生长发育,如冬青、人参、银杏等。还有些种子的胚在形态上已完全成熟,但在生理上尚未完全成熟,收获后需要经过一段时间"后熟"(休眠期内发生的生理生化过程)才能萌发,如苹果、黄瓜和梨的种子。

(3)含有抑制萌发的物质:有些植物含有萌发抑制物质,如番茄、西瓜、鸢尾和蔷薇科的种子。种子萌发抑制物质包括内源激素、植物碱、有机酸、酚醛类、挥发油等,这些物质存在于子叶、胚乳、种皮或果肉中,阻碍了种子萌发的正常代谢活动而使种子处于休眠状态。

3. 休眠的调控

休眠是植物对不良环境的一种适应,但是有时人们要采取各种有效的措施人为地打破或延长休眠,以满足生产和生活的需要。

(1)打破休眠:休眠的原因很多,应采用不同的措施打破休眠。由种皮坚硬引起的休眠,可用机械破损、硫酸腐蚀、脂溶等方法,如苜蓿、菜豆的种子;因胚未发育完全或未完成后熟的种子,可采取低温层积、晒种和加热处理等方法,如蔷薇科种子的层积,黄瓜、小麦的晒种;因抑制萌发物质而不能萌发的种子,采取去除果肉、清水冲洗等方法,如番茄、西瓜、甜瓜等。

(2)延长休眠:低温、干燥可延长种子休眠,也可用化控方法延长休眠,如用烯效唑处理可延长小麦的休眠期,防止穗上萌芽。但应注意,用化控方法处理后的种子不宜留种,食用时也要检验其安全性。

二、种子的萌发

1. 萌发过程

种子萌发的过程分为吸胀、萌动、发芽 3 个阶段。

（1）吸胀：种子萌发时种皮吸收水分而变软，有利于外界水分进入种胚，引起种子内部物质和能量的转化，包括酶的活化、有机物的分解、运输和重建以及激素的变化（IAA、CTK、GA 的增加）等。

（2）萌动：种胚细胞分裂，细胞数目迅速增多，体积迅速变大，到一定限度后胚根顶破种皮而出，即露白。

（3）发芽：露白后，胚继续生长，胚根的生长加快，随后子叶和胚芽伸出种皮。

发芽后，胚根向下生长，伸入土壤形成主根，胚轴、胚芽向上生长形成茎、叶，种胚变成能独立生活的完整的幼苗。

2. 萌发条件

（1）内在条件：种子从成熟到丧失生命力所经历的时间，即种子保持发芽力的时间，称为种子的寿命。不同种类植物种子的寿命不同，同种植物种子的寿命受贮藏条件影响。如小麦种子的寿命一般为 2 年，但在低温干燥下可延长至 10 年以上。

影响种子萌发的因素是种子的活力和发芽率。种子活力表示种子发芽的潜在能力或胚所具有的生命力。种子发芽率是指能正常发芽的种子占供试种子的百分率。所以，播种时应做好选种，选择健全、饱满、活力强、发芽率高的种子。

（2）环境条件：种子萌发必须具备一定的外界条件，即充足的水分、适宜的温度和足够的氧气才能萌发，有些种子的萌发还需要光。

1）水分：种子萌发从吸水开始，吸水后种皮变软，利于气体交换，呼吸作用增强，加快酶的活化，促进物质的转化和运输，胚的生理活性加强。

动　脑　筋
蔬菜生产为什么要先浸种催芽？种子直播有什么不同？

各种种子萌发时的需水量不同，一般说来，蛋白质类种子需水最多，脂肪类种子次之，淀粉类种子最少。种子萌发时水分不足，会延长萌发时间，出苗率低或苗弱；水分过多，会造成烂种。播种时应根据实际情况采取灌水、排水、播后镇压等措施，使种子顺利萌发。

2）温度：不同植物种子萌发的温度范围不同，温度过高或过低会延迟萌发或降低发芽率。种子在最适发芽温度下，发芽率高且苗壮，抗逆性强。生产上，通过选择合适的播种期、利用园艺设施（温室、地膜覆盖）等方法，满足种子的发芽适温。

3）氧气：种子萌发时呼吸作用加强，需要大量的氧，因此氧气是种子萌发的必要条件。一般植物的种子空气含氧量在 10% 以上才能正常萌发，含氧量在 5% 以下时不能萌发。土壤含氧量通常在 20% 以下，并随土质黏重程度的增加和土层加深而逐渐减少。若土壤水分过多、板结或播种过深，种子得不到足够的氧气，只能进行无氧呼吸，造成中毒或烂种。

温度、水分和氧气这 3 个因素相互联系和影响，在种子萌发的不同阶段所处的地位不同。如土壤含水量高，造成氧气缺乏，土温下降；发芽初期水分最为重要，萌动时温度最关键。

4）光：多数植物的种子萌发时对光不敏感，但有些植物的种子萌发需要光，称为需光种子，如莴苣、烟草的种子;有些植物的种子萌发受光的抑制,称为嫌光种子,如葱属植物的种子。需光种子发芽时需要一定的散射光,黑暗条件下发芽率极低,应浅播;嫌光种子在光下发芽率极低,应深播。

微课　种子
萌发的条件

复习思考题

1. 什么叫种子的休眠? 休眠有什么意义? 说明休眠的类型。
2. 哪些原因促使种子休眠? 如何打破休眠?
3. 玉米入库前要将含水量降至一定水平,为什么?
4. 简述种子萌发的生理过程。
5. 外界条件对种子萌发有什么影响?

植物的睡眠

　　睡眠是人类生活的重要组成部分,动物需要睡眠,植物也需要睡眠。不同的植物正常生长发育开花结果要求睡眠的时间是不同的。

　　晴朗的夜晚,合欢、含羞草、菜豆、三叶草、酢浆草、白屈菜和羊角豆等的叶子会折合关闭,全部合拢起来。花生的叶子从傍晚开始,便慢慢地向上关闭,告诉我们白天已经过去,它要休息了。夏季水面上绽放的睡莲花,早晨花瓣慢慢展开,傍晚又闭拢花瓣,重新进入睡眠状态,这种"昼醒夜睡"的规律性使之获得了"睡莲"的昵称。蒲公英入睡时,花瓣向上竖起来闭合,好像一个黄色的鸡毛帚。

　　达尔文认为,叶片的睡眠也许是为了保护叶片抵御夜晚的寒冷。"月光理论"认为,叶子的睡眠运动使植物减少遭受月光的侵害。美国科学家思瑞特发现,不进行睡眠运动的叶子温度总比进行睡眠的叶子温度要低1℃左右。正是这仅仅1℃的微小温度差异,构成了阻止或减缓叶子生长的重要因素。相同的环境中,能进行睡眠运动的植物生长速度较快,与其他不能进行睡眠运动的植物相比,它们具有更强的生存竞争能力。植物不仅在夜晚睡眠,也有午睡的习惯。午睡时叶子气孔关闭,光合作用明显降低。这主要是由于大气环境的燥热,造成植物的一种抗衡干旱的本能。午睡使农作物减产,为提高农作物产量,必须创造条件减轻甚至避免植物午睡,甚至使植物不再午睡。

知识窗

实训1　植物种子生活力测定

一、技能要求

学会用染色法快速测定种子的生活力,为确定播种量提供参考依据。

二、实验原理

有生活能力的种胚,能够进行正常的呼吸作用,具备正常的选择吸收能力,无生活能力的种胚则不具备这些特点。当 TTC(氯化三苯四氮唑)溶液渗入种胚活细胞时,TTC 可被呼吸作用产生的氢还原成红色的 TTF(氯化三苯四甲䐶)而使种胚呈现红色,无生活能力的种胚不能发生此反应而保持原色。用红墨水浸泡有生活能力的种胚时,因细胞膜具有选择吸收的能力,红色染料不能进入细胞内,种胚保持原色;无生活能力的种子细胞膜被破坏,染料进入细胞内部而使细胞着色。

三、药品与器材

1. 药品:0.5%TTC(氯化三苯四氮唑)溶液,5%红墨水。

2. 仪器:恒温箱,天平,刀片,镊子,培养皿,烧杯。

3. 材料:各种植物种子。

四、技能训练

1. 预处理:将被测种子用 30~35℃ 温水浸泡 2~6 h,以增强种胚的呼吸强度,使其显色迅速。取吸胀种子 100 粒,用刀片沿种子胚的中心线纵切为两半,分别置于两个培养皿中。

2. 染色:向一个培养皿中加入 0.5%TTC 溶液,另一个培养皿中加入 5%红墨水,以溶液浸没种子为度,然后放入 30℃恒温箱中静置 0.5~1 h。

3. 观察鉴定:倒出培养皿中的溶液,用自来水反复冲洗种子,然后逐个观察种胚的着色情况。

用 TTC 溶液染色的种子,凡是种胚被染成红色的是活种子,死种子的胚完全不着色或染成极淡的红色,主要观察胚根、胚芽、盾片中部等关键部位是否染成红色。

用红墨水染色的种子,凡种胚不着色或色很浅的为活种子,凡种胚被染成红色的为死种子。

4. 种子生活力计算:

$$种子生活力(TTC 染色法) = \frac{胚被染成红色的种子数}{100} \times 100\%$$

$$种子生活力(红墨水染色法) = \frac{胚未被染成红色的种子数}{100} \times 100\%$$

五、实验作业

计算两种方法测定种子生活力结果,如果两个结果有差异,请分析原因。

实训 2　植物根系活力测定(亚甲蓝法)

一、技能要求

了解根系的组成和作用,掌握根系活力测定的方法,为判断根系活力提供参考指标。

二、实验原理

根据沙比宁等人的理论,植物对溶质的最初吸收具有吸附特性,并假定这时在根系表面均匀地覆盖了一层被吸附物质的单分子层。根系表面吸附饱和后,根的活跃部分能把原来吸附着的物质解吸到细胞中去,再继续产生吸附作用。常用亚甲蓝作为被吸附的溶质,被吸附量可以根据吸附前后亚甲蓝溶液浓度的改变计算出来,亚甲蓝浓度可用比色法测定。已知 1 mg 亚甲蓝成单分子层时覆盖的面积为 1.1 m²,据此即可算出根系的总吸收表面积。从解吸后继续吸附的亚甲蓝量,即可算出根系活跃的吸收表面积。

三、药品与器材

1. 药品

(1)标准亚甲蓝溶液:准确称取亚甲蓝 64 mg 于烧杯中加水溶解,在 1 000 mL 容量瓶中定容,即成每 mL 含有 0.064 mg 亚甲蓝的标准溶液。

（2）0.01 mg/mL 亚甲蓝溶液:取标准亚甲蓝溶液 15.6 mL,用蒸馏水定容至 100 mL。

2. 仪器:烧杯(100 mL),移液管(1 mL,10 mL),分光光度计(10 mL 比色试管),量筒(25 mL),长足漏斗,刻度吸管,铁架台,吸水纸。

3. 材料:新生长的植物根系(小麦种子生成)。

四、技能训练

1. 亚甲蓝标准曲线的制作:取试管 8 支,编号,按下表中的要求加入各溶液,配成亚甲蓝系列标准液。

亚甲蓝系列标准液配制表

试管编号	1	2	3	4	5	6	7	8
0.01 mg/mL 的亚甲蓝溶液/mL	1	2	3	4	5	6	7	8
蒸馏水/mL	9	8	7	6	5	4	3	2
亚甲蓝溶液浓度/($mg \cdot mL^{-1}$)	0.001	0.002	0.003	0.004	0.005	0.006	0.007	0.008

以蒸馏水为对照,用分光光度计测定亚甲蓝系列标准液在 660 nm 的光密度,绘制标准曲线。

2. 根系体积的测定

（1）用橡皮管连接长足漏斗和刻度吸管作为体积计,然后将其固定在铁架台上,使刻度吸管呈一倾斜角度,角度越小,则仪器灵敏度越高。

（2）将欲测作物的根系小心拔出,用水轻轻漂洗至根系无砂土为止。应尽量保持根系完整无损,切勿弄断幼根。用吸水纸小心吸干水分。

（3）加水入体积计,水量以能浸没根系为度,调节刻度吸管位置。以使水面靠近橡皮管的一端,记下读数为 A。

（4）将吸干水分后的根系浸入体积计中,此时刻度吸管中的液面即上升,记下读数为 B。

（5）取出根系,此时刻度吸管中水面将降至 A 以下,加水入体积计,使水面回到 A 处。

（6）用吸管加水入体积计,使水面自 A 升至 B,此时加入的水量即代表根系的体积。

3. 根系活力测定

（1）标准亚甲蓝溶液(0.064 mg/mL)分别倒入 3 个小烧杯中,编好号码,每杯中溶液的体积约 10 倍于根系的体积,准确记下每杯中的溶液量(约 20 mL)。

（2）取冲洗干净的待测根系,用吸水纸小心吸干水分,慎勿伤根。按顺序浸入盛有亚甲蓝溶液的杯中,每杯中停留 1.5 min,注意每次取出时都要使根上的亚甲蓝溶液流回到原杯中去。

（3）从 3 个杯中各吸取亚甲蓝溶液 1 mL,分别加到 3 个比色试管中,每管各加水 9 mL。用分光光度计测定各溶液在 660 nm 的光密度。对照标准曲线,查求根系吸收后每杯中剩下的亚甲蓝毫克数,由此计算出每杯中被植物根系吸收的亚甲蓝的量。

4. 依照下列公式求出根的吸收面积

$$总吸收面积(m^2) = [第1杯被吸收亚甲蓝量(mg) + 第2杯被吸收亚甲蓝量(mg)] \times 1.1 \ m^2$$

$$活跃吸收面积(m^2) = 第3杯被吸收亚甲蓝量(mg) \times 1.1(m^2)$$

$$活跃吸收面积 = \frac{根系活跃吸收面积(m^2)}{根系总的吸收面积(m^2)} \times 100\%$$

$$比表面积 = \frac{根系总的吸收面积(m^2)}{根的体积(mL)}$$

五、实验作业

按要求撰写实验报告,计算根系吸收活力,将结果填写下表。

根系吸收面积记录表

植物名称	杯中亚甲蓝溶液量/mL	浸根前亚甲蓝溶液量/(mg·mL⁻¹)	浸根后溶液浓度/(mg·mL⁻¹)			被吸附的亚甲蓝量/mg					根吸收面积/m²	活跃吸收面积/%	根系体积/mL	比表面积/(m²·mL⁻¹)	
			1	2	3	1	2	3	1+2	总	活跃				总	活跃

内容三　植物的生长与分化

植物生长以细胞生长为基础。细胞生长与分化主要分为 3 个时期:

(1)分生期:正在分裂的细胞(根、茎顶端分生细胞、萌发时期的胚细胞)处于分生期。这一时期的特点是细胞体积变化不大,细胞生长较慢,但细胞的数量和原生质成倍增加。IAA、CTK、GA 能促进细胞分裂。

(2)伸长期:分生期的一部分细胞停止分裂,吸收大量的水分和营养,体积迅速增大,细胞生长很快,生命活动旺盛,同时构成细胞壁、细胞质和细胞核结构的物质含量也增高。IAA、GA 促进细胞伸长生长,ABA、ETH 抑制细胞伸长生长。

(3)分化期:细胞停止伸长生长,细胞壁发生不同程度的增厚,细胞内部结构也发生变化,逐渐形成形态、功能不同的细胞,即细胞的分化。

在细胞生长的基础上,形成多种组织,由组织构成各种植物器官,再构建成整个植株。

一、植物生长发育的一般规律

植物生长是体积和质量不可逆增加的过程,并具有一定的规律性。植物器官及整株的生长速率发生有规律的变化,称植物生长的周期性。

1. 植物生长大周期

(1)概念:植物生长过程中,器官或整株植物的生长,表现为"慢—快—慢"的基本规律,开始时生长缓慢,以后逐渐加快,达到最高点时生长减慢甚至停止,称生长大周期,呈 S 形曲线(图 6-3-1)。

（2）成因：植物生长表现的大周期可从两方面理解：① 植物器官的生长过程，先后经历细胞分裂、细胞伸长和细胞分化成熟 3 个阶段，细胞生长表现出"慢—快—慢"的规律，故叶片、果实等器官生长也具有生长大周期特征。② 对整株植物而言，生长初期植株幼小，合成有机物少，生长速度慢；以后根系逐渐发达，叶面积增加，有机物合成大量增加，生长加快；最后植株衰老，根系吸收能力下降，叶片脱落，叶面积减少，有机物合成减少，呼吸消耗增加，生长减慢。

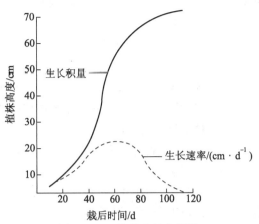

图 6-3-1　植物生长大周期

（3）应用：生长是不可逆的，一切促进或抑制生长的措施必须在生长最快速度到来之前采取行动，这在生产中非常重要。如果树、茶树育苗时，要在树苗生长前期加强水肥管理，使其生长健壮，若在后期加强水肥，效果小，生长期延长，枝条幼嫩，抗寒性弱，易受冻。禾谷类也要在前期加强水肥，否则产量低，还会贪青晚熟。另外应注意，同一植株的不同器官，生长大周期出现的时间不一致，在控制某一器官生长时，要考虑对其他器官的影响。如控制小麦拔节时，若拔节水浇灌过晚，会影响穗分化和发育。

微课　植物
生长大周期

2. 植物生长的周期性

整株植物或植物器官的生长速率按季节或昼夜发生规律性的变化，称为植物生长的周期性。

动　脑　筋

如何理解"农业生产要不误农时"这句话的含义？

（1）昼夜周期性：植物生长随昼夜表现出的快慢节律性变化，称为昼夜周期性。植物生长受环境条件，如温度、光照和湿度等的影响，在一天中发生有规律的变化。如越冬植物，白天生长大于夜间；禾谷类植物在昼夜温差大的地区栽植，生长健壮，籽粒饱满，品质好，产量高。

（2）季节周期性：植物一年中的生长速率随季节变化而呈现的周期性变化，称为季节周期性。植物季节周期性受温度、水分和光照等环境因素的控制。如植物的春季发芽，夏季旺盛生长，秋季落叶，冬季休眠或死亡，呈现出明显的季节性变化规律。另外，多年生木本植物的茎部横切面上的年轮，也是植物生长的季节周期性变化的直接结果。

3. 植物生长的极性

植物形态学的两端具有不同生理特性的现象，称为极性（图 6-3-2）。极性现象普遍存在，如高等植物合子第 1 次分裂已确定了极性——胚根端与胚芽端，形成层的分裂向内分化为木质部，向外分化为韧皮部。极性确立后不易逆转，即使植物材料的放置方向颠倒，其极性也不会改变，总是在形态学的上端长芽，下端长根。生产中进行

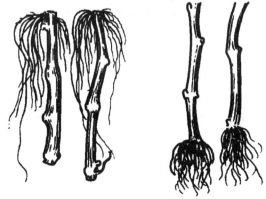

图 6-3-2　植物生长的极性

扦插时,要将形态学下端插入土中;嫁接时,砧木和接穗要在同一形态学方向,否则难以成活。

4. 植物生长的再生性

在适宜的条件下,植物的离体部分能恢复所失去的部分,重新形成一个新个体,这种现象叫再生性。在生产上采用扦插、压条进行繁殖,就是利用了植物的再生能力。植物生长再生性的基础是植物细胞的全能性。

微课　植物
生长的极性

5. 植物生长的无限性

植物生长与动物生长有本质的不同。动物的生长只是各种器官的生长增大,不再形成新的器官,并且生长有一定的限度。植物存在始终保持胚胎状态的顶端分生组织和侧生分生组织,一生中能不断长高增粗,还能不断产生新的器官。植物的无限性表明了植物的可塑性,也给生产提供了可控性。

微课　植物
生长无限性

6. 植物生长的相关性

植物是由各个器官构成的生理上的有机统一体。植物体各部分在生长过程中相互依赖和相互制约的现象,称植物生长相关性。

（1）地下部分与地上部分:植物的地下部分包括根、块茎、鳞茎等地下器官,为地上部分提供水、无机盐等;地上部分包括茎、叶等地上器官,为地下部分供应糖类、蛋白质、维生素等。

动　脑　筋

如何理解"根深叶茂""本固枝荣"这些话的含义?

故植物地下部分发达,从土壤中吸收的水分和矿质养分较多,地上部分生长高大、健壮;而地上茎、叶生长不好,地下器官得不到充足的有机营养,生长也受阻,若茎、叶生长过旺,地下部分的生长会削弱。因此,应根据生产目的,协调地上部分和地下部分的生长。生产中利用根冠比(R/T)表示植株地下部分和地上部分生长量的比例关系,如蔬菜培育壮苗时要求根冠比较大。

（2）主枝与侧枝:顶芽的生长会抑制侧芽或侧枝生长的现象,称为顶端优势。主根和侧根的生长也存在顶端优势,主根和主茎比侧根和侧枝生长快,若主根和主枝受损时,侧根和侧

动　脑　筋

"摘心"是花卉生产常用技术,说明这种做法的生理依据。

枝的生长加快。生产上可根据需要保持或去除顶端优势,如麻类、烟草应保持顶端优势,而番茄、菊花的摘心可增加分枝,促多开花结果,还有果树修剪、盆景培育时均可利用顶端优势。

（3）营养生长与生殖生长:营养生长是生殖生长的基础,生殖生长所需的养料大多数由营养器官供应,营养生长不好,生殖器官生长也不好。营养器官生长过旺,茎叶徒长,养分消耗

动　脑　筋

果树生长管理不当会造成果树生产的大、小年现象,是何原因?

较多,可造成生殖器官分化延迟,生育期延长,产量低。生殖器官生长过旺,营养物质向生殖器官转移,则营养器官生长减慢,甚至衰老死亡。如番茄枝叶过多时产量下降、小麦徒长时空瘪粒增多,茶树开花结子造成茶叶产量下降等。果树生产上采取适当供应水、肥,合理修剪或适当疏花疏果,保证其稳产、高产。

微课　植物
生长相关性

二、影响植物生长发育的环境因素

植物的生长是一个复杂的过程,是植物自身因素和外界环境相互作用的结果。影响植物生长的环境因素主要有温度、光照、水分和矿质营养等。

1. 温度

植物生长有一定的温度范围,并有最低温度、最适温度和最高温度三基点。最适温度是植物生长最快的温度,植株生长最健壮的温度(协调最适温度)一般比最适温度略低,植物在有一定昼夜温差的协调最适温度下生长最佳。把昼夜温度的周期性变化称为温周期。昼温较高、夜温较低促进植物生长的原因,是较高的白天温度有利于光合作用进行,较低的夜间温度有利于光合产物的积累并减少有机物的消耗,使积累大于消耗,加速了植物生长。在设施栽培时,应注意昼夜温度的调控,使植物生长健壮。

2. 光照

光可对植物器官分化和形态建成产生直接影响,称为光范型效应。光的间接作用表现在它是绿色植物光合作用的启动者,为植物提供能量和有机物质,并可加快植物蒸腾作用,促进物质运输和植物生长。

(1) 光照度:适宜的光照度可促进光合作用的顺利进行,为植物的生长提供足够的物质和能量。弱光有利于细胞伸长,使节间加长,株高增加,但叶大而薄、叶色浅,根系发育不良,植株徒长较弱,易倒伏。黑暗环境中,植株茎细、节长、脆弱多汁、叶小而卷曲、全株发黄,为黄化苗。大田生产中,植株种植过密时,相互遮光,会长成“徒长苗”,不利于培育壮苗。

(2) 光周期:光照和黑暗随昼夜变化而交替出现的现象,称为光周期。适宜的光周期能促进植物开花;可影响植物的形态建成,如茎的伸长;可促进块根和块茎的形成、芽的休眠和叶片的脱落等多种生理活动。

(3) 光质:不同光波对植物生长的影响不同。短波光,如蓝紫光,有抑制植物伸长生长的作用,其中紫外线的抑制作用更显著,它可使植物明显矮化,这是自然界的“高山矮态”形成的主要原因。普通玻璃或薄膜吸收短波光,故在设施农业生产中植物容易徒长。育苗生产中常覆盖浅蓝色塑料薄膜,能透过紫外线,防止植物徒长,使幼苗生长苗壮。

3. 水分

植物的生长离不开水,土壤含水量、空气相对湿度、植物的蒸腾作用都会影响植物的生长。水分缺乏时,影响细胞分裂和伸长生长,还会影响呼吸作用和光合作用的进行,使植物生长提早停止。如玉米缺水时,植株矮小,生长期明显缩短;水分过多时,根系不发达,茎叶徒长,植株纤弱。再如小麦生产中,控制基部节间伸长期的水分供应,可预防植株倒伏。

植物需水量与生育时期有关,营养生长旺盛期和生殖器官形成期是生长量较大的阶段,也是植物的水分临界期。

4. 矿质营养

矿质营养和植物的生长有密切的关系,植物缺乏其中任何一种必需的矿质元素,都能影响其生长。

5. 生长物质

植物生长物质包括植物激素和植物生长调节剂,植物只有在各种生长物质的调节和控制下,才能以适宜的速度生长。

6. 他感作用

植物通过向环境释放化学物质对周围植物产生影响,称为他感作用。如燕麦抑制一些杂草种子的萌发;弯叶眉草刺激向日葵生长,但抑制玉米生长。他感作用有时表现为自毒作用,即有些植物的分泌物能抑制自身或本种植物的生长,如银胶菊根分泌物能抑制其幼苗的生长。这也是再种同类植物(重茬)困难的主要原因。

7. 机械刺激

机械刺激是植物生长环境中存在的物理因子,如风、机械、动植物的摩擦,降雨、冰雹的冲击,土壤对根的阻力、摇晃、震动等,对植物生长的影响。露地栽培的植株比设施栽培的植株矮壮,是由于露地植株经常受到风、雨的机械刺激。机械刺激影响植株生长的现象,称为植物的接触形态建成。机械刺激能使植物矮化、健壮的效应已用于植物的育苗生产,如对苗床用棍棒定时扫荡,幼苗不易徒长。

以上各种因素对植物生长的影响不是孤立的,而是相互联系、相互制约的。植物只有在良好的综合条件下,才能生长健壮。

复习思考题

1. 细胞生长分哪几个时期? 各个时期有什么特点?
2. 什么叫植物生长大周期? 说明其引起的原因和实践意义。
3. 什么叫顶端优势? 什么叫极性? 说明它们在生产中的作用。
4. 简述植物生长的相关性,并说明其在农业生产上的应用。
5. 哪些环境条件影响植物生长? 为什么昼夜温差大更利于作物生长?

植物也能运动

高等植物的整个身体是不能移动的,但身体的个别部分可发生位置和方向的改变,这就是植物的运动。植物运动主要是受到某些外界条件的刺激而引起的。若运动的方向与刺激的方向有关,就称为向性运动(向光性、向地性、向水性、向化性等);若运动的方向与刺激的方向无关,就称为感性运动(感夜性、感震性等)。

种子在土壤中不论位置如何,幼苗的根总是向下生长,这是向性运动的一种,称为向地性。根的向地性能使根深入土壤,从土壤中吸收水和无机盐,并使植物固着在土壤中。茎向上生长,称为负向地性,叶子总是水平生长,称为正向地性。

有些植物能随光的方向而弯曲生长,称为向光性。若把植物放在窗台上,它就全部朝向光源,茎的这种向光生长的现象,称为正向光性。茎的向光性可以使叶充分接受日光,进行光合作用。根是背光生长的,称为负向光性。

当土壤干燥而水分分布又不均匀时,根总是向较潮湿的地方生长,称为向水性。根向肥料较多的地方生长,称为向化性。我们可用水和肥来影响植物根的生长。

有些植物叶片一到夜晚就合拢起来,叶柄下垂,白天又开张,这种现象称为感夜运动。感夜运动是由于温度和光照强度发生变化而引起的。花生叶子的感夜运动很灵敏,健壮植株的小叶一到傍晚就合拢,而植株有病或条件不合适时,叶子的感夜运动就表现迟钝。

当含羞草受到震动或机械刺激时,小叶立刻成对合拢,同时叶柄下垂,但是经过一定时间以后,全株又可逐渐恢复原状。这种由于受到机械刺激而引起的运动称为感震运动。

植物也有"记忆"

科学家最近研究发现,仙人掌的刺具有记录气候的功能,一些氢和氧的同位素在仙人掌刺中的分布比例与年降雨总量有关系。仙人掌的刺只有几个月的寿命,它们能够记录氢和氧同位素的分配比例和当时的降雨情况。位于仙人掌植株底部的刺较位于仙人掌植株顶部的刺年长。因此,通过对仙人掌不同位置的刺进行采样分析,科学家便能追踪沙漠中的气候变化情况。

仙人掌能够存活175年甚至更长的时间。过去的气候监测水平参差不齐甚至根本没有记录,这些黄沙中的植物能够为沙漠地区的气候变化提供重要的参考数据。

任务小结

植物激素:植物体内产生的,由产生部位运往作用部位,在低浓度时调节植物生理进程的有机物质。

激素种类:生长素(IAA),赤霉素(GA),乙烯(ETH),脱落酸(ABA),细胞分裂素(CTK)。

植物生长调节剂:人工手段合成的,具有相应生理活性的有机物,亦称激素类似物。

休眠原因:种皮透性差(桃、杏、李),胚未发育成熟,胚生长发育未结束(银杏、人参),胚生理过程未完成(苹果、梨),抑制物质存在(氢氰酸、酚、有机酸)。

打破休眠方法:机械破伤,硫酸腐蚀,脂溶,低温处理(层积),激素处理(赤霉素)。

种子萌发条件:寿命,水分,温度,氧气,光。

生长发育规律:生长大周期,周期性,极性,再生性,无限性,相关性。

植物生长发育的影响因素:遗传特性,营养状况,植物激素,温度,光照,水分。

学习任务七　植物的生殖、衰老和脱落

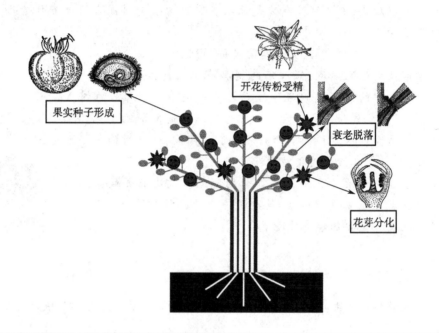

果实种子形成

开花传粉受精

衰老脱落

花芽分化

植物生长到一定阶段就会开花。开花是植物由营养生长转入生殖生长最明显的标志。花是植物的繁殖器官,雌、雄蕊成熟后,花器开放,花药开裂,花粉散出,通过授粉和双受精作用,胚珠发育成种子,子房发育成果实。温度、光周期、营养状态和环境条件都会直接或间接地影响植物花器官的形成及花器性别的分化。果实成熟后,植物相关器官便进入衰老阶段。

内容一　植物的成花生理

植物的花芽来源于分生组织形成的花原基。茎的顶端分生组织可以形成叶芽,也可以形成花芽,究竟向哪个方向分化,取决于植物的内部因素和植物生长的环境条件。

一、春化作用

在自然条件下,低温是诱导某些植物成花的决定性因素。一、二年生植物,如冬小麦、萝卜、白菜和芹菜等,在第1年生长季节形成营养体,以营养体越冬,经受一定天数的低温后,第2年春天才能开花结果。低温促使植物开花的作用称为春化作用。

动脑筋

冬小麦春天播种也能正常开花结果吗?

春化阶段的主导因素是低温,一般在0~2℃,不同植物需要的时间不同。除此之外,O_2(呼吸作用)、水分(>40%)和糖(呼吸底物)也是春化过程不可缺少的重要条件。在春化作用还没有完成时将植物置于高温(40~50℃)或置于缺氧条件下,春化作用的效果即行消失,高温和缺氧消除春化作用效果的现象,称去春化作用。

植物接受春化作用的是正在分裂的细胞,主要是顶端分生组织。春化作用的诱导效应可以通过细胞分裂和嫁接进行传递。试验证明,只要植株的一个主干经过春化作用,则由主干发出的几个侧枝都具有春化效应。如将经过低温处理的二年生天仙子叶片嫁接到未处理的植株上,可诱导后者开花。

微课　小麦播种

二、光周期现象

某些植物开花受光照时间的制约。植物对于白天和黑夜相对长度的反应或每个昼夜的长短影响植物开花的现象,称为光周期现象。光周期影响植物开花的现象是美国科学家加纳尔(Garner)和阿拉尔特(Allard)1920年发现的。

1. 植物的光周期类型

加纳尔和阿拉尔特通过人工延长或缩短日照的方法,做了大量的试验研究日照长度对植物开花的影响。结果证明,各种植物成花对日照条件的要求是不同的,于是根据植物对光周期现象的反应不同将植物分为4种类型:

(1)短日植物:指在昼夜24 h的周期中,经历日照长度短于一定的时数(临界值)才能开花的植物,延长黑暗或缩短光照可提早开花,否则延迟开花或不开花。常见的短日植物有大豆、水稻、玉米、菊花、牵牛、紫苏和苍耳等。

(2)长日植物:指在昼夜24 h的周期中,经历日照长度长于一定的时数(临界值)才能开花的植物,延长光照或缩短黑暗可提早开花,否则延迟开花或不开花。常见的长日植物有小麦、萝卜、菠菜、油菜、甘蓝、大白菜、天仙子和金光菊等。

动脑筋

牵牛花是短日植物,北方一般秋天开花,但也有个别夏季开花者,知道为什么吗?

(3)日中性植物:指不要求一定的昼夜长短,在自然条件下四季均能开花的植物,如四季豆、黄瓜、番茄、茄子和四季草莓等。

(4)短-长日植物和长-短日植物:这些植物开花要求双重的日照条件。如果把这些植物一直放在长日或短日条件下,该植物便停留于营养生长。如果继短日之后给以长日照或继长日之后给以短日照,植物便能开花。前者称为短-长日植物,如瓦松;后者称为长-短日植物,如夜香树。

微课　光周期的概念及分类

2. 光周期诱导

植物只有在适宜的日照条件下才能开花,但引起植物开花的适宜光周期处理(适宜日照长度)并不需要一直延续到花的分化为止。当植物经过足够数量的适宜的光周期后,即使再处于不适合的光周期下,那种在适宜光周期下产生的诱导效应也不会消失,植物仍能正常开花,这种现象称为光周期诱导。试验证明,发生光周期反应的部位是芽,而感受光周期的部位是叶,针对短日植物菊花的试验已经证明了这一点。在适合的光周期诱导下,植物叶片中合成某种促进开花的物质(开花刺激物)并运到顶端分生组织,引起植物开花。通过茎干将几株植物嫁接为一体,其中一株植物经过光周期诱导,其他植物即使存在于不适宜的光周期条件下,这几株植物仍能共同开花。

三、碳氮比学说

克里勃斯(Klebs)通过大量的试验证明,植物体内的营养状况(糖类和含氮化合物含量)可以影响植物的成花过程。随后,克劳斯(Kraus)和克拉比尔(Kragbill)也得出同样结论,并提出用碳氮比(C/N)表示这种关系。C 为糖类和在代谢过程中容易利用的无氮有机化合物,N 为可利用的含氮化合物。当 C 占优势时,C/N 值增高,促进植株开花结实;当 N 占优势时,C/N 值降低,则促进营养生长。生产上可以通过调节植物的光合作用控制植物体内的含糖量,通过施用不同量的氮肥及合理灌溉控制植物体内含氮化合物的含量,人为调节植物的 C/N 值,可以控制植物营养生长和生殖生长分别按需要的速度进行。

四、影响植物花器官性别分化的因素

植物在花芽分化过程中,同时进行着性别分化,不同的植物性别分化的结果是不同的。大多数高等植物的花芽,在同一花内产生雌蕊和雄蕊,发育成雌雄同花;有的植物,如银杏、杨树和柳树等,在同一植株内的花只形成雄蕊或雌蕊,称雌雄异株;还有一些植物,如玉米、黄瓜和南瓜等,在同一植株内同时存在雌、雄两种花,称雌雄同株。植物花器官的性别分化受环境条件和激素等诸多因素的影响。

1. 光周期

一般来说,短日照促使短日植物多开雌花,长日植物多开雄花;长日照促使长日植物多开雌花,短日植物多开雄花。光周期对植物花器官的性别分化的影响非常明显,如短日照能使玉米雄花序上形成雌花,并在雄花序的中央穗状花序上发育成一个小的雌穗,只是没有苞叶。

2. 温周期

温周期对一些植物的性别分化也产生明显的影响。如凉爽的夜晚促进黄瓜雄花的分化,温暖的夜晚则有利于黄瓜产生雌花。

3. 土壤营养状况

一般情况下,氮肥多、水分充足的土壤促进雌花分化;氮肥缺乏、水分不足的干燥土壤则促进雄花分化。

4. 植物激素

植物激素和植物生长调节剂同样对植物花器官的性别分化产生明显的影响,但不同的激素种类产生的效应不同。生长素增加雌花数量,赤霉素增加雄花数量,细胞分裂素利于雌花发育,乙烯利于雌花发育,三碘苯甲酸(TIBA)抑制雌花出现,马来酰肼(MH)抑制雌花出现,矮壮素(CCC)抑制雄花出现,一氧化碳(CO)增加雌花,伤害可使雄株转变为雌株等。

五、春化作用和光周期现象在农业生产中的应用

了解植物花芽分化和开花所需要的条件之后,就可以根据生产需要,采取相应的栽培管理措施,人为地控制植物(作物)开花,使植物提前开花或延迟开花,以达到调节其生长与发育的目的。

1. 春化处理

萌动的种子通过低温春化处理,可加速花的诱导,促进植物提前开花和成熟。如春小麦经过低温处理后,可以提前成熟6~10 d,这样就可以避开干热风的不良影响,从而提高产量。应用"闷麦法"低温处理的冬小麦于春季播种,可以照常开花结实。育种工作者还可以利用春化处理使作物早熟而缩短生育期,在1年内就可以培育出3~4代的冬性作物,加速育种进程。

2. 引种

农业生产中,需要经常从外地引进优良品种,以实现高产的目的。保证优良品种引进成功,必须首先了解引进品种的光周期反应特性与当地的气候季节是否适应,否则就有可能因生育期太长而不能成熟,或者因生育期过短而降低产量。

微课 光周期在引种方面的应用

我国地处北半球,低纬度地区(南方)没有长日照条件,高纬度地区(北方)短日照时期气温很低,不适合植物生长。我国长日植物大多分布在北方,而短日植物大多分布在南方。以种子作为收获物的作物引种时要特别注意,短日作物南种北引生育期延长,应该引进早熟品种;北种南引生育期缩短,应引进晚熟品种;长日作物南种北引生育期缩短,应引进晚熟品种;北种南引生育期延长,应引进早熟品种。

以收获营养器官为主的作物则可采取相反的措施。麻和烟草原产热带或亚热带,属于短日植物,这两种植物,我们只需要它们进行营养生长,因此,南麻北种是获得高产的有效手段。

动脑筋

海南岛某一大豆品种引至黑龙江地区栽培能否获得高产?

3. 育种

育种工作中,常常要经过多代培育才能得到一个新品种。正常情况下1年只能生长1季(1代)作物,如果能使花期提前,在1年中培育出2代或多代,这就缩短了育种周期,加速了育种进程。将冬小麦于苗期连续光照下进行春化,然后一直给予长日照条件,就可以使生育期缩短为60~80 d,1年之内就可以繁殖4~6代。对于水稻苗期给予长日照,有利于幼苗生长健壮,然后在冬季自然短日照下生长,仍然可在温室内开花结实。

根据我国气候条件的特点,利用异地种植满足作物生长发育条件(主要是温度和日照),创造了"南繁北育"的方法,即可达到1年内繁育2~3代的目的。短日作物玉米、水稻等,冬季由北方到海南岛繁育;长日作物如小麦,冬季到云南繁育。这些都已在生产中得到了广泛的应用。

育种工作中,还经常能遇到父、母本花期不遇的现象,利用人工控制温度和光照时间,就可以加速或延迟植物的开花,使花期相差很远的两个品种或两种作物,在同一时间开花,以便进行有性杂交,从而获得新的杂种。

4. 维持营养生长

以收获营养体为主要目的的植物,如短日植物甘蔗,其临界日长为 10 h,在自然短日照期间,利用光间断暗期(午夜用瞬间的闪光加以处理)抑制植株开花,使甘蔗植株可以继续维持营养生长状态而不开花,从而提高产量。

5. 控制开花时期

在人工气候室或培养箱内,可以人为地改变光暗周期,根据人们的意愿调节植物的生育进程。如人工手段控制光周期,可以促进或延长植物开花,这在花卉生产上已经开始使用。菊花是短日植物,在自然条件下于秋季开花,为了达到特殊的观赏目的,利用人工缩短日照,只要设法给植物完全遮光的条件就可达到目的,这样就可使菊花在六七月,甚至在"五一"节就可开花。

微课　光周期应用——花期调控

复习思考题

1. 什么是春化作用? 简要说明春化作用的条件。
2. 什么叫光周期现象? 简述各光周期类型植物的特点。
3. 什么叫光周期诱导? 作用于植物什么部位? 怎样促使植物成花?
4. 总结归纳环境条件对花器性别形成的影响。
5. 举例说明如何利用春化作用和植物光周期特点为农业服务。

内容二　植物的生殖生理

生(繁)殖是植物生活中一项重要的生命活动。植物的生殖有营养生殖、孢子生殖和有性生殖 3 种方式。利用营养体的一部分产生新的个体的生殖方式称为营养生殖,营养生殖的物质基础是植物细胞的全能性,扦插、压条、嫁接以及组织培养等技术就是植物营养生殖特性在农业生产上的应用。利用孢子产生新个体的生殖方式称为孢子生殖,也称为无性生殖,是大多数菌类、苔藓和蕨类植物的主要生殖方式。植物产生雌(卵细胞)、雄配子(精子),二者结合形成合子,由合子发育成新的个体的生殖方式称为有性生殖,是高等植物的生殖方式。植物的根、茎、叶称为营养器官,花、果实和种子称为生殖器官,植物的生殖生理就是花、果实、种子产生新个体的过程。

一、开花与传粉

(一) 开花

当花中雄蕊的花粉粒和雌蕊子房中的胚囊(或二者之一)成熟之后,花萼和花冠即行开放,露出雄蕊和雌蕊,这种现象称为开花。不同植物的开花年龄、开花季节和花期长短各不相同,但都有一定的规律性。一般来说,绝大部分植物都是先叶后花,先长叶后开花;一些植物是花叶同放的,如梨和李子等;也有植物是先花后叶的,如杏、山桃、连翘和梅花等。一株植物中,从第 1 朵花开放到最后 1 朵花开毕所经历的时间称为开花期(花期)。

(二) 传粉

成熟的花粉粒借助外力传到雌蕊柱头上的过程称为传粉。传粉是受精的前提,是被子植物有性生殖的重要环节。

1. 花粉粒

（1）花粉粒的结构与成分：花粉粒外面由两层壁包围。外壁表面光滑或有各种形状的突起和花纹（图7-2-1），由于外壁增厚不均匀，在没有外壁的地方形成萌发孔和萌发沟，花粉粒萌发时花粉管由此伸出。外壁的主要成分是纤维素、孢粉素、类胡萝卜素、类黄酮素和外壁活性蛋白质等。外壁活性蛋白质与传粉后花粉粒和柱头间的相互识别有关。内壁主要由纤维素、果胶质、半纤维素和蛋白质组成。

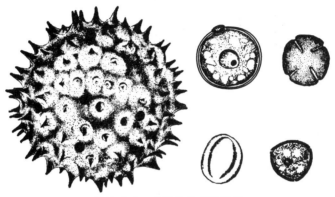

图7-2-1 花粉粒的各种形状

（2）花粉的生活力和贮藏：为了杂交育种上的需要，常常要采集花粉并贮藏备用。在自然条件下，各种植物花粉的生活力有很大的差异，例如梨和苹果的花粉生活力可保持70～210 d，向日葵花粉的生活力可保持1年。环境温度过高（>40℃）或过低，特别潮湿或特别干燥都会使花粉丧失生活力。一般在温度1～5℃、相对湿度6%～40%条件下贮藏花粉效果最好。

（3）花粉的萌发与生长：花粉成熟后遇到合适的条件即能萌发。在人工培养条件下，花粉萌发需要一定量的糖类（蔗糖）物质存在，为花粉萌发提供营养物质，蔗糖一般为10%，通常为5%～25%。钙（Ca）、硼（B）、生长素和赤霉素的存在有利于花粉的萌发。花粉萌发的最适温度是20～30℃。花粉萌发常常表现出集体效应，即在一定面积内，花粉数量越多，萌发与生长效果越好。

2. 传粉方式

植物的传粉方式有两种，即自花传粉和异花传粉。

（1）自花传粉：成熟的花粉粒传到同一朵花的柱头上并能正常地受精结实的过程称为自花传粉。生产上常把同株异花间和同品种异株间的传粉也认为是自花传粉。能进行自花传粉的植物称为自花传粉植物，如水稻、小麦、棉花和桃等。豌豆和花生在花尚未开放时，花蕾中的成熟花粉粒就直接在花粉囊中萌发形成花粉管，把精子送入胚囊中受精，这种传粉方式是典型的自花传粉，称为闭花受精。

（2）异花传粉：异花传粉是指一朵花的花粉传到另一朵花的柱头上并能正常结实的过程。进行异花传粉的植物称为异花传粉植物，如玉米、瓜类、梨和苹果等。异花传粉必须借助一定的外力为媒介才能完成，借助风力传粉的称为风媒植物（玉米、板栗、核桃），靠昆虫传粉的植物称为虫媒植物(油菜、向日葵、瓜类),另外也有靠水和鸟传粉的植物。

　　自花传粉是一种原始的传粉方式,是植物长期适应不具备异花传粉条件环境的结果。异花传粉是一种进化的传粉方式,生活力高、适应性强,但往往受低温、久雨不晴、大风和雌雄蕊成熟期不同等诸多因素的影响。异花传粉植物在条件不具备时有自花传粉现象,自花传粉植物在一定条件下也能进行异花传粉。

微课　开花
与传粉

二、受精作用

　　雌配子(卵细胞)和雄配子(精子)融合形成合子(受精卵)的过程称为受精。被子植物的卵细胞位于子房内胚珠的胚囊中,精子必须依靠花粉粒在柱头上萌发形成的花粉管的传送,经过花柱,进入胚囊,受精作用才能进行。

　　1. 花粉粒萌发

　　花粉落到雌蕊柱头上后,吸水膨胀,内壁由萌发沟或萌发孔处外突并伸出外壁形成花粉管。同时外壁活性蛋白质释放出来与柱头表面薄膜相结合,通过特殊的反应进行细胞识别。如果花粉与柱头是亲和的,花粉管前端产生溶解柱头薄膜下角质层的酶,柱头角质层被溶解,花粉管穿过柱头而生长;如果二者不亲和,柱头的乳突即产生胼胝质,阻碍花粉的穿过(图7-2-2)。

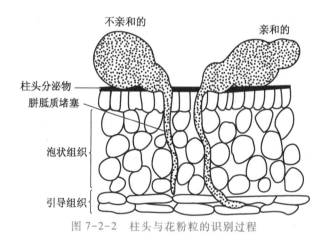

图7-2-2　柱头与花粉粒的识别过程

　　2. 花粉管生长

　　花粉管形成后,花粉粒的内容物质包括精子全部进入花粉管并集中于花粉管前端,随着花粉管的生长逐渐向前移动。花粉管生长穿过柱头,伸入花柱;通过花柱,到达胚囊;经过珠孔,进入胚囊。

　　3. 双受精作用

　　花粉管进入胚囊后,前端形成小孔,由于压力的作用使其内容物质连同精子一起喷入胚囊内,2个精子分别靠近中央细胞和卵细胞并相互融合,进入胚囊的2个精子分别与中央细胞和卵细胞融合的现象称为双受精作用(图7-2-3)。

微课　果实的
形成

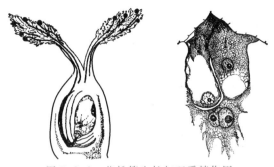

图 7-2-3　花粉管生长与双受精作用

三、种子与果实的形成

双受精完成后,中央细胞与精子结合形成初生胚乳核,卵细胞与精子结合形成合子。经过短暂休眠,初生胚乳核发育形成胚乳,合子发育形成胚,珠被发育形成种皮,胚珠形成种子,子房壁发育形成果皮,子房发育形成果实。

1. 种子成熟时的生理生化变化

种子成熟过程中,植物营养器官中的养分以蔗糖、氨基酸等可溶性物质的形式向种子运输,在种子中逐渐转化为不溶性的高分子化合物,如淀粉、蛋白质和脂肪等贮藏起来。同时,种子逐渐脱水,原生质由溶胶状态转变为凝胶状态,趋向成熟。

（1）种子成熟过程中淀粉的变化:淀粉种子成熟过程中,可溶性糖含量逐渐降低,而不溶性糖类的含量不断提高。对小麦和水稻种子的试验证明,伴随种子的成熟,胚乳中的蔗糖、葡萄糖、果糖等还原糖的含量迅速减少,而淀粉的含量迅速上升,试验结果表明增加的淀粉是由可溶性糖转化而合成的(图 7-2-4)。

与淀粉的形成有关的酶是淀粉磷酸化酶。种子成熟过程中,如果具备增强淀粉磷酸化酶活性的适宜条件,如pH、温度以及适当的磷酸含量,就能够促进淀粉的合成,从而降低种子中糖的含量,增加淀粉含量。同时,加速茎、叶中的糖向穗部运输的速度,提高了籽粒的饱满度。淀粉的合成还与淀粉合成酶、D 酶和 Q 酶的活性有关,特

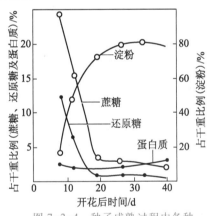

图 7-2-4　种子成熟过程中各种
糖类含量的变化(小麦)

别是禾谷类种子中淀粉的合成是通过 ADPG 途径。小麦和水稻种子成熟过程中,几种酶同时参与了淀粉的合成。一定品种在一定时期,可能只是某一种酶起主导作用。了解不同酶作用的条件,控制其活性,是促进淀粉合成、提高作物产量的有效措施。

（2）种子成熟过程中脂肪的变化:油料种子在成熟过程中,脂肪含量不断增加,而总含糖量(葡萄糖,果糖和淀粉等)则不断下降。对油菜种子的试验表明,形成的脂肪是由糖类转化而来的。种子成熟初期所形成的脂肪中含有较多的游离脂肪酸,这些脂肪酸主要是饱和脂肪酸。随着种子的成熟,游离脂肪酸逐渐合成复杂的油脂,饱和脂肪酸逐渐转变为不饱和脂肪

酸(图 7-2-5)。

(3)种子成熟过程中蛋白质的变化:豆科植物的种子和一些淀粉类,如小麦、玉米等的种子中,蛋白质的含量较多。种子中的蛋白质是叶片和其他营养器官中的氮素,以氨基酸或酰胺的形式运输到种子中后再合成贮藏蛋白。小麦子粒氮素总量,以乳熟初期到完熟期变化较小。但随着成熟度的提高,非蛋白氮不断下降,而蛋白氮的含量则不断增加,这说明蛋白质是由非蛋白氮化合物转变而来的。豆科植物的种子在成熟过程中,先在荚中合成蛋白质,成为暂时的贮藏蛋白,然后氮以酰胺态被运输到种子中转变为氨基酸,再由氨基酸合成蛋白质(图 7-2-6)。

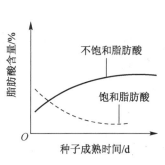

图 7-2-5　种子成熟过程中
脂肪酸含量变化(大麻)

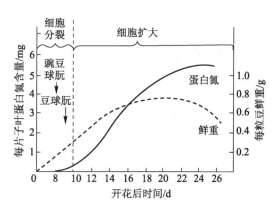

图 7-2-6　种子成熟与蛋白质变化(豆科)

(4)种子形成过程中激素的变化:种子成熟过程中,内源激素也在不断发生变化。小麦种子成熟过程中,内源激素最高含量次第出现,可能与它们的生理作用有关。首先出现的是细胞分裂素,可能调节建成籽粒的细胞分裂过程,然后是赤霉素和生长素,可能调节有机物向籽粒的运输和积累。此外,籽粒成熟期间脱落酸大量增加,可能与籽粒生长后期的成熟和休眠有关(图 7-2-7)。

(5)种子成熟过程中呼吸速率的变化:种子成熟过程也是有机物的合成过程,需要消耗能量,所以有机物的积累(干重的增加)和种子的呼吸速率有密切的关系,干物质积累迅速,呼吸速率也旺盛,种子接近成熟,呼吸速率则逐渐降低。

总之,伴随种子逐渐成熟,可溶性糖转化为不溶性糖,非蛋白氮转变为蛋白质,糖类转化为脂肪,内源激素不断变化,种子中干物质积累迅速,呼吸速率旺盛。种子

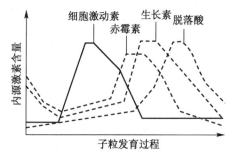

图 7-2-7　种子成熟与激素变化(小麦)

接近成熟时,呼吸速率逐渐降低。总的趋向是含水量逐渐降低,干物质不断增加。

2. 肉质果实成熟时的生理生化变化

肉质果实发育过程中,除形态发生变化外,果实的颜色与化学成分也发生相应的变化。未成熟的果实是绿颜色的,且质地硬,没有甜味与香味,有涩味。成熟后的果实,呈现出品种固有的色泽,柔软香甜。这是果实在成熟过程中发生了一系列生理生化变化的结果。

（1）物质含量的变化：

1）糖类转化：果实在成熟初期，由叶片中运来的糖类，首先以淀粉的形式储存在果肉细胞中，此时的果实既生硬又无甜味。随着果实的发育成熟，伴随 α-淀粉酶的活性不断增加，淀粉水解为可溶性糖，果实逐渐变甜。

2）果胶分解：果实在未成熟时是硬的，主要原因在于初生细胞壁中沉积了不溶于水的原果胶。果实成熟过程中，原果胶酶和果胶酶活性显著增强，从而将原果胶分解为可溶性的果胶、果胶酸和半乳精醛酸。这时果肉中的可溶性果胶类物质含量增加，果肉细胞即相互分离，果肉变软。

3）有机酸减少：未成熟的果实，其果肉细胞的液泡内积累了很多如苹果酸、柠檬酸、酒石酸等有机酸，因而果实具有酸味。随着果实成熟，一部分有机酸转变为糖，另一些有机酸被呼吸氧化分解成 CO_2 和 H_2O，还有一部分有机酸被 K^+、Ca^{2+} 所中和生成盐。结果是有机酸含量降低，酸味下降，甜味增加。

4）单宁物氧化：未成熟的柿子、李子等果实有涩味，是由于细胞液内含有单宁的原因。果实成熟时，单宁被过氧化物酶氧化成无涩味的过氧化物或凝结成不溶性的物质，从而使涩味消失。

5）芳香物产生：果实成熟时，产生一些具有香味的物质。这些物质主要是脂肪族和芳香族的酯，另外还有一些特殊的醛类。如香蕉的特殊香味是乙酸戊酯，橘子中的香味是柠檬醛。

6）色素类变化：某些果实在成熟时，果皮颜色由绿逐渐转变为黄色、红色或橙色。主要是由于叶绿素逐渐被破坏而失去绿色，而使类胡萝卜素的颜色显现出来，同时由于形成花色素苷而呈现红色。光直接影响花色素苷的合成，因此果实的向阳面总是着色特别好。

动　脑　筋

苹果、葡萄生产经常采取果实套袋技术，能说明其中的道理吗？

7）乙烯的合成：果实成熟过程中，还产生乙烯气体。乙烯是果肉组织内部进行无氧呼吸的产物。试验证明，果实成熟时乙烯释放量迅速增加，乙烯含量的增加，提高了果皮的透性，加速了果实内部的氧化过程，促进果肉细胞中淀粉酶及果胶酶的活动，因而加速了果实的成熟过程。

（2）呼吸强度的变化：随着果实发育至成熟，呼吸强度也不断发生变化。果实将要成熟之前，呼吸强度明显降低，然后急剧升高。呼吸强度急剧升高的峰值称为呼吸高峰（图 7-2-8），随后呼吸强度又下降。大量的试验证明，之所以出现呼吸峰是由于果实中产生乙烯。果实呼吸高峰的出现，标志着果实完全成熟达到可食用程度，这样的果实不能长期贮藏。生产实践中可以通过调节呼吸高峰的出现，以诱导或推迟果实的成熟。为了保证安全贮藏，苹果、梨、番茄、香蕉等果实都是在呼吸高峰出现之前进行采收，并采取措施推迟呼吸高峰的出现，延长贮藏时间，以适应并调节市场的供应。

3. 环境条件对种子和果实成熟的影响

植物的生长发育受环境条件的影响，温度、湿度等

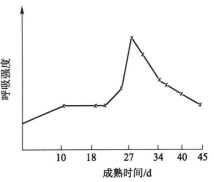

图 7-2-8　果实成熟与呼吸高峰（苹果）

气候条件的变化对种子、果实的成熟和化学成分的改变均有显著的影响。

（1）环境条件对种子成熟的影响：种子成熟的最大危害是干燥与热风（干热风）。我国河西走廊的小麦，常常因为遭受到干热风的侵袭而减产。种子的成熟过程实际上就是一个有机物质由叶片（代谢源）向种子（代谢库）运输的过程。植物体内的有机物质是溶解在水中、以水溶液的形式、借助于水的流动而完成运输过程的。正在成熟的籽粒中，合成酶活性占优势，有机物质才能在其中积累。干热风首先引起干旱缺水，叶片萎蔫，光合作用降低，有机物合成受阻，向籽粒的运输与分配减少；同时，细胞中合成酶活性降低，水解酶活性增强，不利于合成物质的积累，可溶性糖类不能及时转变为淀粉。干热风侵袭的结果造成籽粒空瘪，产量大减。干燥和热风引起种子灌浆不足，从而降低了产量的现象，称为风旱不实现象。试验中发现，蛋白质的积累过程受干热风的阻碍较淀粉为小，因此风旱不实的种子中蛋白质的含量相对较高。

干旱地区，特别是轻度盐碱化地带，由于土壤溶液渗透势高，植物吸水困难，即使在风调雨顺的年份，籽粒的发育成熟过程也经常是在灌浆极为困难的情况下进行的，所以籽粒中淀粉含量一般少于其他地区，而蛋白质的相对含量较高。我国北方干燥，降雨量及土壤水分比南方少，所以北方小麦蛋白质含量比南方显著增高。

油料种子的含油量和油脂品质受温度的影响很大。南京、济南和吉林省公主岭的大豆含油量分别为16.14%、19%和19.6%，这说明适当低温有利于成熟种子对油脂的积累。在油脂品质上，温度较低而昼夜温差较大时，有利于不饱和脂肪酸的形成。在相反的情况下，则有利于饱和脂肪酸的形成。最好的干性油是从纬度较高或海拔较高地区的油料种子中得到的。

营养条件对种子的化学成分也有明显的影响。对淀粉种子来说，氮肥能加速蛋白质的合成；钾肥能促进糖类由叶片或茎运向籽粒或其他贮藏器官（如块茎、块根），并加速其向淀粉转化的过程。对油料种子而言，磷肥和钾肥对脂肪的形成和积累均有良好的影响；如果氮肥过多，就使植物体内大部分糖类和氨化合物结合形成蛋白质，而糖分少了，又影响到脂肪的合成，导致种子中脂肪含量的降低。

（2）环境条件对肉质果实成熟的影响：影响肉质果实成熟的主要环境因素是温度和湿度。在夏凉多雨的条件下，果实中有机酸较多，而糖的含量则相对减少；在阳光充足、气温较高及昼夜温差较大的条件下，果实中含酸少而糖分较多，甚至同一棵树上的果实，树冠外围枝条向阳处结的果实最甜，着色也较好。新疆吐鲁番的哈密瓜和葡萄特别甜，就是由于当地的阳光充足、气温较高及昼夜温差大的结果。较高的温度、充足的阳光有利于光合作用，增加了糖的含量，同时也有利于花色素的形成。

温度和气体成分对果实的成熟也会产生很大的影响。适当降低环境温度和氧的浓度（提高CO_2浓度或充氮气），可以延迟果实呼吸高峰的出现，以延迟果实成熟，从而延长贮藏期。而提高温度和氧浓度或施用乙烯，则可以促进"呼吸高峰"提前出现，加速果实成熟。人工催熟已普遍应用于生产实践中，我国一些传统的技术，如用温水浸泡柿子使之脱涩，熏烟使香蕉提早成熟等，直到现在仍在某些地方应用。近年来采用乙烯（或乙烯利）催熟，已经给番茄、柿子和香蕉生产带来了巨大的经济效益。乙烯利催熟棉花还可使一部分霜后花变为霜前花，使吐絮集中，提早收获，从而提高了产量和品质。

复习思考题

1. 什么叫生殖？简述植物生殖方式的种类和特点。
2. 什么叫双受精作用？归纳双受精的过程和特点？
3. 种子成熟过程中发生哪些生理生化变化？有什么特点？
4. 说明肉质果实成熟由绿、硬、涩变红、软、甜、香的原因。
5. 什么叫风旱不实？干热风是如何影响种子作物产量的？

植物中的闹钟

著名植物学家林奈经过对植物开花时间的多年研究之后发现，在植物的花期内，一天当中每种植物的花开放的时间基本上是固定的：蛇麻花约在凌晨3点开，牵牛花约在4点开，野蔷薇约在5点开，芍药花约在7点开，半支莲约在10点开，鹅鸟花约在12点开，万寿菊约在下午3点开，紫茉莉约在下午5点开，烟草花约在傍晚6点开，丝瓜花约在晚上7点开，昙花约在晚上9点开等。他把这些开花时间不同的花卉种在大花坛里，制成了一个"报时钟"。根据"报时钟"里种植在哪个位置的植物花开了，就可大致知道当时的时间。

就一年来说，植物进入花期的月份也是大致不变的。有人把始花期月份不同的12种花卉编成歌谣："1月蜡梅凌寒开，2月红梅香雪海，3月迎春报春来，4月牡丹又吐艳，5月芍药大又圆，6月栀子香又白，7月荷花满池开，8月凤仙染指盖，9月挂花吐芬芳，10月芙蓉千百态，11月菊花放异彩，12月品红顶寒来"。如果把这12种花卉按一定顺序栽种，也可组成一个"报月钟"。

为什么各种植物都有自己特定的开花时间，而且固定不变呢？这是植物在长期的自然选择作用下形成的，以利于植物自己的生存。科学家研究发现，这种现象是由遗传基因控制的，代代相传就形成一种习性。

内容三 植物的衰老与脱落

由于植物本身和外界因素的影响，组织细胞结构破坏、功能丧失，营养物质转移而导致某一器官乃至整个植株死亡和脱落的一系列恶化过程，称为衰老。衰老是植物生活的一种适应机制，脱落是植物器官脱离母体掉落下来的现象，衰老是脱落的原因，脱落是衰老的结果。生长素、赤霉素和细胞分裂素能抑制衰老与脱落，而乙烯和脱落酸则促进衰老与脱落。

一、植物的衰老

植物和它的各个部分在生长发育过程中逐渐进入衰老阶段，叶和果实衰老比较明显的特征是脱落。

植物的衰老是一个器官或整个植株的生命功能逐渐衰退并走向死亡的过程。无论是整株植物、植物的某一器官、植物的局部组织都可以在不同时期表现出衰老的现象。衰老可以发生在整株植物的水平上,也可以发生在器官和细胞水平上。一年生植物和二年生植物在开花结实后,整个植株即进入衰老状态,最后死亡;多年生草本植物,地上部分每年死亡,而根系可继续生存;多年生木本植物的茎和根可生活多年,但是叶和果实每年都要衰老脱落。输导组织的木质部导管、管胞或厚壁组织在植物旺盛生长时期,就已经衰老死亡。

微课　植物衰老

1. 衰老的生理生化变化

对植物来说,衰老是生命过程的减弱,有着严格顺序。在这个过程中,发生着极为显著的生理生化变化。

植物衰老时蛋白质含量明显降低。原因可能有两种,其一是蛋白质合成能力下降,其二是蛋白质分解加快,或二者同时进行。

植物衰老时光合速率下降。在电子显微镜下可以看到,当叶片衰老时,叶绿体结构被破坏,叶绿体的基质解体,类囊体膨胀、裂解,嗜锇体的数目增多、体积加大,于是叶绿素含量迅速下降,光合电子传递和光合磷酸化过程受到阻碍,从而导致光合速率明显下降。

叶片衰老过程中,呼吸速率在衰老的前期还能维持一个稳定的水平,而在衰老末期,呼吸速率迅速下降。而离体叶片在整个衰老过程中呼吸商与正常呼吸时不同,这说明衰老时的呼吸底物有了改变。实验证明,这时它利用的呼吸底物不是糖,而是由蛋白质分解产生的氨基酸。此外,衰老时呼吸作用的氧化磷酸化逐渐解偶联,产生 ATP 量也减少,致使细胞内合成过程所需的能量不足,更进一步加速了衰老的进程。

叶片衰老过程中,细胞内部各种结构都发生破坏,最后质膜也破坏,于是细胞内部的物质大量外流,细胞本身解体。

2. 衰老的内部原因

德国的莫利斯提出,衰老是由营养缺乏引起的。植物各部分在生长发育过程中互相争夺营养,果实和根、茎生长点是吸引营养物质较强的器官(顶端优势),而较老的器官就处于缺乏营养的状态。如果将果实或生长顶端摘去,即可推迟植物其他部分的衰老。这是因为生长的果实和根、茎顶端可以产生生长素,促使有机营养物质向生长点运输。但雌雄异株植物的雄株尽管不开花结实,也和雌株一样要衰老。另外,即使大量施肥也不能阻止已经开花结实的一年生植物衰老、死亡。

如果正在衰老的离体叶片开始生根,即可复壮,可能是根产生某种物质运到叶中,阻止了叶的衰老。实验证明,正在衰老的叶片施用细胞分裂素可以复壮,而且植物的根确能产生细胞分裂素。从根运出的抗衰老激素,事实上就是细胞分裂素一类的物质。细胞分裂素抗衰老的机制还正处于研究当中,有人将一滴细胞分裂素滴于叶面,发现周围的有机物和无机营养即被活化,而且向处理区移动。这是因为细胞分裂素能诱导细胞分裂,并提高多种代谢过程,包括蛋白质、RNA 和 DNA 的合成。代谢活动旺盛的细胞常产生生长素,因此能调运营养物质向其运输。在来自根系的细胞分裂素供应相同的情况下,同一株植物上的较老叶片表现衰老,这可能是因为较年青的和正在生长的组织产生较多的生长素,使营养物质和细胞分裂素更多地运向这些部位,从而引起较老叶片处于缺乏营养和细胞分裂素的状态而逐渐衰老。

3. 衰老的控制

光照能延缓植物衰老,其中,红光能阻止蛋白质和叶绿素含量的减少,远红光照射则能消除红光的阻止作用,因而光照延缓衰老是光敏素在衰老过程中起着光控制作用。植物激素能有效地调控衰老,生长素、赤霉素和细胞分裂素等能延缓叶片衰老,而脱落酸和乙烯则促进叶片衰老。试验证明,叶片衰老是由植物的内源激素所控制的,多年生木本植物在秋天短日照条件下,生长素和赤霉素含量减少,脱落酸含量增多,叶片就衰老。干旱时叶片中脱落酸含量增加,叶片容易衰老甚至死亡。

二、植物的脱落

老叶与成熟果实的脱落,是器官衰老的自然特征。营养失调、干旱和病虫害等可使器官在尚未长成时就提早脱落。果树的落花、落果,棉花的蕾铃脱落,大豆的落花、落荚等,都会给农业生产带来损失。有效地控制衰老,是保证作物产量的途径之一。

1. 器官脱落与离层形成

植物器官的脱落与器官内部形成离层有关。叶片脱落前,接近叶柄基部一段区域,经分裂而形成几层薄壁细胞,这些细胞在叶片达到最大面积之前已经形成,但并不发生变化而维持现状。离层的作用在于脱落时不损伤原来的组织,同时还可保护新产生的组织,使伤口免受干燥和微生物的侵害。离层的薄壁细胞比周围的细胞要小,具有较多淀粉粒和浓厚的细胞质。落叶前,离层细胞胞间层和纤维素的细胞壁分解,甚至整个细胞和邻近细胞内含物都消失。这时,叶柄只靠维管束与枝条连接,在重力作用下或风的压力下,维管束折断造成叶片脱落。一般情况下,叶片在形成离层之后才脱落(图7-3-1)。

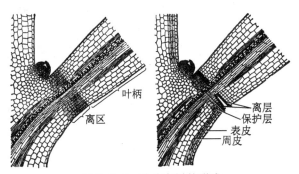

图7-3-1 叶片离层的形成

2. 影响脱落的因素

脱落是衰老的结果,控制衰老才能有效控制脱落,影响衰老的因素同时也影响植物器官的脱落。

(1)影响叶片脱落的因素

1)植物激素:生长素的含量与分布和植物叶片的脱落有密切的关系。实验证明,当离层远轴端生长素的浓度较近轴端的浓度高时,叶片不脱落;当二者的浓度差很小或不存在时,叶片就脱落;当离层远轴端生长素的浓度较近轴端的浓度低时,就加速叶片的脱落。植株在正常生长的条件下,叶片不断产生生长素,使远轴端的生长素浓度高于近轴端,营养物质供应充足,叶片健壮生长而不脱落。当叶片衰老时,叶片中产生的生长素量减少,使远轴端生长素浓度等于或低于近轴端,这时叶片脱落。

脱落酸也可促使叶片脱落。秋天的短日照是引起落叶的信号,因为短日照促使树木产生脱落酸,提高了叶片中脱落酸的含量。在生长中的叶片脱落酸含量极微,只有在衰老的叶片中才含有大量的脱落酸。

乙烯对叶片的脱落也有明显的促进作用。乙烯一方面加速叶片的衰老过程,另一方面能诱导离层中果胶酶和纤维素酶的合成,加速离区细胞的溶解。

细胞分裂素能延缓叶片衰老,但秋季由根系运往叶片的细胞分裂素供应减少,减少叶片营养物质的供应而导致叶片的衰老。

叶片脱落是叶片中生长素、脱落酸、乙烯和细胞分裂素等诸多因素共同作用的结果。

2)植物营养:糖类,氮素和无机养分的供应也是影响植物脱落的原因。糖类的缺乏会导致叶片、花和果实的脱落。增加糖类的积累,同时避免氮素过量,供给适当的水分,加强光照,就能防止提早脱落。无机养分中钙的缺乏会引起某些植物落叶,因为钙能阻碍细胞壁胞间层中原果胶酸钙的形成。锌的缺乏也能促进落叶,因为锌是生长素合成所必需的。

（2）影响花和果实脱落的因素

与叶片脱落相类似,影响花和果实脱落的主要因素也是激素和营养。

受精是种子和果实发育的必要条件,如果不受精,花开后便要脱落。所以凡能影响受精的条件都能影响花、果脱落。苹果开花时遇雨,开花后几天就大量落花,从而使产量降低,其原因就在于阴雨天气影响受精之故。受精后的子房、胚或胚乳会产生一些激素,促进子房生长并发育成果实,这种现象肉质果实的发育比较典型。含种子较多的果实,往往比含种子较少的果实长得大些。某些原因使果实中一部分种子没有发育,果实在这部分的生长也减弱,是畸形果形成的主要原因。

激素对果实的作用,除了能够促进子房的生长发育外,还能抑制离层的形成,使花、幼果不易脱落。果实中的种子如果能继续发育,果实也不易脱落。果实发育的后期,其中的脱落酸和乙烯含量增加,导致果实脱落,是一种正常的脱落。

果实和种子形成需要有大量营养物质供应,营养不良,果实的发育就受到影响,甚至脱落。一般的落果主要是由于营养失调所引起的。棉花的试验表明,幼铃中含糖量在开花后迅速增加的,就能正常生长发育;如果因去叶、遮光而致使含糖量下降的,会很快脱落。未受精的幼铃,含糖量也少,也要脱落。肥水不足,植物生长不良,叶面积小,光合能力较弱,光合产物较少,不能满足大量花果生长的需要,是作物营养不良的原因之一。但如果水分和氮肥过多,营养生长过旺,光合产物大量消耗于枝叶生长方面,使花、果得不到足够的营养,也会导致果实种子营养不良而造成脱落。

干旱、高温、光线不足、病虫等所引起的落果,也是因为这些因素影响了植物的营养之故。可见营养是促进果实和种子发育的主要条件,而营养失调则是引起落花落果的主要原因。要防止落花落果,就需要改善植物的营养条件,这是农业生产管理的主要内容。

3. 脱落的控制

植物激素能有效地控制脱落。低浓度的生长素（IAA）促进脱落,而高浓度的生长素（IAA）则抑制脱落。赤霉素能抑制脱落,而脱落酸和乙烯能促进脱落。为防止和减少棉铃脱落,可在棉花结铃盛期用 20 $\mu g/L$ 的赤霉素喷洒。用 20 $\mu g/L$ 的 2,4-D 喷洒柑橘,可防止脱落,提高坐果率。为了促进脱落,则可喷洒乙烯利促进老叶脱落,使棉田通风透光。喷洒 40 $\mu g/L$ 的萘乙酸钠可使梨树和苹果树进行疏花、疏果,避免坐果过多影响果实品质。

复习思考题

1. 什么叫衰老?植物衰老时体内发生哪些生理变化?
2. 什么叫脱落?植物器官脱落时体内发生哪些生理变化?
3. 什么原因引起植物衰老?如何控制衰老?
4. 什么原因引起植物脱落?如何控制脱落?
5. 生产中落花落果的原因有哪些?并提出合理建议。

胎生植物

　　动物两性交配,怀胎生育,延续后代是常见的事情。如果说植物也有胎生的,似乎有些不可思议。植物的一生,从种子萌发开始,由幼苗到成株完成营养生长过程;生理发育成熟的植株开花、传粉、受精,形成新的果实和种子。高等植物繁衍后代的主要方式是通过种子来完成的。但在自然界里,确实有许多胎生的植物,沿海地区的红树就是其中之一。红树的枝条上常挂着一条条长形的木棒一样的东西,它既不是枝条,也不是果实,而是母树结果后,果实还未落地,就又开始在树上萌芽而长成的幼苗,因而人们叫它胎生树。这种幼苗在母树上长到一定时期,就脱离母树,落入海边淤泥中,不久就能生根、长成一株小树。如果没有机会扎入泥中,它就随流水漂流到他乡,寻找机会安营扎寨,定居下来,形成植株。

任 务 小 结

　　成花生理:春化作用,光周期现象,碳氮比学说,春化作用和光周期现象在农业生产上的应用。

　　生殖生理:开花,传粉,双受精作用,种子与果实的发育。

　　衰老脱落:植物衰老,衰老的原因,衰老的调控,植物脱落,脱落的控制。

植物的生长发育与生长环境密切相关，土壤状况、水分条件、温度变化、养分供应和气候改变等，都直接影响着植物的生长发育过程。

第三部分　植物生长与环境调控

环境条件影响植物的生长发育，水（水分）、肥（营养）、气（大气）、热（温度）、土（土壤）客观上决定植物的生命进程。植物栽培就是根据生产目标，为植物的发育提供最适合的生长环境，让植物按照人们的要求去生活，为人类生存提供粮食、水果和其他生活必需用品。

学习任务八 植物生长与土壤环境

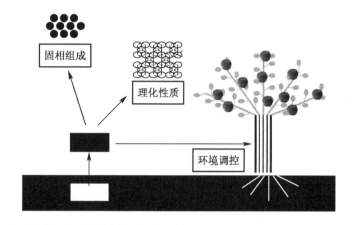

固相组成

理化性质

环境调控

知识目标

● 了解土壤矿物的组成特点和土壤分类的基本知识,学习土壤的基本性质,理解土壤质地、有机质转化与肥力的关系,理解土壤性质对植物生长发育的影响。

● 认识土壤低产的原因,掌握低产土壤的主要改良措施。

能力目标

● 土壤样品采集、制备,土壤吸湿水的测定。

● 土壤容重的测定。

● 土壤酸碱性的测定。

● 土壤有机质含量的测定。

● 土壤水溶性盐总量的测定。

内容一 土壤的固相组成

土壤的组成物质是土壤肥力的基础。任何一种土壤都是由固体、液体(土壤水分)、气体(土壤空气)三相物质组成的一个整体。固体部分包括矿质土粒、有机质和土壤微生物,一般占土壤总体积的50%。三相物质所占的比例如图 8-1-1 所示。

微课 植物的
家园—土壤

土壤固相是土壤的主体,它的组成、性质、颗粒大小及其配合比例等,是土壤性质产生和变化的基础,直接影响着土壤肥力高低。

一、土壤矿物质

土壤矿物质是指存在于地壳中具有一定物理性质、化学成分和内部结构的天然单质或化合物。它是土壤颗粒的主要组成部分,土壤颗粒或土粒也称为矿物质土粒。土壤中的矿物质种类

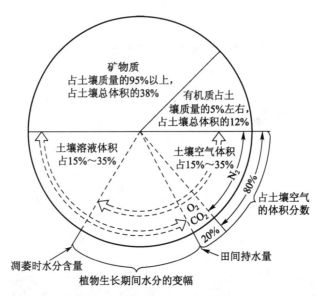

图 8-1-1　土壤组成示意图(体积分数)

很多,有的直接从岩石继承下来,大多数是经过各种风化作用重新形成的。

（一）土壤矿物质的粒级

土壤矿物质颗粒大小极不均一,差异很大,并且形状多种多样,很难直接测出单个土粒的大小。一般将其视为球体,并且根据其直径的大小和性质上的差异,将大小、成分及性质相近的矿物质土粒划为一组,每组就是一个粒级。土壤一般分为石砾、砂粒、粉粒、黏粒 4 个基本粒级。当然,世界各国采用的标准不尽相同(表 8-1-1)。

微课　矿质土粒
的矿物组成

表 8-1-1　常用几种土壤粒级分类标准比较表

粒径/mm	中国科学院土壤所新制	卡庆斯基制		国际制	美国制
>10	石块	石块		石砾	石砾
10~>3	石砾				
3~>2		石砾			
2~>1					极粗砂粒
1~>0.5	粗砂粒	物理性砂粒	粗砂粒	粗砂粒	粗砂粒
0.5~>0.25			中砂粒		中砂粒
0.25~>0.2	细砂粒		细砂粒		细砂粒
0.2~>0.1					
0.1~>0.05				细砂粒	极细砂粒
0.05~>0.02	粗粉粒		粗粉粒		粉粒
0.02~>0.01				粉粒	

续表

粒径/mm	中国科学院土壤所新制	卡庆斯基制			国际制	美国制
0.01~>0.005	细粉粒	物理性黏粒	中粉粒		粉粒	粉粒
0.005~>0.002	泥粒		细粉粒			
0.002~>0.001					黏粒	黏粒
0.001~>0.000 5	胶粒		黏粒	粗黏粒		
0.000 5~0.000 1				细黏粒		
<0.000 1				胶质黏粒		

不同大小的土粒,化学组成差异很大,物理性质上也表现出明显的差异,给土壤性状带来显著影响。各粒级土粒的主要特征如下:

(1)石砾:多为岩石碎片,山区土壤及河滩较为常见。数量多时对耕作及作物生长极为不利,往往不能用作耕地,只能种植果树和林木,且漏水漏肥、破坏农机具。

(2)砂粒:常常以单粒存在,主要是石英颗粒,通透性好,但保水、保肥能力差,养分含量低。

(3)粉粒:颗粒较砂粒小,肉眼难以分辨,保水、保肥能力增强,有显著的毛管作用。养分含量较砂粒高,含粉粒过多的土壤在旱田耕后易起坷垃,水田耕后容易淀浆、板结。

(4)黏粒:颗粒细小,比表面积和表面能巨大,具有很强的黏性,保水、保肥能力强,矿物质养分丰富,但黏结性、黏着性、可塑性均强。毛管孔隙度虽然高,但因孔隙过小,通透性不良,物理机械性较差,不易耕作。

(二)土壤质地

任何一种土壤,都是由不同粒级的土粒,以不同的比例组合而成的。土壤中各粒级的百分含量,称作土壤的机械组成。根据土壤不同的机械组成所产生的特性对土壤进行类别划分,称作土壤质地。

1. 质地类型

世界各国对土壤质地进行分类的标准不尽相同(表 8-1-2、表 8-1-3),大多将土壤质地分为砂土、壤土、黏土 3 种类型。

表 8-1-2　国际制土壤质地分类　　　　　　　　　　　　　　　　　　　　%

质地组	质地名称	粉粒 (<0.002 mm)	粉砂粒 (<0.02~0.002 mm)	砂粒 (<2~0.02 mm)
砂土类	砂土及砂质壤土	0~15	0~15	85~100
壤土类	砂质壤土	0~15	0~45	55~85
	壤土	0~15	35~45	40~55
	粉砂质壤土	0~15	45~100	0~55

续表

质地组	质地名称	粉粒 （<0.002 mm）	粉砂粒 （<0.02~0.002 mm）	砂粒 （<2~0.02 mm）
黏壤土类	砂质黏壤土	15~25	0~30	55~85
	黏壤土	15~25	20~45	30~55
	粉砂质黏壤土	15~25	45~85	0~40
黏土类	砂质黏土	25~45	0~20	55~75
	壤质黏土	25~45	0~45	10~55
	粉砂质黏土	25~45	45~75	0~30
	黏土	45~65	0~35	0~55
	重黏土	65~100	0~35	0~35

表 8-1-3　我国土壤质地分类标准　　　　　　　　　　　　%

质地组	质地名称	砂粒 （<1~0.05 mm）	粗粉粒 （<0.05~0.01 mm）	黏粒 （<0.001 mm）
砂土	粗砂土	>70		
	细砂土	60~70	—	—
	面砂土	50~60	—	—
壤土	砂粉土	>20	>40	<30
	粉土	<20	>40	—
	粉壤土	>20	>30	—
	黏壤土	<20	<40	>30
黏土	砂黏土	>50	—	>30
	粉黏土			30~35
	壤黏土			35~40
	黏土	—	—	>40

2. 质地与土壤肥力

（1）砂土类土壤：砂粒含量高，主要矿物为石英，养分贫乏，尤其是有机质含量低；通气透水性好，但保水、保肥能力差，土壤易干旱；砂土热容量小，土温易升降，温差大，为热性土。耕性好，种子易出苗，但后期易出现脱肥现象。

（2）黏土类土壤：黏粒含量高，孔隙小，通透性不良，但保水、保肥能力强；养分丰富，特别是钾、钙、镁等阳离子含量多，有机质含量高；黏土热容量大，土温平稳，不易升降，为冷性土；耕性差，种子不易出苗，可能产生缺苗断垄现象，但后期作物生长旺盛，控制不好甚至贪青晚熟。

（3）壤土类土壤：壤土类土壤由于砂粒、粉粒、黏粒含量比例较适宜，因此兼有砂土类与黏土

微课　土壤质地

类土壤的优点,被称为"二合土",是农业上较为理想的土壤质地类型。

3. 土壤质地的层次性

由于成土母质本身的层次性和成土过程中物质的淋溶和淀积以及人为耕作管理活动的影响,同一土壤上、下层之间的土壤质地出现差异,即土壤质地在土壤剖面呈现有规律的变化,称作土壤质地的层次性(图 8-1-2)。土壤质地层次性一般包括砂盖黏型(蒙金土)、黏盖砂型、中间夹砂(黏)型等几种类型。砂盖黏型耕层为砂壤-轻壤,下层为中壤-重壤,具有托水、托肥的特点,土壤通气透水,水、肥、气、热及扎根条件的调节能力强,耕性好,能为作物丰产奠定良好的基础。评定土壤质地时,不仅要强调土壤表层质地,还应注意下面各层次的质地状况,包括有无障碍层次及其出现的深度和厚度。

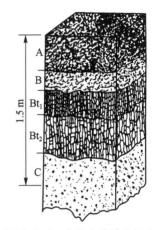

图 8-1-2 农业土壤质地层次

4. 土壤质地的改良

我国现有耕地中,耕层过砂、过黏、砂夹黏及通体砂、黏的土壤面积很大,故需要进行改良,才能满足植物生长的需要。这些改良途径和措施要因地制宜、就地取材、循序渐进地进行。

(1)掺砂、掺黏客土调剂:如果在砂土附近有黏土、河泥,可采用搬黏掺砂的办法,黏土附近有砂土、河沙,可采取搬砂压淤的办法,逐年客土改良,使之达到壤土范围。

(2)翻淤压砂或翻砂压淤:采用表土大揭盖、底土大翻身的办法,将下层的砂土或黏土翻到表层来,上、下砂、黏土层掺和,调剂土质。

(3)引洪漫淤、漫砂:洪水中所携带的淤泥是来自地表的肥沃土壤,养分丰实。将洪水有控制地引入农田,使淤泥沉积于砂土表层,既可增厚土层,改良质地,又能肥沃土壤,俗称"一年洪水三年肥"。引洪漫砂也有改良黏质土的效果。

(4)增施有机肥:因有机肥中含有大量有机质,既可以克服砂土过砂、黏土过黏的缺点,又能改善土壤结构,提高土壤肥力。实践证明效果显著。

(5)种树种草,培肥改土:在过砂、过黏等不良质地土壤上种植耐瘠薄的草本植物,能达到改良土壤性状、培肥土壤的目的,特别是豆科绿肥作物,效果更为显著。

二、土壤有机质

土壤有机质是土壤中最活跃的成分,尽管在土壤中含量不多(一般耕作土壤耕层中为 50~300 g/kg),但对土壤水、肥、气、热影响很大,在一定程度上决定着土壤肥力的高低。因此,经常将有机质含量作为土壤肥力高低的标志之一。

(一)土壤有机质的来源和存在状态

土壤有机质的主要来源是植物残体和根系,以及施入土壤的各种有机肥料。土壤中的微生物和动物也为土壤提供一定的有机质。

土壤中的有机物质有以下 3 种存在状态:

(1)新鲜的有机物质:刚进入土壤,基本上未受到微生物的分解,仍保持原来生物体解剖学上特征的那些动植物残体。

（2）半腐解的有机物质:受到一定程度的微生物分解的动植物残体,已失去解剖学上的特征,多为暗褐色的碎屑或小块。

（3）腐殖质:经微生物分解,并再合成的有机物质。一般把部分半腐解的有机物质和全部的腐殖质称为土壤有机质。

土壤有机质与土壤矿物质颗粒紧密结合在一起,形成有机-无机复合体,这是肥沃土壤最重要的物质基础。

（二）土壤有机质的转化过程及影响因素

土壤有机质在微生物作用下,进行着矿质化和腐殖化两个过程。这两个过程之间没有截然的界限,它们互相联系,又随条件的改变而相互转化(图8-1-3)。

1. 矿质化过程

土壤有机质的矿质化过程,就是有机物质在微生物作用下,分解成简单的无机化合物(如 CO_2、H_2O 和 NH_3 等) 的过程。矿质化过程为土壤释放出了养分,是土壤的一个供肥过程。不含氮的有机化合物矿质化的最终产物为 CO_2、H_2O 和各种无机盐,并释放出能量;含氮有机化合物经矿质化过程转变为 NH_4-N 和 NO_3-N;含磷、硫的有机化合物经矿质化过程转变为植物所能吸收的形态,如 $H_2PO_4^-$、HPO_4^{2-} 和 SO_4^{2-}。当然,在通气不良的情况下,SO_4^{2-} 会发生反硫化作用转变成 H_2S,使硫素散失,并对植物产生毒害作用。

2. 腐殖质化过程

土壤有机质的腐殖质化过程,是指有机物

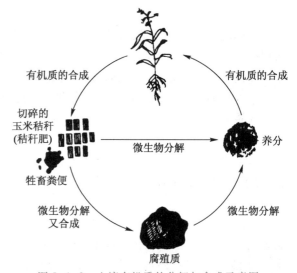

图 8-1-3　土壤有机质的分解与合成示意图

矿质化过程的一些中间产物(主要是芳香族和含氮有机化合物),在微生物作用下重新合成一种新的更为复杂的有机化合物(腐殖质)的过程。腐殖质化过程为土壤保存了养分,是土壤的一个保肥过程。

腐殖质化过程极其复杂,一般包括两个阶段:第 1 阶段是产生构成腐殖质基本组成的"原料",这些"原料"主要是芳香族的化合物和含氮有机化合物。第 2 阶段是合成阶段,芳香族的化合物与含氮有机化合物缩合为腐殖质分子。上述反应主要是微生物的酶促反应,但也可由纯化学作用引起。

（三）土壤有机质对土壤肥力的作用

土壤有机质对土壤肥力和植物营养有重要作用,具体表现在以下几个方面:

1. 提供植物需要的养分

土壤有机质中含有大量的植物必需营养元素,在矿质化过程中,这些营养元素释放出来供给植物吸收利用。土壤全氮量与有机质呈显著正相关关系。另外,有机质分解产生的各种有机酸,能分解岩石、矿物,促进矿物中养分的释放,改善植物的营养条件。

2. 改善土壤理化性质

有机质在改良土壤物理性质方面具有多重的意义。首先是促进团粒结构的形成。其次是改善土壤的耕性,并能提高土温,改善土壤的热状况。最后,腐殖质是一种有机胶体,有巨大的吸收代换能力和缓冲性能,对调节土壤的保肥性能及改善土壤酸碱性方面有着重要作用。

3. 提高土壤保水保肥能力

腐殖质是有机胶体,又是亲水胶体,有较大的表面积,并带有大量负电荷,能吸收大量的水分和养分。腐殖质的吸水率为 500%~600%,阳离子吸收量为 300~400 mmol/kg,是黏土的 10 倍左右。有机质多的土壤蓄水力大,耐旱性强,有后劲。

腐殖质与某些重金属离子能形成溶于水的络合物,并随水排出,从而减轻有毒物质对土壤的污染以及对作物的危害。在一定浓度下,腐殖质能促进微生物和植物的生长,腐殖酸盐的稀溶液能改变植物体内的糖类代谢,促进还原糖的积累,提高细胞渗透压,从而增强作物的抗旱能力。腐殖酸钠是某些抗旱剂的主要成分。有试验表明,用富里酸钠喷施西瓜,能显著提高西瓜的甜度。胡敏酸的稀溶液能促进过氧化物酶的活性,加速种子发芽和养分吸收。

增加有机肥的施用量,提高土壤有机质含量,是提高土壤肥力的重要途径。此外,种植绿肥以及秸秆还田也是培肥土壤、提高产量的有效措施。

三、土壤微生物

土壤中的生物是土壤肥力的核心,它间接或直接地参与土壤中几乎所有的物理的、化学的、生物学的反应,对土壤肥力起着非常重要的作用。

土壤中的微生物种类繁多,主要有细菌、放线菌、真菌、藻类和原生动物 5 大类群。其中,细菌、放线菌、真菌的个体虽小,但它繁殖快,数量大,通常每克土中有几十亿个,是土壤微生物的主要部分。

（一）细菌

土壤中的细菌占土壤微生物总数量的 70%~90%。细菌个体虽小,但种类多、繁殖快、数量大。土壤中的大部分细菌都是腐生细菌,即依赖分解有机物质获得营养和能量,如氨化细菌、纤维分解细菌、反硝化细菌、磷细菌、钾细菌等。有些细菌依靠氧化无机化合物取得能量,这些细菌称为化能自养细菌,如硫细菌、硝化细菌、铁细菌等。有些细菌能与植物共生,称为共生细菌,如共生固氮菌、内生菌根真菌、外生菌根真菌等。有些细菌,如蓝细菌,含有色素,能吸收光能,称为光能自养细菌。

（二）放线菌

土壤中放线菌的数量仅次于细菌,尤其是在碱性、较干旱和有机质丰富的土壤中特别多,一些相当稳定的化合物,如纤维素、几丁质、磷脂类等,均可被它们降解为简单的物质。放线菌以无横隔分支的丝状营养体蔓延于有机物碎片或土粒表面,扩展于土壤孔隙中。放线菌的一个丝状营养体的体积比一个细菌大几十倍至几百倍,因此,它们数量虽然少,但土壤中的生物量与细菌几乎相近。在施用农家肥料的新耕翻的土地上,时常能散发出特有的土香气,这种土香味就是由于放线菌的存在而散发出来的。

（三）真菌

真菌广泛分布于土壤表层，是分解有机质的主要微生物类群。真菌具有分支的菌丝，菌丝相互交织形成菌丝体（图8-1-4）。土壤中的真菌大多是好气性的，所以在土壤表层发育良好，它们一般耐酸性，在pH为5.0或更低的土壤中，细菌和放线菌的发育会受到限制而真菌仍能生长。真菌对一些较稳定的主要植物成分，如纤维素、半纤维素、果胶、淀粉、脂肪以及木质素等有着较强的降解能力，特别是在酸性土壤中，真菌的作用更为重要。此外，真菌参与了腐殖质的形成和土壤团聚体的形成。

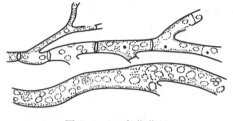

图8-1-4　真菌菌丝

（四）藻类

土壤中的藻类大多属蓝绿藻、硅藻、绿藻。藻类的个体有单细胞的，也有呈丝状的多细胞体，由于它们聚在一起可以形成很大群体，以致肉眼也容易看见。藻类含有叶绿素，能利用光能将CO_2合成有机质。不少蓝藻能够固定空气中的游离氮素，在积水的表面和水稻田中常有大量的藻类发育，为土壤积累有机物质。

（五）原生动物

土壤中的原生动物可分为3类：鞭毛虫类、根足虫类和纤毛虫类。它们都是单细胞并能运动的微生物，形体大小差异很大。原生动物以有机物质为食料，也吞食有机物的残片和捕食细菌。单细胞藻类和真菌孢子对土壤有机质的分解和养分转化是有利的。此外，土壤中还存在着一定数量的动物类群，如蚯蚓、线虫、昆虫、蚂蚁、蜗牛等，这些动物以植物、其他动物的排泄物和无生命的物质作为食料，在土壤中打洞挖巢，搬运大量的土壤物质，从而改善土壤的通气、排水和土壤结构形状。同时，还将作物残渣和枯枝落叶浸软、嚼碎，并以一种较易为土壤微生物利用的形态排出体外。当然，有一些能咬食植物根部的地下害虫，如金龟子、地老虎及蝼蛄等，则是需要控制、消灭的对象。

复习思考题

1. 简要说明土壤矿物的种类及其性质。
2. 土壤质地与土壤肥力有什么关系？
3. 说明土壤质地层次性产生的原因及类型。
4. 什么是土壤有机质？土壤有机质是如何转化的？
5. 土壤有机质对土壤肥力和植物营养有何重要作用？

植 物 探 矿

赞比亚的卡伦瓜，有一个世界著名的铜矿，这个铜矿的发现，一种叫作铜花的植物立了大功。我国北部生长着一种叫海州香薷的草本植物，是一种备受地质工作者青睐的植物，凡是有这种植物的地方就往往埋藏着铜矿，我国已正式把海州香薷列入铜矿指标植物。捷克斯洛伐克化学家巴比契卡等人把玉米烧成灰，研究其化学成分时,竟然发现里面有黄金。他们又对当地其他几种植物,如向日葵、冷杉和山毛榉进行灰分分析,也发现了黄金,结果找到了一个金矿。我国地质工作者在野荠子的指引下,在湖南西部的会同县也找到了一个金矿。

北美洲有个叫"有去无回"的山谷,人和野兽进去后很少有活着回来的。地质工作者经过研究发现,原来是因为这里的土壤中含有大量的硒。他们在当地大量种植紫云英,收割后晒干,烧成灰烬,再从灰中提取硒。

很多植物可做探矿的向导。长势很高的青蒿,在某种土壤里变矮了,说明土壤里可能含有硼;三色堇生长茂盛的地下可能有锰;生长针茅的地方可能有镍矿;忍冬的下面可能有银矿;生长喇叭菜的地方可能有铀矿;生长石南草的地方可能有钨和锡,碱蓬则可能是有石油的标志。

实训 1　土壤样品的采集

一、技能要求

土壤样品的采集是土壤分析工作中的一个重要环节,直接影响到分析结果的准确性和精确性。错误的采样方法,常常导致分析结果无法应用,对制定农业生产措施产生误导。土壤样品采集应遵循随机、多点混合和具有代表性的原则,严格按照要求和目的进行操作,掌握土壤样品采集的方法和技术。

二、实验原理

以对角线式、棋盘式和 S 形 3 种采集路线采集土样,各单样充分混合,选取确定测试土样。

三、器材

土钻,锹,土铲,布袋或塑料袋,标签,铅笔,塑料薄膜或牛皮纸。

四、技能训练

1. 采样点数量确定:一般根据目的和土壤肥力的变异性及地块面积的大小来确定采样点的数量。一般情况下,为了测定速效养分含量,采样点应该多些;而全量成分的样品,采样点可适当地减少。肥力变异较大的土壤,采样点应尽量多些;肥力比较均匀的土壤,可适当减少采样点的数量。常规农化成分分析采样点一般为 15~20 个。

2. 采样方法及土样采集:首先根据要求确定采样的深度,分析一般项目的农化样,一般采用 0~30 cm 的耕层土壤。采样的方向应该与土壤肥力的变化方向一致。采样线路一般分为对角线式、棋盘式和 S 形 3 种(图 8-1-5)。采样点必须是随机确定的,但应避免设在田边、路旁、沟边、施肥点等非常规部位。在确定的采样点上,用小土铲斜向向下切取一片片土壤样品(图 8-1-6),然后将样品集中起来混合,最后选定用于测试的土样。

3. 样品混合及测试土样选定:将采样的单样土壤取出,放在大的塑料薄膜或牛皮纸上混合均匀,并挑出秸秆和石块,平铺成方形,画两条对角线,取对面两块,其余弃之,以上操作反复进行,一直到土样剩余所需用量为止(图 8-1-7),然后装入布袋。口袋内外应附上标签,并写明采样时间、地点、土层深度和采样人。

 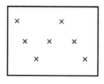

图 8-1-5 土壤样品采集线路示意图

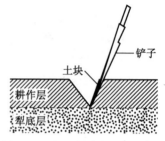

图 8-1-6 土壤样品采集示意图

 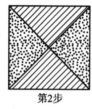 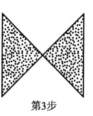

第1步　　　　　　第2步　　　　　　第3步

图 8-1-7 土壤样品混合方式

五、实验作业

按要求撰写实验报告,分析实验结果,并思考解答以下问题:

1. 采样点数与分析结果的准确性有什么关系? 如何确定采样点数量?

2. 土壤样品的采集过程包括哪些关键环节?

实训 2　土壤样品的制备

一、技能要求

掌握土壤样品的制作方法,为土壤养分指标的测定奠定基础。

二、实验原理

将采集的土样经风干、去杂、粉碎、过筛后,精选装瓶,保持样品稳定不受微生物破坏,留作测试之用。

三、器材

塑料布或牛皮纸,研钵,土壤筛,广口瓶,镊子。

四、技能训练

1. 风干:将采回的土样,放在塑料布(或牛皮纸)上,摊成薄薄的一层,置于室内通风阴干。在土样半干时,需将大土块捏碎(尤其是黏性土壤),以免完全干后结成硬块,难以磨细。

2. 去杂:样品风干后,用镊子挑去动植物残体及石块、结核。如果石子过多,应当将挑出的石子称重,记下所占的质量分数。

3. 粉碎、过筛、装瓶:将已去除杂物的土样放在研钵中研磨,使之全部通过 1 mm 的筛子。将通过 1 mm 筛子的土样,在牛皮纸(或塑料布)上充分混匀,用方格平均取样法取出 10 g 左右,放入研钵中继续研细,并使之全部通过孔径 0.25 mm 的筛子,而后倒入带塞试管中并贴以标签,留作全量分析用。将剩下的过 1 mm 筛子的土样全部装入广口瓶中,贴以标签,留作一般化学分析和机械分析用。

4. 注意事项:挑出植物残渣、石粒、砖块,以除去非土壤组成部分;土样适当磨细,充分混匀,使分析时少量的样品具有较高的代表性;采用全量分析量方法时,要使分解样品反应彻底和均匀;使样品可以长期保存,不致因微生物活动而霉坏。

五、实验作业

按要求撰写实验报告,并分析注意事项中要求的做法的原因。

实训 3　土壤吸湿水含量的测定

一、技能要求

风干土壤的水分主要是吸湿水,其含量因土壤质地和空气湿度的不同而变化。水不是土壤的一种固定成分,在计算土壤各种成分时不应包括在内。测定土壤的水分含量,并将土样换算成烘干样,才可准确比较各种土壤的分析结果。

二、实验原理

测定土壤水分的方法一般有烘干法和乙醇燃烧法两种,主要通过高温烘烤或混合乙醇燃烧除去土壤中的水分,根据处理前后土壤样品的失重情况,计算土壤的水分含量。前者精确度较高但所需时间长,后者速度快,但精确度差。本实验采用烘干法测定土壤水分。

三、器材

铝盒,烘箱,牛角勺,电子天平(0.000 1 g),干燥器,土壤样品。

四、技能训练

1. 校准天平,称量干燥的铝盒质量并记录。

2. 用牛角勺挖取室内风干土质量约 20 g 放入铝盒中,准确称量并记录。

3. 铝盒放入 105~110℃烘箱内烘 6~8 h 后,放入干燥器内冷却,降至室温后,立即准确称质量并记录。

4. 为检查土样是否达到恒定质量,必要时可再将铝盒放入烘箱中烘 2~3 h,而后称质量,如果两次误差小于 0.01 g 即合乎精度要求。

5. 计算结果并将结果填入下表。

$$土壤吸湿水含量 = \frac{湿土质量 - 烘干土质量}{烘干土质量} \times 100\%$$

土样称质量记录表

土壤号	铝盒号	铝盒质量/g	湿土加铝盒质量/g	烘干土加铝盒质量/g	水质量/g	烘干土质量/g	土壤吸湿水含量/%

五、实验作业

按要求撰写实验报告,重点说明土样分析化验先测定土壤吸湿水含量的意义。

内容二　土壤的基本理化性质

土壤中大小不同的各种矿物质及有机物质颗粒并不是单独存在的,一般通过多种途径相互结合,形成各种各样的团聚体。土壤颗粒之间不同的结合方式,决定了土壤孔隙的大小、数量及相互间的比例,决定了土壤固、液、气三相的比例,不仅影响到土壤中许多物理、化学及生物学过程,对土壤的水、肥、气、热等各种肥力因素影响很大,而且直接决定土壤的耕作性能。此外,黏粒和腐殖质及其二者的结合物都为土壤胶体,这些胶体的带电性和所具有的表面能,具有很强的吸附物质能力,从而影响土壤的保肥供肥能力以及其他许多性质。植物生长的土壤环境是否适宜,不仅取决于土壤的基本组成,而且与土壤的基本性质密切相关。

一、土壤孔性

所谓土壤孔隙是指土壤中土粒或土团之间的空隙。土壤孔隙是土壤水分、空气的通道,也是植物根系及微生物的活动空间,它决定着土壤中气、液两相的存在状态、数量和比例。土壤孔性是指孔隙的体积大小,大孔隙与小孔隙的比例,总孔隙体积等所反映的土壤性质,是一项重要的土壤物理性质,对土壤肥力和植物生长的影响很大。

(一) 土壤孔隙的数量

土壤孔隙的数量一般用孔隙度来表示。所谓土壤孔隙度是指土壤孔隙的体积占土壤总体积的百分数,是土壤中各种大、小孔隙总和的指标。土壤孔隙复杂多样,直接测量极其困难,一般用土壤密度和容重两个参数间接计算出来。其计算公式是:

$$土壤孔隙度 = \left(1 - \frac{容重}{密度}\right) \times 100\%$$

因此要想计算出土壤孔隙的数量,首先必须了解容重和密度的概念。

1. 土壤密度

单位容积的固体土粒(不包括粒间孔隙)的质量,称为土粒密度或土壤密度,单位是 g/cm^3。土粒密度与水的密度之比,称为土粒相对密度,农业生产中常称为土壤相对密度。由于水的密度在 4℃ 时为 1 g/cm^3,所以土壤密度和土壤相对密度数值相等。土壤的固体土粒包括各种矿物质和有机质,所以土壤密度主要取决于土壤矿物质的成分和腐殖质的含量,多数土壤矿物质的相对密度为 2.6~2.7(表 8-2-1),所以生产上土壤的相对密度常以 2.65 来表示。

表 8-2-1　土壤矿物与腐殖质的密度

名称	相对密度	名称	相对密度
石英	2.65	角闪石	2.9~3.5
正长石	2.56	方解石	2.5~2.8
斜长石	2.60~2.76	褐铁矿	3.6~4.0
白云母	2.75~3.00	高岭土	2.60
黑云母	2.79~3.16	腐殖质	1.4~1.8

2. 土壤容重

土壤容重是指自然状态(包括孔隙)单位体积干燥土壤的质量,又叫土壤假密度,单位是 g/cm^3 或 t/m^3。土壤的质量是指土壤在 105~110℃ 条件下的烘干质量,土壤容重与土壤密度的区别如图 8-2-1 所示。

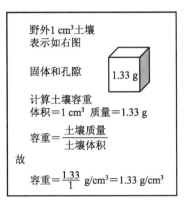
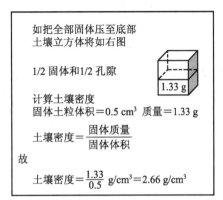

图 8-2-1　土壤容重与土壤密度的相互关系

土壤容重的大小除受土壤颗粒排列、土壤质地、有机质含量、土壤结构、土壤松紧状况的影响外,还经常受耕作、施肥、灌溉等因素的影响。故土壤的容重不是一个固定不变的值。尤其是表层土壤的变动较大,而底土的容重比较稳定。我国北方常见的旱地土壤的各土层容重(g/cm^3)大体如下:

(1) 一般的土壤耕层:$1.00~1.40$ g/cm^3。

(2) 一般土壤的底层和紧实耕层:$1.40~1.55$ g/cm^3。

(3) 最紧密的底土层:$1.55~1.80$ g/cm^3。

3. 土壤容重的应用

(1) 判断土壤的松紧程度:一般说来,有机质含量高、结构好、疏松的土壤,容重比较低;紧实板结和砂质的土壤,容重较高。表层土壤由于频繁的耕作,比较疏松,容重比底层土壤要小。

(2) 计算土壤孔隙度:根据土壤容重和密度计算土壤孔隙的总量。计算出一定面积与厚度土体的土壤质量,从而计算出其中水分、养分、有机质、盐分的数量,作为灌水量、施肥量和土壤改良的指标和依据。

(3) 计算土壤质量:设测得土壤容重为 1.15 t/m^3,耕层厚度为 20 cm,1 hm^2 土地为 10 000 m^2,则土壤总质量为

$$10\ 000\ m^2 \times 0.2\ m \times 1.15\ t/m^3 = 2\ 300\ t$$

如果该土壤含水量为 50 g/kg,要求灌水后达到 250 g/kg 的土壤含水量,则每公顷的灌水量或灌水定额为

$$\frac{2\ 300 \times (250 - 50)}{1\ 000}\ t = 460\ t$$

若土壤耕层的全氮含量为 1 g/kg,则耕层土壤全氮素总量为

$$\frac{2\ 300 \times 1}{1\ 000}\ t \times 1\ 000\ kg/t = 2\ 300\ kg$$

（二）孔隙的类型

土壤总孔隙度只能说明土壤中固相物质容积与孔隙容积（水和气的容积之和）的数量之比，而不能反映土壤孔隙"质"的差别。孔隙的大小比例对土壤水分和空气的传导，植物根系的穿扎以及养分的吸收等方面的作用是不同的，孔隙的大小比例比总孔隙度显得更为重要。根据孔隙中的土壤水吸力大小及有效性将土壤孔隙划分为以下 3 种类型。

1. 非活性孔隙

非活性孔隙又叫无效孔隙、束缚水孔隙或微孔隙，是土壤中最细的孔隙。当量孔径小于 0.002 mm，根毛和微生物不能进入此孔隙。保持在这种孔隙中的水分被土粒强烈吸附，植物很难吸收利用。土壤中土粒越细，无效孔隙越多。这种孔隙的总体积很小，一般可以忽略。

2. 毛管孔隙

这种孔隙的当量孔径为 0.002~0.02 mm，具有毛细管作用，水分借毛管弯月面力保持在内，并靠毛管力向方向移动。这种孔隙中的水分是保证植物生长的有效水分，但透气能力较低，植物细根、原生动物和真菌不能进入毛管孔隙中，但根毛和细菌可在其中生活，一般称这种孔隙为小孔隙。

3. 通气孔隙

如果土壤孔隙的当量孔径大于 0.02 mm，就不具有毛细管作用，水分在重力的作用下迅速排出土体，后下渗补充地下水，成为水分和空气的通道，并经常为空气所占据，故称为通气孔隙或大孔隙。大孔隙的多少直接影响着土壤透气和渗水能力，即决定土壤的通透性能，是原生动物、真菌和根毛的栖身地。从农业生产需要来看，旱作土壤耕层通气孔隙应保持在 10% 以上，大、小孔隙之比为 1:(2~4) 较为合适。

（三）影响土壤孔隙状况的因素

由于自然和人为因素的作用，土壤孔隙状况经常变化，影响其变化的因素主要有土壤质地、有机质含量、土壤结构和农业耕作措施等。

1. 土壤质地

土壤质地越黏重，总孔隙度越高，毛管孔隙和非活性孔隙越多，通气孔隙越少；反之土壤质地越砂，总孔隙度越低，毛管孔隙和非活性孔隙越少，通气孔隙越多。通常黏土孔隙度为 45%~60%，以毛管孔隙和非活性孔隙为主；砂土为 33%~45%，通气孔隙较多，孔径较为均匀；壤土孔隙度为 45%~52%，孔径分配较为恰当，水分协调，适于作物生长。

2. 土壤有机质

有机质多的土壤，土壤总孔隙度较高，通气孔隙也较多，故有机质多的土壤疏松多孔，蓄水保墒，通气透水性良好。

3. 土壤结构

具有团粒结构的土壤，大、小孔隙较协调，既通气透水，又保温、保水。而块状、棱柱状、板片状结构的土壤，土壤紧密、容重大、水气不协调，难以满足作物生长需要。

4. 耕作措施

精耕细作是我国传统的农业耕作技术，其作用在于打破原有的土壤结构，使土壤颗粒重新排列，增加大孔隙，调节各级孔隙间的比例，有利于植物根系的生长和发育。目前大力提倡的土壤深耕技术，其目的就是要打破犁底层，增加通气孔隙，改善土壤的通透性。现代农业的机械耕作，土壤被压实，增加了非活性孔隙，减少了土壤的通气孔隙，使土壤肥力下降。

（四）土壤孔隙状况与植物生长的关系

一般来说,适合植物生长的上部土壤(0~15 cm)的总孔隙度为50%~60%,通气孔隙度达15%~20%;下部土壤(15~30 cm)的总孔隙度为50%,通气孔隙度为10%左右,即"上松下紧"的土体孔隙构型。上部土壤有利于通气、透水和种子的发芽、出土;下部土壤则有利于保水和根系深扎,增强微生物活性和养分转化,以扩大作物营养范围。再者,在多雨潮湿季节,土体下部有适量大孔隙可增强排水性能。

不同作物对土壤松紧的适应性是不同的。如小麦为须根系,根系穿透能力较强,而黄瓜穿透力较弱。薯类在紧实的土壤中,块根、块茎不易膨大,严重影响产量。大多数果树根系要求较疏松的土壤,而李树对紧实的土壤有较强的忍耐力。

土壤过松、过紧都不利于作物生长,所以生产上应根据不同季节,作物生长不同时期,土壤不同墒情以及土壤养分状况采取相应措施来调节土壤孔隙度,使之控制在最佳状态,促进作物早生快长,获得高产。

二、土壤结构性

结构体类型(大小、形状)、数量、品质(稳固性、孔性)及排列情况等的综合特性为土壤结构性,它是土壤的一种重要物理性质,是土壤重要的肥力特征。

（一）土壤结构的类型

根据结构的形状、大小及其与肥力的关系,将土壤结构分为以下5种类型。

1. 块状结构

土粒胶结成块,长、宽、高3个轴大体近似,面棱不明显,大的直径大于10 cm,小的直径为5~10 cm,人们称为"坷垃",直径在5 cm以下为碎块状结构(图8-2-2)。块状结构在土壤质地比较黏重而且缺乏有机质的土壤表层容易形成,特别是在土壤过湿或过干耕作时最易形成。块状结构的土壤常形成较大的空洞,加速了土壤水分丢失,幼苗不能顺利出土,农民常说:"麦子不怕草,就怕坷垃咬"。

2. 核状结构

结构体长、宽、高3个轴大体相近,边面棱角明显,较块状结构小,大的直径为1~2 cm或稍大,小的直径为0.5~1.0 cm,人们称之为"蒜瓣土"。核状结构往往多以石灰和铁质作为胶结剂,在结构面上往往有胶膜存在,常具有水稳性,在黏土而缺乏有机质的底土层中较多,其性能较块状好。

3. 柱状结构和棱柱状结构

结构体垂直轴特别发达,呈立柱状,棱角明显,称为棱柱状结构。棱角不明显称为柱状结构。柱状结构常在半干旱地带含粉砂较多的底土中出现,被称为"立土"。棱柱状结构常出现在黏重底土层中,干湿交替频繁有利于其形成。这种结构可使底土开裂、引起漏水漏肥,常采取逐步加深耕层,结合施大量有机肥进行改良(图8-2-2)。

4. 片状结构

结构体的水平轴特别发达,呈薄片状或鳞片状。常出现在犁底层,由于长期耕作受压,土粒黏结成坚实紧密的薄土片,成层排列,被称为"卧土"(图8-2-2)。旱地犁底层过厚,对作物生长

图 8-2-2　常见的几种土壤结构体

1~11. 块状结构；12~17. 棱柱状结构；18~22. 片状结构

不利,影响扎根和上下层水、气、热的交换以及对下层养分的利用。而水稻土有一个具有一定透水率的犁底层很有必要,它可起到减少水分渗漏和托水、托肥的作用,水旱轮作和深耕是改造和加深犁底层的良好方法。

旱地表层常出现土壤结皮。砂壤土和轻壤土结皮较薄(1~2 cm),一旦表层失水,干裂成碎土片,且边缘向上翘起。中壤以上的土壤,结皮较厚,一般 3~5 mm,也有几厘米的;干后裂成大口,耕翻后形成大土块,坚实不易破碎,常压坏幼苗,撕断根系。消除结皮的办法是适时中耕。

5. 团粒结构

结构体近似于圆球状,其粒径为 0.25~10 mm,具有水稳性,是农业上最为理想的结构。在腐殖质含量较高或植被生长旺盛的表土层中,以及在根系附近可见到明显的团粒结构,被称为"蚂蚁蛋""土珠子""米糁子"等,直径小于 0.25 mm 的团粒称为微团粒或微团聚体(图 8-2-3)。

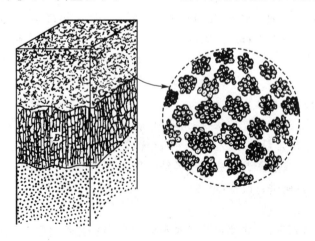

图 8-2-3　土壤团粒结构示意图

在团粒内部是毛管孔隙,团粒之间是非毛管孔隙,两种孔隙配合适当,而且总孔隙也较高,具有良好的孔隙性,从而使土壤具有较大的蓄水抗旱能力,也使养分与空气、供肥与保肥的矛盾得以协调。土壤中水、气协调就导致了土壤温度的稳定与适中,所以团粒结构是土壤水、肥、气、热诸肥力因素的调节器。

直径小于 0.25 mm 微团粒是形成团粒结构的基础,特别是在水田土壤中,往往作为肥力高低的重要指标。

（二）团粒结构与土壤肥力的关系

良好的团粒结构体一般应具备以下 3 个方面的性质:① 具有一定的大小。旱地一般以直径 0.25~10 mm 为宜,以 1~3 mm 为最佳,过大或过小都对形成适当的孔隙比例不利。水田因经常淹水,不易形成大的团粒结构,小于 0.25 mm 的微团粒数量较多而且较稳定,它对水田的透水、通气、保肥及使表层土壤松软都具有良好的作用。② 具有多级孔隙。大孔隙可通气透水,小孔隙保水、保肥。③ 具有一定的稳定性,即水稳性、机械稳定性和生物学稳定性。良好的团粒结构是土壤肥力的基础,团粒结构与土壤肥力的关系主要表现在以下几个方面:

1. 调节土壤水分与空气的矛盾

团粒结构体数量多的土壤,不仅孔隙度高,而且大小孔隙比例合理,既可以迅速大量地接纳降水和灌溉水,又能将多余的水通过通气孔隙进入土体。土壤中既有充足的空气,又有足够的水分,解决了土壤中水、气之间的矛盾。具团粒结构的土壤,可减少土壤水分蒸发损失,这是因为表层土壤的团粒干时收缩,与下面土层的土壤团粒断开了联系,成为一层隔断层或保护层,使下层土壤的水分不能借毛细管作用上升至表层而蒸发掉。

2. 协调土壤养分消耗和积累的矛盾

有团粒结构的土壤,团粒之间的大孔隙充满了空气,好气微生物活动旺盛,有机物质分解快,养分转化迅速,可提供作物吸收利用。团粒内部水多气少,有利于嫌气微生物活动,有机物质分解缓慢,养分得以保存,避免了养分的流失,起到了一个“小肥料库”的作用。

3. 稳定土温,调节土壤热状况

有团粒结构的土壤,团粒内部非活性孔隙、毛管孔隙数量多,保持的水分较多,使土温变幅减小,不易升温或降温,相对来说起到了调节土壤温度的作用,有利于农作物根系的生长。

4. 改善土壤耕性,有利于作物根系伸展

团粒结构的土壤疏松多孔,作物根系伸展阻力较小。同时其黏结性、黏着性也小,大大减少了耕作阻力,提高耕作效率和质量。

尽管团粒结构对土壤肥力起重要的作用,但对于砂土、砂壤土和轻壤土,不一定强调用团粒结构来改良土壤,只有黏重的土壤和粉粒为主的土壤,才有促进形成团粒结构的必要和可能。团粒结构体含量多少才是具有良好结构的土壤,没有统一的指标,一般用土壤孔性来表示,最好以当地肥沃的土壤为依据,确立标准。

（三）创造良好的土壤团粒结构的措施

良好的土壤团粒结构的形成是一个长期的过程,据估计,形成 1 cm 厚的具有良好团粒结构的土壤需要约 400 年的时间。由于自然和人为因素的影响,土壤结构状况总在不断变化。合理地利用土壤,有助于土壤团粒结构的形成,土壤肥力不断提高,不合理地利用土壤就会导致土壤结构性恶化,土壤肥力下降。在长期的农业生产实践中,一般认为培育良好的土壤团粒结构应采取以下农业措施。

1. 精耕细作,增施有机肥料

我国有精耕细作和施用有机肥料的传统,精耕细作使表层土壤松散,虽然形成的团粒是水不稳性的,但也会起到调节土壤孔性的作用。连续施用有机肥料,可促进水稳定性团聚体的形成,并且团粒的团聚程度较高,各种孔隙分布合理,土壤肥力得以保持和提高。

2. 合理的轮作倒茬

一般来讲,一年生或多年生的禾本科牧草或豆科作物,生长健壮,根系发达,都能促进土壤团粒的形成。秸秆还田、种植绿肥、粮食作物与绿肥轮作、水旱轮作等都有利于土壤团粒结构的形成。

3. 合理灌溉,适时耕耘

大水漫灌容易破坏土壤结构,使土壤板结,灌后要适时中耕松土,防止板结。适时耕耘,充分发挥干湿交替与冻融交替的作用,有利于形成大量水不稳定性的团粒,调节土壤结构性。

4. 施用石灰及石膏

酸性土壤施用石灰,碱性土壤施用石膏,不仅能降低土壤的酸碱度,而且有利于土壤团聚体的形成。

三、土壤耕性

土壤耕性是土壤在耕作时反映出来的特性。包括耕作的难易、耕作质量和宜耕期的长短,在一定程度上也是土壤物理机械性质的反映。

(一) 土壤物理机械性

土壤物理机械性是指土壤的黏结性、黏着性、可塑性以及其他受外力作用(农机具的剪切、穿透压板等作用)而发生形态变化的性质。而这些性质又决定于土壤质地、有机质和土壤水分的含量。

1. 土壤的黏结性

土壤的黏结性是土粒间由于分子引力而相互黏结在一起的性质。这种性质使土壤具有抵抗外力不被破坏的能力,是耕作时产生阻力的主要原因之一。土壤黏结性的强弱决定于土壤质地和土壤含水量。质地越细,黏粒含量越多,比表面越大,黏结性越强。湿润的土壤分子间通过水膜而相互黏结,含水量越少,土粒表面水膜越薄,黏结力越强。水分增加时,土粒间距离增大而产生微弱的黏结性。

2. 土壤的黏着性

土壤的黏着性是指在一定的含水情况下,土粒黏着其他物质的性质。黏着性是由于土粒与接触物体表面通过水分拉力而产生的,其强弱也同样取决于土壤的黏粒含量和土壤含水量,主要取决于土壤的含水量。干土没有黏着性。水分过多,土壤则失去黏着能力。

3. 土壤的可塑性

土壤的可塑性是指土壤在一定含水量的范围内被外力塑成某种形状,当外力消失或干燥后,仍能保持所获形状的性能。土壤可塑性的强弱主要与土壤的黏粒含量和水分含量有关。越黏重的土壤可塑性越强,砂土的可塑性很小,过干和过湿的土壤没有可塑性。土壤的可塑性只有在一定的含水量范围内才表现出来。土壤开始表现可塑性的含水量称为可塑下限(或下塑限);土壤失去可塑性即开始变为流体时的含水量称为可塑上限（或上塑限）；上、下塑限之间的含水量范围称为可塑性范围，差值称为塑性值。

当土壤在塑性范围耕作时，易形成坷垃，有时不仅达不到耕松土壤的目的，反而压实土壤，使土壤理化性质变坏。土壤在水分接近下塑限时耕作，是最有利的耕作时机。此时，土壤黏结性小，黏着性、可塑性尚未出现，耕作阻力小，不黏着农具，不易形成坷垃，故可达到易耕、高效、优质的要求。

（二）土壤耕性好坏的衡量标准

我国农民在长期的实践中，认为土壤耕性的好坏应从以下3个方面加以判断：

1. 耕作难易

农民把耕作难易作为判断土壤耕性好坏的首要条件。凡是耕作时省工、省劲、易耕的土壤，称之为"土轻""口松""绵软"，耕作效率高。而耕作时费工、费劲、难耕的土壤，称之为"土重""口重""僵硬"等，耕作效率低。通常黏质土、有机质含量少及结构不良的土壤耕作较难。

2. 耕作质量

不同的土壤条件在耕作后所表现出来的耕作质量是不同的。凡是耕后土垡松散，容易耕碎，不成坷垃，形成小的团粒结构，土壤松紧及孔隙状况适中，有利于种子发芽、出土及幼苗生长的，称为耕作质量好；相反，即称为耕作质量差。

3. 宜耕期长短

适宜土壤耕作的时期，即土壤处于耕作易进行、耕后质量好的时期，此时期是由土壤含水量决定的。适宜耕作时期长，表现为"干好耕、湿好耕、不干不湿更好耕"。而宜耕期短，一般只有一两天，错过适期不仅耕作困难、费工费劲，而且耕作质量差，表现为"早上软、中午硬、到了下午锄不动"，称为"时辰土"。宜耕期长短与土壤质地、有机质含量及土壤含水量密切相关，质地越轻，有机质越多，宜耕期越长。总之，土壤耕性好就表现在耕作容易进行，耕后质量好，宜耕期长；反之耕性差。

（三）改善土壤耕性的方法

影响土壤耕性的因素最主要的是土壤质地、有机质含量和土壤水分。土壤质地决定着土壤比表面积的大小，决定着土壤一系列物理机械性的强弱。水分则控制这些性能的表现。土壤有机质除影响土壤的比表面积外，其本身疏松多孔，又影响土壤物理机械性的变化。改善土壤耕性应从以下几方面着手。

1. 增施有机肥

有机肥料能提高土壤的有机质含量。有机质可促使土壤形成良好的团粒结构，降低黏质土壤的黏结性、黏着性和可塑性。而对砂质土来说，以上三性则有所增加，利于形成团粒。因此，增施有机肥料对砂、黏、壤土的耕性均能改善。

2. 改良土壤质地

对于过砂过黏的土壤，可通过客土掺砂或掺黏改善其耕性。加入客土时最好与施有机肥结合进行，即用砂土垫圈的有机肥施入黏土地，用黏土垫圈的有机肥施入砂土地，这样既节省劳力，又能改善土壤的耕性。另外，还可根据质地层次情况采取翻砂压黏或翻黏压砂的办法。

3. 合理灌排、适时耕作

根据土壤的水分状况，合理灌、排水，可以调节与控制土壤水分维持在适耕范围内，以达到改善耕性、提高耕作质量的目的。利用灌水进行"闷土",可使黏质土块松散。低洼处湿地,通过排水降低土壤含水量,避免土壤可塑性与黏重性变强,同时能减少土壤耕作阻力,改善土壤耕性。

四、土壤吸收性

土壤能否满足作物对养分的长期需要,不仅取决于养分数量的多少和转化速度的高低,还取决于养分在土壤中保持时间的长短。而保持时间的长短与土壤的吸收性能直接相关。所谓土壤吸收性能就是土壤吸收保持离子、分子、化合物的性质。对各种养分来说,土壤的吸收性能又叫保肥性,而保肥性能的大小与土壤胶体密切相关。

（一）土壤胶体

土壤胶体是指土壤中直径小于 1 μm 的土粒和土壤溶液组成的分散系。一般情况下,把土壤固相颗粒作为分散相,而把土壤溶液和土壤空气看作分散介质。分散相中的土粒称为土壤胶粒,它是土壤中最活跃的部分,是土壤各种理化性质的基础。

1. 土壤胶体的种类

土壤胶体从形态上可以分为无机胶体（也称矿质胶体）、有机胶体和有机无机复合体 3 种类型。

（1）无机胶体:无机胶体除少部分较大颗粒为原生矿物外,大部分都属于次生矿物,包括氧化硅类、三氧化物类和层状铝硅酸盐类等各种类型。层状铝硅酸盐又称黏土矿物,其晶型结构由硅氧片和铝氧片两个基本单位构成。通常用土壤中黏粒的含量来反映土壤无机胶体的数量。

（2）有机胶体:有机胶体即土壤中的有机物质,腐殖质是土壤有机胶体的主要部分。蛋白质、多肽、氨基酸以及糖类高分子化合物等也具有胶体的性质,土壤中的微生物也具有胶体的性质。

（3）有机无机复合体:土壤中矿质胶体和有机胶体很少单独存在,大部分相互结合成为有机无机复合体。因为腐殖质存在着活泼的官能团,黏土矿物表面也存在着许多活泼的原子团或化学键,它们之间必然产生各种作用,相互结合在一起,形成各种性质不同的有机无机复合体。

2. 土壤胶体的结构

一般的土壤胶体颗粒可分为 3 个部分:胶核、决定电位离子层和补偿离子层（图 8-2-4）。

胶核是胶体颗粒的核心部分,由腐殖质、硅酸盐矿物、蛋白质分子以及有机无机复合体组成。

胶核带电使胶粒表面带有一定数量的阳离子或阴离子,这部分被吸附固定的阳离子或阴离子数量将决定胶核所表现出来的正（负）电荷大小,故称这一层为决定电位离子层。

为了补偿或中和决定电位离子层的电位,必然吸附介质中与其电荷相反的离子围绕在其周围,形成补偿离子层。补偿离子层按其被决定电位离子层吸着力的强弱和活动情况,又分为两部分:一部分紧

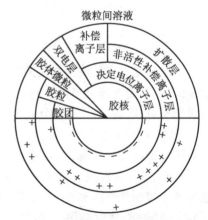

图 8-2-4　土壤胶体微粒结构决定电位离子层

靠决定电位离子层,不能自由活动,称为非活性补偿离子层;剩下的一部分离胶核较远,稀疏地分布在胶体的外围,数量比较少,称为扩散层。这种扩散层中的离子可与土壤溶液中的离子互相交换。

（二）土壤吸收性能

如前所述,由于土壤是一个多孔体,同时在胶粒表面有巨大的表面能及带有电荷,使土壤具有明显的吸收性能。这种性质对植物营养、水分状态、土壤肥力以及土壤自净能力等均起到重要作用。按照其发生的方式,土壤吸收性能分为以下5种类型。

1. 机械吸收性能

所谓机械吸收性能是指土壤对进入其中的物质的机械阻留作用。土壤是个多孔的体系,进入土壤中的物质,如污水、洪淤、灌溉中携带的土粒以及施入的有机肥颗粒,均可被截流保存在土壤中。土壤机械吸收的程度与土壤质地、结构、松紧度情况有关。

2. 物理吸收性能

物理吸收性能是指土壤对分子态物质的保持能力。土壤胶体具有巨大的表面能,能吸附气体和液体中的分子。土壤物理吸附强弱主要受质地和胶体类型的影响,土壤颗粒越细,2:1型的黏土矿物和有机胶体越多,表面积越大,物理吸收作用就越强烈。日常生活中用泥土垫圈可消除臭味,改善环境卫生。

3. 化学吸收性能

化学吸收性能是指易溶性盐在土壤中转变为难溶性化合物而保留在土壤中的过程。在土壤中易发生化学吸附的主要是一些酸根离子,如磷酸根、碳酸根、硫酸根、有机酸根等,常使养分的有效性降低,对于磷的有效性影响格外大。

4. 生物吸收性能

土壤中的微生物和根系在生命活动过程中,把有效性养分吸收、积累、保存在生物体中,这种作用称为生物吸收性能。生物吸收的重要特点表现在选择性、表聚性、创造性、临时性。生物吸收作用就是土壤养分被生物临时固定。

5. 物理化学吸收性能

由于土壤胶体的带电性,可以把土壤溶液中的离子吸附在胶体微粒的表面上,实际上也就是吸附在土壤胶体微粒的扩散层中。被吸附的离子可以被其他的离子替代而解吸,重新进入土壤溶液中,供作物吸收利用。这种发生在土壤溶液和土壤胶粒界面上的物理化学反应就是土壤物理化学吸收作用。物理化学吸收对土壤的理化性质及肥力的影响极大。

（三）土壤的离子交换作用

离子交换作用是指土壤溶液中的阳离子将胶体上吸收的阳离子代换下来,也就是离子之间相互交换位置。被代换下来的离子称为离子解吸。离子交换作用与离子吸附作用是不同的。离子吸附主要是土壤胶体通过静电引力把溶液中的离子吸附在胶粒的表面上,是土壤胶粒与离子间的相互关系,具体地说是在扩散层中进行的。当然,没有吸附就不存在交换,二者总是处在动态平衡中。土壤中既有阳离子交换作用,也有阴离子交换反应,但主要是阳离子交换反应(图8-2-5)。

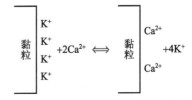

图 8-2-5 土壤胶体的离子交换作用

1. 土壤离子交换作用的特点

（1）交换反应是可逆的：被吸附的离子可以进入土壤溶液中，土壤溶液中的离子又能重新被吸附。

（2）交换反应是等量进行的：与其他化学反应一样，土壤离子之间的交换反应也是等量进行的，如1个2价阳离子可以交换2个1价阳离子。

（3）交换反应受质量作用定律的支配：尽管高价离子的交换能力大于低价离子，但如果提高低价离子的浓度，也可以将高价离子从土壤胶体上交换下来。

2. 影响土壤离子交换反应的因素

影响交换反应的因素主要有离子的交换能力、溶液的浓度和胶体的表面性质，此外，环境条件对离子交换也有明显的影响。影响离子交换能力的因素主要是离子的电荷数、水化半径及其浓度。一般来说，离子价数越高，交换能力越强；对于同价离子，水化半径越小，交换能力越强；离子浓度越高，交换能力越强。这与影响离子的吸附能力因素很相似。

不同类型的胶体其表面的电荷分布、电荷密度、表面能等性质差异很大。如钙、镁的交换能力相似，但蒙脱石对钙的亲和力远大于镁。

3. 土壤阳离子交换量

所谓土壤阳离子交换量是指土壤吸附的交换性阳离子的最大量。一般在 pH 7 的条件下测定，现在采用符合国家标准规定的法定单位 mmol/kg，通常用英语缩写 CEC 来表示土壤阳离子交换量。土壤阳离子交换量的大小直接反映土壤速效养分（交换性阳离子）的数量，是土壤肥力的重要指标之一，也是土壤保肥能力和缓冲性能的重要指标。不同土壤的阳离子交换量相差很大（表 8-2-2）。一般认为，CEC<100 mmol/kg 时，土壤保肥能力弱；CEC = 100~200 mmol/kg 时土壤保肥能力为中等，CEC>200 mmol/kg 时土壤保肥能力强。影响土壤阳离子交换量的因素主要有胶体的数量、种类和成分以及土壤的 pH。一般来说，土壤胶体数量越多，2∶1 型蒙脱石类及有机胶体越多，pH 越高，则阳离子交换量越大；反之，则阳离子交换量越小。

表 8-2-2　不同土壤胶体的阳离子交换量　　　　　　　　　　　mmol · kg^{-1}

胶体类型	一般范围	平均值
蒙脱石	600~1 000	800
伊利石	200~400	300
高岭石	30~150	100
含水氧化铁铝	极微	极微
有机胶体	2 000~5 000	3 500

4. 土壤盐基饱和度

土壤胶体所吸附的阳离子可分为两类，一类为盐基离子，包括 Ca^{2+}、Mg^{2+}、K^+、Na^+、NH_4^+ 等；还有一类是产生酸的离子，包括 H^+、Al^{3+} 等。一般用盐基饱和度来表示土壤胶体上交换性盐基离子与全部交换性阳离子的物质的量比。

　　中性或石灰性土壤,由于没有或只有少量的交换性 H^+、Al^{3+},全部交换性离子几乎都是盐基离子,故称盐基饱和土壤。我国北方大部分土壤都是盐基饱和的。土壤盐基离子饱和度的大小影响盐基离子的有效性,胶体上盐基离子饱和度越大,其被溶液中其他离子代换下来的机会就越多,该盐基离了的有效性就越高,这种作用称"离子饱和度效应"。农谚"施肥一大片,不如一条线",就是根据这种效应在生产上常见的施肥措施。

五、土壤的酸碱性

　　土壤的酸碱性是土壤固相和土壤液相性质的综合表现,在土壤溶液中由游离的 H^+ 或 OH^- 显示出来。土壤的酸碱反应对土壤的物理化学性质、微生物活动及植物生长等都有很大的影响,更直接地影响到养分的有效性,是土壤的一个很重要的化学性质。我国的土壤一般pH 4~9,在地理分布上有"东南酸、西北碱"的规律性,大致可以长江为界,长江以南的土壤多为酸性或强酸性,长江以北的土壤多为中性或碱性,少数地区为强碱性。

（一）土壤酸性

1. 土壤酸性产生的原因

　　土壤之所以呈酸性,主要是由于土壤中存在着大量的致酸离子,如 H^+ 和 Al^{3+},这些致酸离子的形成取决于气候、母质、生物等因素,也与农业措施密切相关。在高温、高湿的条件下,土壤风化作用强烈,大量的盐基淋失,保留在土壤胶体上的是吸附力极强的 H^+ 和 Al^{3+};在冷湿条件下,来源于针叶林的枯枝落叶腐解后形成的富里酸,使土壤进行酸性淋溶,导致盐基的淋失,而 H^+ 相对增多;土壤微生物和根系呼吸产生的 CO_2 和有机物质分解产生的有机酸也可增加土壤的酸度;一些矿物成分中含有酸性基,如硫铁矿（FeS）等,经氧化而产生硫酸;施入土壤中的酸性肥料,作物有选择性从土壤吸收某些养分,也使土壤酸化。

2. 土壤酸的类型

　　土壤呈酸性与土壤溶液中的 H^+ 浓度有关,但主要取决于土壤胶体上吸附的致酸离子的数量,这二者之间存在着平衡的关系,因此土壤酸可分为两种类型:

　　（1）活性酸:活性酸是指由土壤溶液中游离的 H^+ 表现出的酸性。活性酸的大小一般用 pH 来表示,pH 在数值上取土壤溶液中 H^+ 浓度的负对数,即 $pH=-lg[H^+]$,通常采用 1:5 或 1:1 的水浸液测定。土壤溶液中 H^+ 浓度越大,活性酸度越大,pH 越小;反之,则 pH 越大。活性酸对土壤理化性质、土壤肥力以及植物生长发育都有直接影响,所以又叫实际酸度或有效酸度。

　　（2）潜在酸:土壤胶体上吸附的 H^+ 和 Al^{3+} 等致酸离子只有在通过离子的交换作用进入土壤溶液时才显示出酸性,是土壤酸性的潜在来源,故称为潜在酸。一般用交换性酸度或水解性酸度来表示其大小。

　　所谓交换性酸度是指用中性盐溶液（KCl、$NaCl$、$BaCl_2$ 等）处理土壤时,土壤胶体上吸附的交换性 H^+ 和 Al^{3+} 被替代下来进入土壤溶液中,此时不但交换性 H^+ 可使溶液的酸度增加,交换性 Al^{3+} 因水解产生大量的 H^+,也使土壤溶液的酸度大大提高（如下式）。一般用酸碱滴定的方法来测定溶液的酸度。

$$H^+ \boxed{胶体} Al^{3+} + 4KCl \longrightarrow \boxed{胶体} 4K^+ + Al^{3+} + H^+ + 4Cl^-$$

$$Al^{3+} + 3H_2O \longrightarrow Al(OH)_3 + 3H^+$$

水解性酸度是土壤潜在酸的另一种表示方法。一般采用弱酸强碱盐溶液（通常用 pH 8.2、1 mol/L的醋酸钠溶液）浸提土壤,把土壤胶体上吸附的交换性 H^+ 和 Al^{3+} 替换出来,所形成的酸度称为水解性酸度。

土壤水解性酸度一般都高于交换性酸度。其实,水解性酸度和交换性酸度只是在用不同的浸提剂所测得的潜在酸度的不同数值,二者并没有本质的区别。它们都是表示潜在酸度的一种方法,是土壤酸度的容量指标,都可以作为改良酸性土壤时计算石灰需要量的参考数据。

活性酸和潜在酸是同处于一个平衡系统的两种酸,二者可以相互转化。潜在酸被交换出来即变成活性酸,活性酸被胶体吸附就成为潜在酸。

（二）土壤碱性

碱性土壤的成因包括干旱的气候、生物选择性吸收盐基离子和土壤母质,主要原因是土壤溶液中弱酸强碱盐的水解。土壤中的碳酸盐和重碳酸盐类, 如 Na_2CO_3、$NaHCO_3$、$CaCO_3$、$Ca(HCO_3)_2$ 等的水解可产生大量的 OH^-,使土壤 pH 升高。

$$Na_2CO_3 + 2H_2O \longrightarrow 2NaOH + H_2CO_3$$

如果土壤中 Na_2CO_3 或 $NaHCO_3$ 含量很高,土壤呈强碱性,如一些碱土或碱化土。如果是钙镁碳酸盐类,由于它们的溶解度很低,土壤 pH 一般不高,呈弱碱性（pH 7.5~8.5）。这种因石灰性物质所引起的弱碱性反应,称为石灰性反应,这种土壤称为石灰性土壤。此类土壤一般用稀 HCl 溶液来检验。在我国北方石灰性土壤的分布很广。

碱性土因其胶体上大量吸附着 Na^+ 导致土壤颗粒分散,使土壤的物理性质恶化,作物产量极低,农民形容碱土为"干时硬邦邦,湿时水汪汪"。因此,在改良碱性土壤时,既要调节其 pH,又要考虑改善其物理性状,兼而治之,才能达到改土的目的。

（三）作物对土壤酸碱反应的适应性

作物正常生长一般均要求土壤有合适的酸碱度。有些作物对酸碱反应很敏感,如甜菜、紫苜蓿等,只能在中性和微碱性土壤中生长,茶树、柑橘等必须生长在强酸性和酸性土壤上。这些对酸碱特别敏感的植物称为土壤酸碱指示植物。大多数农作物的适应性较广,对 pH 要求不太严格。

（四）土壤酸碱反应与土壤肥力的关系

1. 土壤酸碱反应与养分有效性的关系

土壤养分的有效性在不同的 pH 条件下差异很大（图 8-2-6）,除了 Fe、Mn、Zn、Cu、Co 在酸性条件下有效性较高之外,其他营养元素在中性和碱性条件下有效性较高。

土壤中磷的有效性受 pH 影响最大,一般 pH 6~7.5 时有效性高。pH 6~7.5 时,土壤中的磷化合物通过根系分泌的碳酸和有机酸的分解产生可溶性磷,提高了磷的

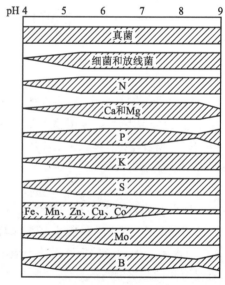

图 8-2-6　土壤酸碱度与养分有效性及生物活性的关系

有效性;pH>7.5 而土壤中含有大量碳酸钙时,则会产生化学沉淀反应,生成各种难溶性的磷酸钙盐;pH<5 时,土壤中活性铁、铝增加,使可溶性磷酸盐转化成难溶性的铁铝磷酸盐,大大降低了磷的有效性。

土壤 pH 与土壤中各种微量元素的有效性也有极为密切的关系。一般来说,pH 主要影响微量元素的存在形态。如 Fe、Mn、Zn、Cu 等,在碱性条件下均呈氢氧化物的形态,溶解度低,可免于在土壤中被淋失,但却降低其有效性;在强酸条件下增加其溶解度,则有效性较高。另外一些元素则在碱性条件下增加了其溶解度,如 Mo 在碱性条件下转化为钼酸盐形态,溶解度增大,提高了有效性,但淋失量也相应增加。土壤 pH 4.7~6.7 时,硼的有效性最高。在这个范围内,水溶性硼的含量随 pH 的升高而有所增加;pH 7.1~8.1 时,土壤硼的有效性随着 pH 的升高而降低。目前证明,硼的有效性受到 pH 升高的影响,主要原因是三氧化物对硼的固定。因此,当土壤有机质增加,水分充足时,有利于硼的转化,使有效硼的含量增多。

2. 土壤酸碱反应与土壤生物的关系

在强酸性土壤中,真菌比细菌的活性大,所以在酸性土壤中,不仅细菌数量少,而且种群较简单。土壤酸碱度还影响土壤中某些植物病原微生物的活性。pH<5.5 可控制立枯病菌的繁殖。硝化和反硝化细菌都需要合适的酸碱度等。氮素的铵化过程最适宜的 pH 为 6.5~7.5。硝化过程可以在 pH 5.5~10 时进行,但最适的 pH 为 6.5~8.0,pH<4.5 时就会停止。反硝化过程最适宜的 pH 为 7~8.2,pH<5.2 或 pH>9 时,反硝化过程就会明显下降。

(五) 土壤酸碱性的调节

大多数土壤的酸碱度适合植物的生长,但成土母质因其所处气候条件、不合理的农业耕作制度和管理措施等会使土壤酸化或碱化,所以对土壤酸碱度必须经常适当进行调节。

1. 土壤酸性的调节

土壤酸性的调节目的一方面是中和活性酸,更重要的是中和潜在酸。通常以施用石灰的方法来降低土壤酸度,其原理是通过 Ca^{2+} 或 Mg^{2+} 把土壤胶体上致酸离子代换下来,并将它们在土壤溶液里中和掉。石灰施用量可根据土壤潜在酸来计算,即:

$$石灰需要量 = 土壤体积 × 土壤容重 × 潜在酸度 × 10^{-3} × 摩尔质量$$

式中,石灰需要量单位为 kg/hm^2,土壤体积单位为 cm^3,土壤容重单位为 g/cm^3,潜在酸度单位为 $mol/(kg \cdot hm^2)$、摩尔质量单位为 kg/mol,10^{-3} 为将 g 转换为 kg 的系数。

施用的石灰性物质一般有 $CaCO_3$(石灰石)、CaO(生石灰)和 $Ca(OH)_2$(熟石灰)。其中,以生石灰中和酸性最强,熟石灰次之,石灰石最弱。中和的速度以熟石灰为最快,但不持久;石灰石最慢,但比较持久。在施用时还要求石灰物质的细度,不要太细或太粗,施入土壤时要和土壤充分混匀,并注意施用的时期,以避免对植物造成危害。

2. 土壤碱性的调节

调节土壤碱性的方法主要有以下几种:施用有机肥料,利用其分解产生的大量 CO_2 和有机酸中和土壤中的碱性物质,从而降低土壤 pH;施用硫黄、硫化铁、废硫酸、绿矾($FeSO_4$)等;施用生理酸性肥料[$(NH_4)_2SO_4$、K_2SO_4 等];施用石膏、硅酸钙、过磷酸钙等,通过 Ca^{2+} 将胶体上的 Na^+ 代换下来,并随水流出土体,从而降低 pH 并改善土壤的物理形状。

微课 淡水洗田

复习思考题

1. 土壤容重在生产上有哪些应用?
2. 什么是农业生产上理想的土壤孔隙状况?
3. 说明团粒结构与土壤肥力的关系。
4. 土壤物理机械性的影响因素有哪些?
5. 说明土壤阳离子代换量的概念、意义及其影响因素。
6. 解释农谚"施肥一大片,不如一条线"的科学道理。
7. 土壤酸有几种类型? 土壤的酸碱反应与养分有效性有什么关系?

实训4　土壤容重的测定

一、技能要求

测定土壤容重,可以用来计算孔隙度,土壤最大持水量,每 666.7 m² 耕层蓄含养分、水分、盐分的数量等。土壤容重的大小直接影响着土壤的松紧和孔隙状况,故土壤容重值是衡量土壤肥力高低的重要指标。

二、实验原理

利用一定容积的环刀切割自然状态的土样,使土样充满其中,称量后计算单位体积的烘干土样质量,即为容重。

三、器材

环刀、蒸发皿、铝盒、牛角勺、烘箱、木板、粗天平。

四、技能训练

本试验采用环刀法。

1. 取直径与高各为 5 cm 的环刀一个,计算其体积,将环刀称重(精确到 0.1 g)。

2. 用环刀从田间拟测容重的地块中在一定深度采取土样,先将地面刮平,然后把环刀轻轻地垂直压入土中,至环刀内土壤超过其上界为止,但不得破坏土壤的自然状态。

3. 用土铲把环刀挖出来,用修土刀细心地刮去黏着在环刀外壁上的泥土,而后仔细地把环刀两端削平,迅速地带回实验室,立即准确称重。

4. 将称好的盛土环刀置于瓷蒸发皿中,放在烘箱里,于 105℃ 条件下连续烘烤 6~8 h,稍冷却后称重。

5. 将上述各步测定结果详细记录填入下表。

土壤容重测定记录表

土样号	环刀			环刀重/g	环刀和湿土重/g	湿土重/g	含水量/g	干土重/g	土壤容重/(g·cm⁻³)
	半径/cm	高度/cm	体积/cm³						

6. 结果计算

$$环刀体积 = \pi \times 环刀半径^2 \times 环刀高度$$

$$土壤容重(g/cm^3) = \frac{环刀内干土重}{环刀体积}$$

$$土壤孔隙度 = \left(1 - \frac{容重}{密度}\right) \times 100\%$$

式中,密度常取 2.65 g/cm³。

五、实验作业

按要求撰写实验报告,并分析实验结果,分析所测定土壤的孔隙状况能否满足作物正常生长的需要。

实训 5　土壤酸碱度的测定

一、技能要求

土壤酸碱度是土壤的一个重要性质,对土壤肥力和作物的生长发育有重大影响。在一系列的理化分析中,土壤 pH 与很多项目的分析方法和分析结果有密切的关系,是审查其他项目结果的一个依据。学会测定土壤酸碱度的方法,为土壤分析奠定基础。

二、实验原理

土壤酸度包括活性酸度和潜在酸度。活性酸度是指土壤溶液中 H^+ 浓度,一般用 pH 表示;潜在酸度是指土壤胶体上吸附的代换性 H^+ 和 Al^{3+},一般用物质的浓度来表示。土壤酸度一般指活性酸度,常用去 CO_2 的蒸馏水浸提,再用电位法测定土壤悬浮液中的 H^+ 浓度。

常用的电极包括指示电极和参比电极,指示电极为玻璃电极,参比电极有甘汞电极或银-氯化银电极,一般都用甘汞电极。当两个电极插入土壤悬浮液中时,构成了一个电池反应,二者之间产生一个电位差。由于参比电极的电位是固定的,因而所产生的电位差的大小就决定于土壤悬浮液中的 H^+ 的活度,或简单地视为 H^+ 的浓度。H^+ 浓度的负对数即为 pH。通过一系列电路和电子装置,可直接从仪表上读出 pH。

三、药品与器材

1. 药品

(1) 盐酸溶液(ψ_{HCl} = 100 mL/L):取 10 mL 浓盐酸(ρ_{HCl} = 1.19 g/mL)溶于 90 mL 去离子水中。

(2) 标准缓冲液(pH 4.01):先将苯二甲酸氢钾($KHC_8H_4O_4$,分析纯)在 105℃下烘干 2 h,放在真空干燥器中保存。冷却后称取 10.21 g,用蒸馏水或去离子水溶解后稀释定容至 1 000 mL,即为 pH 4.01、浓度为 0.05 mol/L 的苯二甲酸氢钾缓冲溶液。

(3) 标准缓冲液(pH 6.87):先将磷酸二氢钾(KH_2PO_4,分析纯)在 45℃下烘干 2 h,并在真空干燥器中保存。冷却后称取 3.39 g(也可用无水的磷酸氢二钠或带 12 个结晶水的磷酸氢二钠于干燥器中放置两周,使其成为带 2 个结晶水的磷酸氢二钠,再经 180℃烘成无水磷酸氢二钠),溶解在蒸馏水或去离子水中,定容至 1 000 mL。

(4) 标准缓冲溶液(pH 9.18):称取 3.80 g 硼砂($Na_2B_4O_7 \cdot 10H_2O$,分析纯)溶于蒸馏水或去离子水中,定容至 1 000 mL。此缓冲溶液容易变化,应注意保存。

（5）饱和氯化钾溶液。

（6）蒸馏水。

2. 仪器：酸度计、玻璃电极、甘汞电极、烧杯、玻璃棒等。

3. 材料：土壤样品。

四、技能训练

1. 样品处理：称取过 1 mm 土壤标准筛的风干土壤 10.00 g 两份，放入 50 mL 的烧杯中，加入 25 mL 已去除 CO_2 的蒸馏水（土：水比为 1:2.5），间歇地搅拌或摇动 30 min，静置 30 min，此时应避免与空气中氨或挥发性酸接触。

2. 酸度计校对：先用 pH 4.01 的标准缓冲溶液校对酸度计，再用 pH 9.18 和 pH 6.87 的缓冲溶液回校，直到酸度计的值与标准缓冲溶液一致。

3. 土样测定：将 pH 计玻璃电极的球泡插到下部悬浊液中，并在悬浊液中轻轻摇动，以去除玻璃球表面的水膜，使电极电位达到平衡。随后将甘汞电极插到土壤悬浊液上部的清液中，打开读数开关，进行 pH 测定。每测完一个样品都要用去离子水洗掉黏附在 pH 计玻璃电极和甘汞电极表面的土壤颗粒，并用滤纸吸干，再测定第 2 个样品。测定 5~6 个样品后，应用 pH 缓冲液校正 1 次，并将甘汞电极放在饱和 KCl 溶液中浸泡一下，以维持顶端的 KCl 溶液充分饱和。

4. 注意事项

（1）水土比的影响：一般土壤悬浊液越稀，测得的 pH 越高，通常大部分土壤从脱黏点稀释到水土比为 10:1 时，pH 提高 0.3~1.0 个单位，其中尤以碱性土壤的稀释效应较大。为了能够相互比较，在测定 pH 时，水土比必须固定，目前大多采用 2.5:1 的水土比例。

（2）土壤中 CO_2 的影响：室内测定的土壤样品都经过风干处理，其中含有的 CO_2 大部分逸出土壤，所得的结果与田间情况有些差异，尤其对于石灰性土壤尤为显著。

（3）空气中气体的影响：土壤样品过筛后如不立即测定，应储存于密封的瓶中，以免受实验室氨气或其他酸性气体的影响。加水浸提土壤时，摇动及静置的时间对土壤 pH 也有影响，所以应该严格按照操作规程控制时间。

（4）玻璃电极的影响：玻璃电极使用前要在 0.1 mol/L 的 HCl 溶液中或蒸馏水中浸泡 24 h 以上，使之活化。使用时应先轻轻振动电极，使溶液流入球泡部分，防止气泡存在。电极球泡部分极易破损，使用时必须小心谨慎，不用时可保存在水中，如长期不用，应放在纸盒内保存。

（5）KCl 的影响：甘汞电极的套管是用饱和 KCl 溶液灌注的，如发现电极内部无 KCl 结晶时，应从侧口投入少量 KCl 结晶体，以保持溶液的饱和状态。使用时要将电极侧口的小橡皮塞拔下，让 KCl 溶液维持一定的流速。测定时不要长时间将电极浸泡在被测溶液中，以防流出的 KCl 污染待测液。电极不用时可插入饱和 KCl 溶液中或者在纸盒中保存，不得浸没在去离子水或其他溶液中。

（6）电极插入位置的影响：对于易沉降的土壤，玻璃电极的插入部位对测定结果影响较大。测定时搅拌土壤悬浮液也会影响读数。应严格控制玻璃电极和甘汞电极的插入位置。

（7）酸度计的种类和型号很多，具体使用方法参照相关的产品使用说明。

五、实验作业

按要求撰写实验报告，准确记录操作步骤及测定结果，说明测定土壤酸度时应注意的问题和原因。

实验视频　土壤酸碱度的测定

实训6　土壤水溶性盐总量的测定(电导法)

一、技能要求

土壤中能被水溶解的盐类,称为土壤水溶性盐。在盐碱土开垦利用过程中,对土壤水溶性盐分进行测定是一个不可缺少的环节,是对盐碱土进行盐害诊断和落实改良措施时的重要依据。

二、实验原理

将土壤中的水溶性盐以一定的水土比浸提到水中,而后测定浸出液的浓度。纯水为电流不良导体,而土壤水溶性盐溶解在水中,离解成离子,则能导电。土壤水浸液中盐分浓度越大,溶液的导电能力也越大。导电能力用电导率表示。土壤水浸液中盐分的浓度与该溶液的电导率成正相关。可用已知土壤的含盐量与其相应的电导率作标准曲线,然后用电导仪测定未知土壤水浸液的电导率,查标准曲线,即可得未知土壤的盐分含量。

三、药品与器材

1. 药品

(1) 0.01 mol/L 氯化钾溶液:称取一级纯氯化钾(KCl)0.745 5 g,溶于蒸馏水中,并在 25 ℃时加水至 1 000 mL。这种溶液是参比溶液,在 25 ℃时其电导率为 1.413 mS/cm。

(2) 5%氯化钾溶液:称取一级纯氯化钾(KCl)5 g,溶于 100 mL 蒸馏水中。

2. 仪器:天平、振荡机、500 mL 三角瓶、100 mL 三角瓶、500 mL 量筒、漏斗、滤纸。

四、技能训练

1. 浸提液的制备:用天平称取通过 1 mm 筛的风干土样 60 g,放入 500 mL 干净的三角瓶中,准确加入蒸馏水 300 mL,加塞,振荡 3 min。倒入有致密滤纸的漏斗上过滤,或用布氏漏斗抽滤,滤液承接于干燥的三角瓶中,若有混浊,必须重复过滤直至清亮为止。若遇黏性过强难以过滤的土壤,可加入 4%明胶 5 mL,使土壤胶粒凝聚,加快过滤速度。全部滤完后,将滤液摇匀,留供以下测定。

2. 浸提液中水溶性盐浓度的测定——电导法

(1) 将校正测量开关扳到校正位置。

(2) 将电导电极的引线接到仪器相应的接线柱上。接通电源,打开电源开关,稍经预热即可开始工作,调节调整器使电表满度指示。

(3) 当使用 1～8 量程来测量电导率低于 300 μS/cm 的液体时,选用低周;当使用 9～12 量程来测量电导率在 300～105 μS/cm 范围里的液体时,则选用高周(表 8-2-3)。

表 8-2-3　测量范围与配套电极

量程	电导率/(μS·cm^{-1})	电阻率/(Ω·cm)	测量频率	配套电极
1	0～0.1	$\propto \sim 10^7$	低周	DJS-1 型光亮电极
2	0～0.3	$\propto \sim 3.33 \times 10^6$	低周	DJS-1 型光亮电极
3	0～1	$\propto \sim 10^6$	低周	DJS-1 型光亮电极
4	0～3	$\propto \sim 3.333\,3 \times 10^5$	低周	DJS-1 型光亮电极

量程	电导率/(μS·cm^{-1})	电阻率/(Ω·cm)	测量频率	配套电极
5	$0\sim10$	$\propto\sim10^{5}$	低周	DJS-1型光亮电极
6	$0\sim30$	$\propto\sim3.333\times10^{4}$	低周	DJS-1型铂黑电极
7	$0\sim10^{2}$	$\propto\sim10^{4}$	低周	DJS-1型铂黑电极
8	$0\sim3\times10^{2}$	$\propto\sim3.333\times10^{3}$	低周	DJS-1型铂黑电极
9	$0\sim10^{3}$	$\propto\sim10^{3}$	高周	DJS-1型铂黑电极
10	$0\sim3\times10^{3}$	$\propto\sim3.3333\times10^{2}$	高周	DJS-1型铂黑电极
11	$0\sim10^{4}$	$\propto\sim10^{2}$	高周	DJS-1型铂黑电极
12	$0\sim10^{5}$	$\propto\sim10$	高周	DJS-10型铂黑电极

（4）将量程选择开关扳到所需要的测量范围（如不知被测量的大小，应先把它放在最大量程位置，以防过载使表针打弯，然后逐挡下调）。

（5）用电极夹夹紧电极的胶木帽，并通过电极夹把电极固定在电极杆上。

当被测溶液的电导率低于 10 μS/cm，使用 DJS-1 型光亮电极。这时应把电极常数调节器调到与配套电极相对应的常数位置上。例如，若配套电极的常数为 0.95，则把电极常数调节器调到 0.95。

当被测溶液的电导率在 $10\sim10^{4}$ μS/cm 范围，则使用 DJS-1 型铂黑电极。调节电极常数调节器到相应位置。

当被测溶液的电导率大于 10^{4} μS/cm，以致用 DJS-1 型电极测不出时，则选用 DJS-10 型铂黑电极。这时应把电极常数调节器调到所配套的电极常数的 1/10 位置上。例如，电极的常数为 9.8，则应使电极常数调节器指在 0.98 位置上。再将测得的读数乘以 10，即为被测溶液的电导率。

（6）将电极插头插入电极插口内，旋紧插口上的紧固螺钉，再将电极浸入待测溶液中。

（7）接着校正，调节校正调节器指示整满度。

（8）此后，扳向测量开关，这时指示数乘以量程开关的倍率即为被测液的实际电导率。例如测量开关在 $0\sim0.1$ μS/cm 一挡，指针指示为 0.6，则被测液的电导率为 0.06 μS/cm（0.6×0.1 μS/cm）。

（9）当选用 $0\sim0.1$ μS/cm 或 $0\sim0.3$ μS/cm 这两挡测量高纯水时，先用电极引线插入电极插孔，在电极未浸入溶液之前，调节电容补偿调节器使电表指示为最小值，然后开始测量。

（10）用 1、3、5、7、9、11 各挡时，都看表面上面一条刻度（$0\sim1.0$）；而当用 2、4、6、8、10 各挡时，都看表面下面一条刻度（$0\sim3.0$）。

（11）以标准 5% KCl 溶液配制成 0.1%、0.2%、0.3%、0.4%、0.5%、1%、2%、3%、4%、5% 溶液系列，分别测量电导率值，绘制标准曲线。同时查得待测液的值。

3. 结果计算

$$土壤全盐量 = 水浸出液盐分含量 \times 水土比例$$

4. 注意事项

（1）在测定样品时，每个样品的读数都必须重复 2~3 次，一个样品测完将电极用蒸馏水洗净，然后用下一个样品的浸出液洗涤，再进行测量。

（2）测量时如电极常数未知，则用如下方法测得：选用 0.01 mol/L KCl 标准溶液，溶液温度为 25℃。设置高周挡，把量程开关扳至 10^3 红线处，选测量开关，把电极常数调至 1.0 位置，调节调整器使红字读数（下刻度）在 1.41 处，把测量开关扳至校正位置，调节电极常数使电表指示于满度，记下电极常数指示的读数，即为该电极的电极常数（每一小格为 0.02）。

实验视频　土壤水溶性盐总量的测定（电导法）

五、实验作业

按要求撰写实验报告，并分析实验结果。

内容三　土壤环境的调控

随着国民经济的发展，工业、交通、住房等占用大量耕地，加之土壤沙化非常严重，每年大量农田和草场变为沙漠，还有大量耕地因各种污染而无法利用，我国耕地面积不断减少。解决我国粮食产量问题可行的方法就是充分合理地利用现有的土壤资源，维持和提高土壤肥力。

一、土壤培肥

我国提高农产品产量的基本途径是提高单位面积产量。提高单产除了采取各种有效农业措施外，培肥土壤、建设高产农田是基础。培肥土壤，建设高产、稳产农田，首先应解决高产农田的指标，即标准。因农业利用不同，高产农田指标可分为旱田与水田两种。

（一）高产稳产旱田的指标

（1）深厚的土层：从地表至岩石层或砂层之间的壤质或黏质土层的厚度，一般农田大于 50 cm，果园大于 100 cm，方可满足养分和水分的要求。

（2）良好的质地层次：全土层为壤质土，最好表层为壤质偏砂，而心土层壤质偏黏。前者有利发苗扎根，后者有利于托水托肥，有后劲。

（3）有机质含量丰富：北方旱田土壤的养分含量、理化性状、土壤肥力、作物产量等，都与土壤有机质含量呈正相关，我国北方高产旱田土壤有机质含量为 1.5%~2.0%。

（4）酸碱适中无毒害物质：土壤酸碱性应为微酸性—微碱性，即 pH 6.0~7.8，土壤中没有过量盐碱及一些还原性物质和污染物。

（5）排灌方便：地面平坦，能灌能排；保持水土，防止流失；地下水位不宜过高，应在 2 m 以下。

（6）田间防护措施：有如农田防护林、梯田等设施，以防风蚀和水蚀。

（二）高产稳产水田的指标

（1）具有良好的土体构造：应有较厚的耕作层，耕层厚度为 15~20 cm，壤质；有适度发育的犁底层；厚度 6~8 mm 排水适度的心土层，垂直解理，壤质或黏壤，土壤厚度大于 80 cm。

（2）有机质含量适中：土壤有机质含量不是越多越好，最好是 2.0% ~ 3.5%，过多通气不良，易产生还原性物质，反而不利于稻作生产。

（3）适当低的地下水位：稻田虽然需建立水层，但地下水位不应过高，过高影响土壤通气和水稻生长。非灌水期的地下水位应为 0.6 ~ 1 m，以保证灌水期与地下水不连通。

（4）适当的渗透量：从经济角度讲，用水量应尽量少；但从水稻增产角度来看，适当的土壤渗漏有利于水稻生长，是水稻高产所必需。我国稻田渗漏以每昼夜 10 ~ 20 mm 为宜。

（5）良好的排灌条件：排水不仅是烤田或秋季落干时迅速排除农田水的需要，而且也是降低地下水位，提高土壤渗漏的有效措施。无论是排是灌，都应坚持单排单灌，防止串排或串灌。

（三）高产稳产田的建设与培肥措施

培育高产的肥沃土壤，必须在农田基本建设创造高产土壤的环境条件的基础上，进一步运用有效的农业技术措施来培肥地力。培肥地力是一项综合性工作，它包括增施有机肥、扩种绿肥、深耕改土、熟化耕层、合理轮作、科学施肥和合理灌溉等，其中起决定作用的还是增施有机肥料，不断补充土壤腐殖质。

1. 搞好农田基本建设

搞好农田基本建设能有效地减少自然因素（如气候、地形、降水等）对土壤肥力因素的不利影响。平原地区要实行田园化种植，包括平整土地、健全排灌系统、推广各种灌溉技术；丘陵山区的农田基本建设主要是水土保持、造林绿化、整修梯田、开发水源等项内容，其中防止水土流失是丘陵山区的重要问题。

2. 深耕改土

深耕是农业措施的基本环节。深耕可加厚活土层，改善土壤结构，协调土壤水、肥、气、热的关系，增加土壤蓄水保肥能力。为收到通过深耕达到改土培肥的良好效果，应同时配合施用有机肥料与合理灌溉。当然，具体的深耕技术要考虑深耕深度、深耕方法和深耕的时间。如砂质土不宜耕得过深；风沙土地区或水土流失严重地区，可采用少耕或免耕法；北方旱作区进行秋季深耕有利于晒垡、熟化和有机质分解，并可多蓄存雨雪增加土壤水分。

3. 合理轮作，用养结合

合理轮作和间作套种是培肥土壤，增加产量的有效措施。主要好处表现在以下方面：首先，可以调节和增加土壤养分。如采用粮食、经济作物（用地作物）与豆科绿肥作物（养地作物）合理轮作或间作套种，就可以避免用地作物对土壤地力的大量消耗，调节或增加土壤养分，使土壤越种越肥。其次，轮作及间作套种可以改善土壤物理性质和水分热状况。此外，轮作及间作套种可以改变寄主及耕作方式和环境条件，有利于消灭或减轻杂草和病虫对作物的危害，减轻土壤水分和养分的无益消耗，间接地起到培肥土壤的作用。"庄稼要好，三年一倒"，"茬口倒顺，强似上粪"等农谚充分说明了合理换茬的好处。

4. 合理灌排，以水调肥

合理灌溉指适时适量地按需供水、灌水均匀、节约用水，避免或减少冲刷地面、破坏结构、淋失养分，保持土壤较好的水肥气热状况等。合理灌溉既要讲究灌溉方法，还应注意灌溉水的水质，以防止土壤污染。如果只灌无排，不仅不能抗御洪涝灾害，还会抬高地下水位，引起盐碱、涝渍水害，尤其是在低洼、黏质土地区更要注意排水。

5. 科学施肥

施肥的主要作用是补充土壤有机质与速效养分,以供应作物所需要的营养物质并培肥地力。科学施肥应该注意增施有机肥,配合施用化肥;根据土壤特点及肥料性质选择施用肥料;根据作物营养特性考虑施肥方法和施肥数量等。

6. 营造田间防护林,改善小气候

营造田间防护林网,可改善地面小气候,降低风速,减轻风害,提高近地面大气湿度。盐碱土地区可抑制或减轻地表返盐。

二、中低产田土壤的改良

中低产田的划分界限目前还没有统一的标准。一般以当地大面积最近 3 年平均每公顷产量为基准,低于平均值 20% 以下为低产田,处于平均值 20% 以内的为中产田,二者一起称为中低产田。我国现有耕地中,主要的中低产田土壤有北方干旱、半干旱地区的盐碱土和风沙土,南方热带、亚热带地区的红黄壤酸瘦土和低产水稻土,全国各地的低洼湿土、山区水土流失严重的低产田等。这些中低产田面积很大,妨碍着农业生产的迅速提高,亟待改良。

(一) 中低产田的形成原因

中低产田的低产原因包括自然环境因素和人为因素两个方面。前者是指坡地冲蚀,土层浅薄,有机质和矿质养分少,土壤质地过黏或过砂,土体构型不良,易涝或易旱,土壤盐化,过酸或过碱等。后者指不合理的利用,导致土壤生产率较低,具体表现在以下几个方面。

1. 盲目开荒滥伐森林,造成水土流失,沙地扩大

地表生长的自然植被(如森林、草地)在改善气候、保护土壤方面起着极其重要的作用。有些地方由于森林被破坏,造成水土流失。据统计,我国每年因水土流失冲走的表土达 50 亿 t 以上,相当于全国的耕地每年损失 1 cm 厚的表土。有些地方由于滥垦草原,使土壤遭受严重风蚀,沙化面积迅速增加。

2. 灌水方法落后,灌溉系统不完善

过去大多用大水漫灌的方法浇地,不仅使土壤板结,物理性质变差,而且导致有限的水资源浪费。农田水利设施不配套,使大量农田得不到灌溉。有的地方只有灌水系统,没有排水系统,长期不合理的灌水以及有灌无排,自然会使地下水位抬高,易引起土壤次生盐渍化、沼泽化和潜育化,同时使土壤空气不足,温度低,养分转化慢,影响作物生长。

3. 掠夺性经营,导致土壤肥力日益下降

单纯地追求产量,对耕地重用轻养、只用不养,有机肥施用量减少,化肥量逐渐增加,不注意种植绿肥和豆科作物,导致土壤有机质减少,土性发僵变硬,土壤肥力日益下降。

4. 土壤污染,土地利用价值降低

土壤的污染源主要是工业的"三废"(废气、废水、废渣),其次是投入的农药、化肥等工业产品。这些物质进入土壤,被植物吸收,人畜食用被污染的植物产品也会受到危害。

(二) 我国北方主要中低产土壤的改良和利用

1. 盐碱土的改良利用

(1) 盐碱土的特征及分布:盐碱土实际上包括盐化土壤与盐土、碱化土壤与碱土。我国盐碱土的面积约有 2 700 万 hm^2,其中耕地约占 1 000 万 hm^2,主要分布在华北、东北、西北的干旱、半

干旱内陆地区和沿海地区。内陆盐碱土地区一般降雨量低、蒸发量大,矿物风化释放出来的盐分就积留在土壤中。地势低平、排水不畅、地下水位高,地下水的矿化度(单位体积的水中含有的可溶性盐分的质量)高,地下水通过土壤毛管上升到地表,盐分也会逐渐积聚在土壤表层,形成盐碱土。

盐碱土的特点是"瘦、死、板、冷、渍"。"瘦"是指盐碱土的肥力水平较低;"死"指土壤中的微生物的数量极少;"板"指土壤板结、耕性和通透性较差;"冷"指土壤温度较低;"渍"则指土壤含盐碱量大。

(2) 盐碱土对作物的危害

1) 影响作物吸收水分:由于土壤含盐量过多,土壤溶液浓度增大,土壤溶液的渗透压大于作物根细胞的渗透压,造成植物吸水困难,甚至发生反渗透现象,导致作物组织脱水死亡,即发生"生理干旱"。

2) 影响土壤养分的转化和吸收:过量的盐碱抑制土壤微生物的活动,从而影响到土壤养分的转化。另一方面,由于土壤溶液浓度过高,导致植物吸水困难,溶解在水中的养分就不能正常被作物吸收,即发生"生理饥饿"。

3) 对作物有毒害腐蚀作用:Na^+吸收过多,可使蛋白质变性,Cl^-吸收过多,则降低光合作用和影响淀粉的形成。另外,含Na_2CO_3多的盐碱土,碱性强,对植物根、茎组织有腐蚀作用。

4) 使土壤物理状态变坏:盐碱土含Na^+多,使土粒分散,结构变坏,影响通透性,耕性变差,作物不能正常生长。

(3) 盐碱土的形成原因:各种盐碱土都是在一定的自然条件下形成的,其形成的实质主要是各种易溶性盐类在地面作水平方向与垂直方向的重新分配,从而使盐分在集盐地区的土壤表层逐渐积聚起来。影响盐碱土形成的主要因素有以下几个方面:

1) 气候条件:在我国东北、西北、华北的干旱、半干旱地区,降水量小,蒸发量大,溶解在水中的盐分容易在土壤表层积聚。夏季雨水多而集中,大量可溶性盐随水渗到下层或流走,这就是"脱盐"季节;春季地表水分蒸发强烈,地下水中的盐分随毛管水上升而聚集在土壤表层,这是主要的"返盐"季节。东北、华北、半干旱地区的盐碱土有明显的"脱盐""返盐"季节,而西北地区,由于降水量很少,土壤盐分的季节性变化不明显。

2) 地理条件:地形部位高低对盐碱土的形成影响很大,地形高低直接影响地表水和地下水的运动,与盐分的移动和积聚有密切关系。从大地形看,水溶性盐随水从高处向低处移动,在低洼地带积聚,所以盐碱土主要分布在内陆盆地,山间洼地和平坦排水不畅的平原区,如松辽平原。从小地形(局部范围内)来看,土壤积盐情况与大地形正相反,盐分往往积聚在局部的小凸处。

3) 土壤质地和地下水:质地粗细可影响土壤毛管水运动的速度与高度,一般来说,壤质土毛管水上升速度较快,高度也高,砂土和黏土积盐均慢些。地下水影响土壤盐碱的关键问题是地下水位的高低及地下水矿化度的大小,地下水位高,矿化度大,容易积盐。

4) 河流和海水的影响:河流及渠道两旁的土地,因河水侧渗而使地下水位抬高,促使积盐。沿海地区因海水浸渍,可形成滨海盐碱土。

5) 耕作管理的影响:有些地方浇水时大水漫灌或低洼地区只灌不排,以致地下水位很快上升而积盐,使原来的好地变成了盐碱地,这个过程叫次生盐渍化。为防止次生盐渍化,水利设施要排灌配套,严禁大水漫灌,灌水后要及时耕锄。

（4）盐碱土的改良利用：盐碱土形成的根本原因在于水分状况不良，初期应重点改善土壤的水分状况。一般分几步进行：首先排盐、洗盐、降低土壤盐分含量；再种植耐盐碱的植物，培肥土壤；最后种植作物。具体的改良措施如下：

1）排水：许多盐碱土地下水位高，应采取各种措施降低地下水位。传统上采用修建明渠，目前有些地区采用竖井排水、暗管排水等技术。

2）灌溉洗盐：盐分一般都累积在表层土壤，通过灌溉将盐分淋洗到底层土壤，再从排水沟排出。

3）放淤改良：河水若泥沙多，通过放淤可以形成新的淡土层，又冲走了表层土壤的盐分。

4）种植水稻：水源充足的地区，可采用先泡田洗碱，再种植水稻，并适时换水，淋洗盐分。在水源不足的地区，可通过水旱轮作降低土壤的盐分含量。

5）培肥改良：土壤含盐量降低到一定程度时，应种耐盐植物，培肥地力。

6）平整土地：地面不平是形成盐斑的重要原因。平整土地有助于消除盐斑，还有利于提高灌溉质量，提高洗盐的效果。

7）化学改良：一般通过施用氯化钙、石膏和石灰石等含钙的物质，一来代换胶体上吸附的钠离子，二来使土壤颗粒团聚起来改善土壤结构。也可施用酸性物质来中和土壤碱性。

2. 风沙土的改良利用

我国大面积风沙土分布在西北、华北北部和东北西部的干旱、半干旱地区，大河两岸及河流入海口附近的地区也有零星分布。我国的风沙土面积约 63.7 万 km^2，其中近百年形成的约占 1/3。专家预测，如果继续保持现有的土地利用方式，土壤沙化将以平均每年 3.5% 的速度递增。考虑到西部大规模开发可能引发的沙化，我国土壤沙化的形势是非常严峻的。

（1）风沙土形成的原因：导致土壤沙化主要有两方面的因素，恶劣的自然条件是基础，人类不合理的利用是条件。风沙土地区一般干旱多风，植物生长缓慢，生态环境极其脆弱，恢复非常困难。植被一旦被破坏，裸露的地表非常容易遭受风蚀，本来很薄的表层土壤被风吹走，剩下的就是粉砂，植被再难以形成，土壤就变成了风沙土。草场过度放牧，导致植被破坏，成为沙漠；草场和林地不合理地开垦为农田，也造成土壤沙化，形成风沙土。

（2）风沙土低产的原因：

1）土壤质地过砂：砂砾含量达 80%～90%。一般以细砂为主。砂层厚度不等，大片风沙土厚度可达几十米，河流两岸风沙土厚度仅 1～2 m。

2）缺乏营养、保水保肥能力差：风沙土含有机质和速效养分都少，因缺少有机质和黏粒，所以胶体物质很少，保水保肥能力都很差，漏水漏肥。

3）易受风蚀：所谓风蚀是指三级以上的风能把细砂吹走成为砂流，并顺风移动。轻者吹走或掩埋种子、幼苗或打伤茎叶，重者埋没农田和村庄。

（3）风沙土的改良利用：防治土壤沙化必须坚持以防为主，治理为辅，因地制宜的原则。具体的措施有：

1）防止风蚀：这是风沙土稳定的前提。植树造林、发展果树、播种多年生绿肥，如紫穗槐、沙打旺等，是固定风沙土、改良风沙土的根本措施。改良土壤，包括平整土地、客土掺黏、轮作牧草绿肥、增施有机肥料、草炭改良等。

2）合理利用：主要包括选择适宜的品种，如抗风沙、耐旱、耐贫瘠的作物；适时播种；合理耕作,垄向应与风向垂直,耕后不宜耙得太细,也不镇压,既可减轻风蚀,又利于保墒。

3. 山区低产田的改良利用

我国各地的山区、半山区由于土壤遭受强烈侵蚀、冲刷,以致土层薄、石子多、自然植被少、地力贫瘠、作物产量低。如果能合理利用,综合治理,发展多种经营,也能迅速改良土质,改善土壤肥力状况,大幅度提高作物产量。

(1) 山区低产田的低产原因:大部分山区低产田的主要问题是旱、薄、砂、蚀。所谓旱,是指土壤质地粗、有机质缺乏、保水能力差、不耐旱;薄是指土层浅薄;砂是指土壤砂、石多,质地粗;蚀是指坡地土壤易遭受水流侵蚀,引起水土流失。其中加强水土保持是改良山区低产土壤的根本措施。

(2) 山区低产田的改良利用:

1) 农林牧业合理安排:山区低产田的主要问题是土壤遭受侵蚀,其主要原因是自然植被稀少和人类不合理的耕作方法。所以山区应注意农林牧合理安排,山间平原或盆地可发展农业;坡地和瘠薄地发展林业,结合种草发展牧业;不宜耕作的山坡,禁止毁林开荒,要封山育林,加速山区绿化。

2) 建设高标准水平梯田:修建水平梯田是治理山区坡耕地、防止水土流失、建设山区高产稳产农田的根本措施。水平梯田适于在坡度低于 25° 的山坡。在坡度大于 25° 的地方,原则上应该造林、种草、发展林牧业,已经耕种的应退耕还林。

3) 修隔坡梯田和鱼鳞坑:所谓隔坡梯田,就是在坡地上修一条梯田,间隔一条坡地,再修一条梯田。这样形成水平梯田与坡耕地间隔修筑,可以省工、省时间,解决劳力不足的问题。鱼鳞坑是山区坡地不易修成水平梯田时所采用的有效改土方式。一般在山区造林、栽果树时使用较多。所谓鱼鳞坑就是在坡地上按照每棵果树或树木的占地面积大小修成半圆形台地或修筑小型石坝,从整片地面观看如同鱼鳞状,故叫鱼鳞坑。它具有修筑时省时、省工,并且保水、保土、保肥等优点。

4) 横坡等高种植:在缓坡地区,如无力修筑梯田,则可采取横坡沿等高浅耕作,也可减轻冲蚀。切不可顺坡种植,因顺坡耕种可加速水土流失。

此外,山区低产土壤也应结合改良质地、增施有机肥来提高土壤肥力。

复习思考题

1. 高产稳产田的指标有哪些?
2. 说明山区进行农、林、牧综合治理的意义。
3. 简述盐碱土的低产原因及改良主要措施。
4. 简述风沙土的低产原因及防治措施。
5. 解释农谚"茬口倒顺,强似上粪"的科学道理。

实训 7　土壤有机质含量的测定

一、技能要求

土壤有机质是土壤的重要组成物质,与土壤的物理性质及植物生长有着密切关系。土壤有机质含量的多少,直接影响土壤肥力的高低。测定土壤有机质含量,可以为判断土壤肥力提供参考依据。

二、实验原理

在外加热的条件下(油浴温度 170~180℃,沸腾 5 min),用一定量的重铬酸钾-硫酸液,氧化土壤有机碳,剩余的重铬酸钾用硫酸亚铁溶液滴定,依据消耗的重铬酸钾量计算出有机碳量,再乘以常数 1.724,即为土壤有机质含量。

三、药品与器材

1. 药品

(1) 0.4 mol/L 重铬酸钾-硫酸溶液:称取重铬酸钾 39.23 g,溶于 600~800 mL 水中,待完全溶解后加水稀释至 1 000 mL。烧杯应用冷水冷却,此溶液的标准浓度以标准 0.2 mol/L 硫酸亚铁溶液标定。

(2) 0.2 mol/L 硫酸亚铁标准溶液:称取硫酸亚铁($FeSO_4 \cdot 7H_2O$,分析纯)56 g 溶于水中,加 3 mol/L H_2SO_4 溶液 30 mL,然后稀释至 1 000 mL。

(3) 3 mol/L 硫酸溶液:量取 168 mL 浓硫酸(H_2SO_4,分析纯)于 1 000 mL 蒸馏水中,存入玻璃试剂瓶中。

(4) 邻菲罗啉指示剂:称取 1.49 g 邻菲罗啉($C_{12}H_8N_2$)和 0.70 g 硫酸亚铁(或 1.0 g 硫酸亚铁铵),溶于 100 mL 蒸馏水中,存于棕色瓶中。

(5) 植物油。

2. 仪器

油浴锅或铝锅,铁丝笼,温度计(0~200℃),硬质玻璃管(ϕ18 mm×180 mm),可控温电炉,滴定管,三角瓶,小漏斗等。

四、技能训练

1. 准确称取通过 0.25 mm 筛孔的风干土样 0.1~0.5 g(用量视各种土类及采样深度而定),放入干燥的硬质试管中,用移液管准确加入 0.4 mol/L 重铬酸钾-硫酸溶液 10.00 mL,摇匀,在试管中放一小漏斗。

2. 预先将油浴锅加温到 185~190℃,将试管插入铁丝笼中,将铁丝笼放入油浴锅中加热,此时温度应控制在 170~180℃,使溶液保持沸腾 5 min,然后取出铁丝笼,待试管稍冷后用纸擦净外部溶液。

3. 冷却后将试管内容物无损失地洗入 250 mL 三角瓶中,使瓶内总体积在 60~80 mL(溶液酸度为 1~1.5 mol/L),然后加邻菲罗啉指示剂 3~5 滴,摇匀,用 0.2 mol/L 硫酸亚铁溶液滴定,溶液由橙黄经过蓝绿变为棕红色即为终点。

4. 在测定样品的同时必须作两个空白试验取其平均值,可用纯砂代替土壤,以免溅出溶液,其他步骤同上。

5. 结果计算

$$土壤有机质(g/kg) = \frac{(V_0 - V) \times c \times 0.003 \times 1.724 \times 1.10 \times 1\,000}{m}$$

式中,V_0 为空白试验所消耗硫酸亚铁溶液的体积,单位 mL;V 为样品消耗硫酸亚铁溶液的体积,单位 mL;c 为硫酸亚铁溶液的浓度,单位 mol/L;0.003 为 1/4 碳原子的摩尔质量,单位 g/mol;1.724 为由有机碳换算为有机质的系数(按有机质平均含碳量 58% 计);1.10 为氧化校正系数;

1 000 为换算成每 kg 含量;m 为烘干样品的质量,单位 g。

6. 注意事项

(1)测定有机质时必须采用风干样品,有机质含量一般以烘干土计算,故应测出含水量,将风干样质量换算成烘干样质量。

(2)加入重铬酸钾-硫酸溶液时,由于硫酸浓度大,有明显的黏滞性,必须慢慢加入,且控制好各个样品间的流放速度与时间,尽量一致,以减少操作误差。

(3)试管内溶液表面开始沸腾或有气泡时开始计算时间,掌握沸腾的标准要一致,消煮时间对分析结果有较大影响,故计时应准确。

(4)消煮好的溶液颜色,一般应以黄色或黄中稍带绿色,如果以绿色为主,则说明重铬酸钾用量不足,在滴定时消耗硫酸亚铁量小于空白的 1/3 时,有氧化不完全的可能,应重做。

五、实验作业

按要求撰写实验报告,依据土壤测定结果分析土壤的肥力状况,说明土壤有机质测定主要应注意哪些问题。

任 务 小 结

固相组成:土壤矿物质(砂土、黏土、壤土),土壤有机质,土壤微生物。

理化性质:孔性,结构性,耕性,吸收性能,酸碱性。

环境调控:高产稳产田指标,土壤培肥措施(旱田、水田),中低田形成的原因,盐碱土的改良利用,风沙土的改良利用,山区低产田的改良利用。

学习任务九　植物生长与水分环境

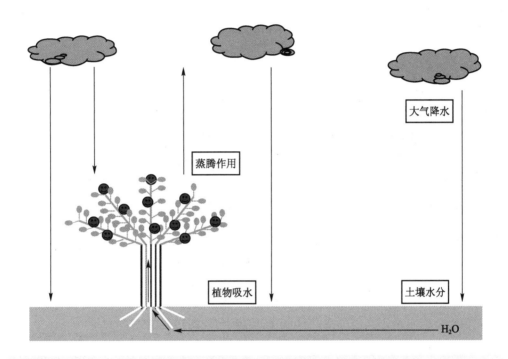

知识目标

• 了解植物体内水分的存在状态和生理功能,认识水分的存在状态与植物生理活动的关系。

• 掌握水势的特点,掌握植物吸水动力和吸水过程、气孔运动规律、蒸腾作用的特点及在生产上的调控应用。

• 了解土壤和大气中水分的存在状态和运动变化规律,掌握作物的需水规律及生产上的保障措施。

能力目标

• 植物组织水势测定,植物蒸腾强度测定,土壤田间持水量测定。

　　生命起源于水,没有水便没有生命。植物一生中不断地从周围环境中吸收水分,以满足其正常生命活动的需要;同时又将体内的水分不断地散失到环境当中去,维持植物体内的水分平衡。植物对水分的吸收、水分在植物体内的运输以及植物的水分散失就构成了植物的水分代谢。土壤中的水分是植物吸水的主要来源,植物体内的水分通过蒸腾作用散失到空气中。

内容一 水分在植物生命活动中的作用

植物的一切生命活动必须在细胞水分充足的情况下才能进行。在农业生产上,水是决定产量高低的重要因素,即农谚所言"有收无收在于水",保持植物体内的水分平衡是提高作物产量和改善产品品质的重要前提。

一、植物含水量

植物体各部分的含水量并不是均一的和恒定不变的,主要与植物的种类、器官及组织本身的特性以及环境条件有关。生长活跃和代谢旺盛的植物和细胞(根尖、嫩梢、幼苗绿叶)的含水量高,一般为 60%~90%;树干内存在着大量的死细胞,其含水量就较低,为 40%~50%;风干种子的含水量为 12%~14%,甚至低于 10%,故其生命活动十分微弱。植物含水量高、生命活动旺盛的部位,也是植物最脆弱的部位,生产上一定要注意保护。

二、植物体内水分的存在状态

在植物细胞中,水通常以两种状态存在。靠近原生质胶体颗粒而被胶粒紧密吸附的水分子称束缚水;远离原生质胶粒,吸附不紧密,能自由流动的水分子称自由水(图 9-1-1)。束缚水决定植物的抗性能力,束缚水越多,原生质黏性越大,植物代谢活动越弱,低微的代谢活动使植物渡过不良的外界条件,束缚水含量高,植物的抗寒抗旱能力较强。自由水决定着植物的光合、呼吸和生长等代谢活动,自由水含量越高,原生质黏性越小,新陈代谢越旺盛。

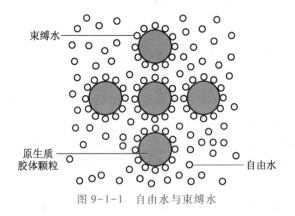

图 9-1-1　自由水与束缚水

三、水分的生理作用

1. 水是原生质的组成成分

蛋白质、核酸和糖类物质都含有许多的亲水集团,吸附着大量的水分子,原生质的含水量一般在 70%~90%,使原生质呈溶胶状态,保证旺盛的代谢活动正常进行。随细胞含水量减少,原生质胶体由溶胶状态向凝胶状态转变,生命活动也将大为减弱,休眠种子就处于这种状态。如果细胞失水过多,可能引起原生质胶体被严重破坏而导致细胞死亡。

2. 水是生命活动的介质和参与者

水是生物体内最重要的介质,也是代谢作用的反应物,一切生化反应必须在水溶液的状态下才能顺利进行。光合作用、呼吸作用、有机物转化和运输以及一些合成与分解的生理过程中,水分作为反应物直接参与生化反应的进行。

3. 水是物质吸收和运输的工具

植物利用根系从土壤中吸收植物生长需要的水分和营养物质,但植物不能直接吸收固态的无机物和有机物,这些物质只有溶解在水中,通过水流的移动才能被吸收。各种物质在植物体内的运输,也要以水溶液的形式进行。

4. 水是植物固有形态的保持者

细胞和组织内存在一定量的水分,使细胞维持一定的紧张度,保持了植物的固有形态,使枝叶以一定的排列形式挺立于空间,便于充分接收光照和交换气体,也利于开花和传粉。若植物含水量不足,便会出现萎蔫现象,也影响了正常的生理活动。

5. 水是恒定植物体温的缓冲剂

水具有特殊的物理和化学性质,给植物的生命活动带来各种有利条件。水的汽化热大,借助于水分蒸腾而大量散热以调节植物体温;水的比热容大,温度上升1℃需要吸收较多的热量,含水量很高的植物体,体温比较恒定。水的表面张力高有利于物质的吸收和运输。水分子表现明显的极性,决定多数化合物的水合现象,并使原生质胶体性质得到稳定。

动 脑 筋

为什么在炎热的夏季,站在树荫下会感到很凉爽?

复习思考题

1. 植物体内的水是以什么状态存在的? 水分的存在状态与植物的生理功能和生活状况有什么关联?

2. 简要说明水分在植物生命活动中的作用。

太 空 牡 丹

　　我国首批在太空失重条件下育种试验成功的"太空牡丹"已在山东菏泽盛开,各种奇异的花朵吸引了大批赏花的游客。在菏泽百花园,"太空牡丹"长势喜人,花色多样,有雍容华贵的粉色、红色、墨紫色,还有珍奇雅致的白色和淡黄色。最引人注目的是一株白牡丹,同时开出了16朵硕大洁白的花朵。

　　该种植试验表明,与普通牡丹相比,"太空牡丹"出土早、植株生长快、开花早、叶片细长等,比普通牡丹开花提前了1~2年。这批经太空育种的牡丹种子于2002年随"神舟三号"飞船在太空中围绕地球飞行了108圈,太空环境中的宇宙射线辐射、高真空、微重力等综合环境因素,使这批牡丹种子的芽胚产生了变异。

植物的自卫

我们到野外旅游时要注意别让植物的刺扎了。酸枣树的长刺、仙人掌的叶刺、稻谷的芒刺等都是植物自我保护的武器。抗虫小麦和红叶锦身上的刚毛，让害虫寸步难行。非洲卡拉哈利沙漠生长着一种带刺的南瓜，受到动物侵犯时它的刺就会插进来犯者的身上。蝎子草的长刺里面有一种毒液，人或动物碰上，刺就会自动断裂，把毒液注入人或动物的皮肤里，引起皮肤发炎或瘙痒。龙舌兰属植物含有一种类固醇，动物吃了以后，红细胞破裂，死于非命。夹竹桃体内含有一种肌肉松弛剂，人和动物吃了就会性命难保。毒芹是一种伞形科植物，种子里含有生物碱，动物吃了以后几小时以内就会暴死。牛、羊吃了乌头的嫩叶会中毒而死。人吃了巴豆的种子后会引起呕吐、拉肚子，甚至休克。有的植物体内还含有各种特殊的生化物质，昆虫吃了以后会引起发育异常。植物是怎样知道制造、使用和发展自己的防御武器的？它们又是怎样合成的呢？目前还没有一个定论。

内容二　植物对水分的吸收

植物基本的结构和功能单位是细胞。植物生长需要的水分主要靠土壤提供，植物的吸水首先是植物细胞的吸水。

一、植物的吸水器官

在植物生长的周围环境中，只有土壤中含有充分且比较稳定的水分。尽管植物地上部分的叶片也能吸水，但除了下雨外，叶片常接触的只是温度很低的干燥的大气，很难有效地吸到水。高等植物吸水的主要器官是根系。作物需要的水分主要是通过根系吸收的，根系主要的吸水部位是根毛区（图9-2-1）。农业生产上经常采取有效措施促进根系生长，多发新根，增加根毛区面积，以利于植物对水分的吸收，是提高作物产量的有效措施。

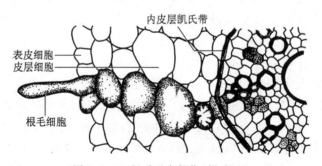

图9-2-1　根系吸水部位（根毛区）

二、植物吸水的原理

细胞有 3 种吸水方式,未形成液泡的细胞靠吸胀作用吸水,形成液泡的细胞靠渗透作用吸水,特殊的情况下植物还能消耗能量进行代谢性吸水。成熟细胞吸水的主要方式是渗透吸水,吸水能力取决于细胞内、外的能量差(水势差)。

1. 水势

植物吸水实质上是一个水分移动的过程,水分子含有能量,由于能量的驱使水分子才能移动(做功)。水分子含有的能量包括束缚能和自由能两部分,自由能是水分子用于做功的能量。当水中溶有物质成为溶液时,由于溶质分子与水分子之间的分子引力和碰撞作用,使水的自由能降低。相同温度下,一个水系统中 1 mol/L 的水和 1 mol/L 纯水之间的自由能差称为水势。规定纯水的水势为零。因此,细胞中的水都含有一定的物质,其水势都为负值。溶液中溶质含量越高,溶液浓度越大,溶液水势越低。水势的高低决定着水的流动方向,在植物细胞和组织中,水由水势高流向水势低的区域。

2. 细胞吸水

(1)渗透作用:自然界中,由于分子运动,物质都有从浓度高的区域向浓度低的区域移动的趋势,称为扩散作用。生产上各种药液的配制等,都是物质分子扩散作用的结果。半透膜是一种能让水分子自由通过,而对其他物质分子具有选择透性的特殊的膜,种子表皮、羊皮纸和动物膀胱的膜等都具备半透膜的特性。把半透膜包在一个长颈漏斗的口上,漏斗内装进一定量的蔗糖溶液,然后将漏斗倒置于一个盛有蒸馏水的大烧杯中,使漏斗内的蔗糖液面与烧杯内蒸馏水的液面保持同一水平面,这就形成一个渗透系统(图 9-2-2)。水分子可通过半透膜自由运动,而蔗糖分子不能通过半透膜,漏斗内蔗糖溶液的水势低于烧杯中蒸馏水的水势,烧杯中的水分子就会通过半透膜向漏斗中扩散,伴随漏斗中水量的不断增加,漏斗内的液面不断上升。这种水分子通过半透膜由水势高向水势低的区域移动的现象叫渗透作用。当漏斗内、外溶液水势达到平衡(相等)时,漏斗内液面便不再上升。

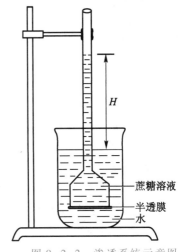

图 9-2-2 渗透系统示意图

(2)细胞吸水:植物细胞膜亦称单位膜,它具有选择透性,水分子可以自由通过,其他物质选择通过,是典型的半透膜。植物细胞中,细胞膜、液泡膜和其间的原生质三者全可作为半透膜看待。液泡内的液体具有一定的浓度,表现一定的水势,当细胞内、外溶液由于溶质含量多少不同而出现水势差时,便会出现细胞吸水或失水的现象(图 9-2-3)。把细胞浸在高浓度的溶液(如蔗糖溶液)中,外界溶液的水势低于细胞的水势,细胞内水分外流,原生质失水收缩,最终与细胞壁分开。由于细胞失水而使原生质与细胞壁分离的现象称为质壁分离。如果把发生了质壁分离的细胞移入低浓度溶液或清水中,外界水势高于细胞水势,原生质吸水膨胀,最终恢复到与细胞壁相接触的状态,称质壁分离复原。以上事实说明植物细胞是一个渗透系统,植物细胞就是通过渗透作用来吸收水分的。

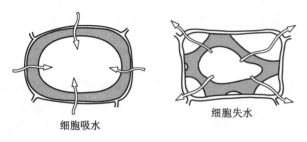

细胞吸水　　　　　　　　细胞失水

图 9-2-3　质壁分离和质壁分离复原示意图

微课　植物细胞质壁分离

3. 植物吸水

根是植物吸水的主要器官。根的生理活动使得根毛细胞吸收养分,细胞液浓度增大,细胞水势减小并低于土壤溶液水势,根毛细胞吸水并集中于根部导管。水分的不断增多就造成了一种沿导管上升的力量,称为根压。根压的形成导致水分不断地向上输送。将植物的茎从靠近地面的部位切断,切口不久就会流出汁液,这种现象称为伤流,流出的汁液称伤流液。在空气温度较大而又无风的早晨,一些植物的叶尖和叶缘也会排出水珠,这种现象称为吐水。这些现象都是由于植物根部产生根压的缘故。植物以根压作为吸水动力进行的吸水方式称为主动吸水。

植物幼苗时期主要靠主动吸水,植株长成后,主动吸水已不能满足生长的需求,这时的植物主要靠的是被动吸水。叶片的功能之一是进行蒸腾作用,蒸腾作用使得植物体内的水分经叶片向空气中散失。在蒸腾作用下,叶肉细胞失水而水势降低便向叶脉的导管吸水,叶脉的导管连接茎和根的导管,它们都是中空的死细胞,水分在其中形成一个连续的水柱,由于叶肉细胞向导管吸水,水分便不断沿导管上升,这种吸水力量一直传递到根,使根部细胞内水分不足,水势降低,根细胞就从周围环境中吸收水分,这种吸水方式称为被动吸水。由于蒸腾作用而产生的促使植物根系吸水的力量称蒸腾拉力(图 9-2-4)。

图 9-2-4　植物吸水的动力

三、影响根系吸水的条件

植物主要通过根系从土壤当中吸收水分,一切影响根系生活力和细胞生理活性的因素都会对植物的吸水过程发生作用。

1. 土壤温度

一般来说,在适宜的温度范围内,随着土壤温度的升高,根系吸水也加快;反之吸水减缓。温度过低,水的黏滞性增加,扩散速度减慢;原生质黏性加大,透性减小,根生理活动减弱,主动吸水受到制约。温度过高时,植物新陈代谢的协调性遭到破坏,阻碍了正常的生长和呼吸,根系对水分的吸收受到限制。不同的植物吸水的最适温度不同。

2. 土壤通气状况

土壤中氧气的含量对植物吸水非常重要,土壤中缺乏氧气,根呼吸减弱,时间过长会引起无氧呼吸,产生毒害作用,影响植物吸水。旱地作物中耕除草,能改善土壤通气条件,促进根系的生理活动与生长,增加根系吸水与吸肥能力。

3. 土壤水分

土壤中的水分不是纯水,其中溶解着不少的矿质盐类,是混合溶液,如果土壤溶液浓度过大,其水势低于根细胞的水势,植物不但不能吸水,还会发生植物体内水分向土壤中"倒流"的现象。植株因体内水分缺乏而变黄,这就是生产上因施肥过量引起"烧苗"的主要原因。土壤不缺水,由于温度过低或土壤溶液浓度过高,土壤溶液水势低于细胞水势,造成根系吸水困难而引起的干旱称生理干旱。

动　脑　筋

作物施肥后,要马上灌一次透水,为什么?

微课　生理干旱

复习思考题

1. 什么是水势? 说明水势在植物体内水分移动中的作用。
2. 什么叫质壁分离和质壁分离复原? 细胞是怎样吸水的?
3. 简要说明植物吸水的动力及特点。
4. 如何理解"铲地不铲草,铲草铲不了"这句话?
5. 图9-2-5展示的是夏季的早晨在温室育苗床中出现的景象,解释可能的原因。

图9-2-5　题5图

实训 1　植物组织水势的测定(小液流法)

一、技能要求

水势的高低表示植物组织的水分状况,植物组织含水量越少,水势就越低,组织吸水能力就越强。植物组织水势的高低,一定程度上能反映出植物对水分的需求状态。农业生产上可以利用水势的变化作为灌溉的参考。

二、实验原理

溶液浓度的高低直接影响着溶液密度的大小。两种浓度、密度不同的溶液相遇会发生相对运动。将一小块植物叶片浸入一系列不同浓度的蔗糖溶液中,细胞与外界溶液就会按水势高低进行水分交换,使原溶液的浓度、密度发生相应的改变。将已经浸过实验材料的各种浓度的溶液移入原来溶液中时,如移入的小液滴浓度、密度改变,会向上或向下移动;如浓度、密度不改变,小液滴就不动。小液滴不动的溶液的水势即组织细胞的水势。

三、药品与器材

1. 药品

(1) 1 mol/L 蔗糖溶液(母液):准确称取蔗糖 34.23 g,用蒸馏水配成 100 mL 溶液。

(2) 亚甲蓝粉末。

2. 仪器:试管,试管架,青霉素小玻瓶,弯嘴细玻管,移液管,剪刀,镊子,解剖针。

3. 材料:新鲜植物叶片。

四、技能训练

1. 配制一系列浓度递增的蔗糖溶液(浓度分别为 0.1 mol/L、0.2 mol/L、0.3 mol/L、0.4 mol/L、0.5 mol/L、0.6 mol/L)各10 mL,分别注入 6 支试管中,试管加塞,按溶液浓度由小到大编号。依据编号顺序排列,放在试管架上。

2. 取青霉素小玻瓶 6 个,编号,按顺序放在实验台上。从各试管中分别吸取 4 mL 蔗糖溶液移入相同编号的青霉素小玻瓶中,加塞。

3. 用剪刀将植物叶片剪成面积约 0.5 cm² 的小块,向每个青霉素小玻瓶中加入相等数目的叶片小块,加塞放置 30 min,其间摇动 2~3 次,以便叶片小块与溶液充分接触。以上操作尽快完成,以免叶片失水,水势发生变化。

4. 30 min 后,用解剖针向 6 个青霉素小玻瓶各挑进一点亚甲蓝粉末,使溶液成蓝色(切勿过多),充分摇匀后用弯嘴细玻管吸取蓝色液,轻轻插入相应编号的试管蔗糖溶液中部将蓝液挤出一滴,慢慢抽出弯嘴玻管,切勿搅动溶液,观察小液滴的动向。

如果蓝色液滴下降,表示浸过材料的蔗糖溶液浓度变大,即植物组织从外界吸收水分,叶片组织水势低于该外界溶液的渗透势;反之,则说明叶片组织水势大于该外界溶液的渗透势。如果蓝色液滴静止不动,说明叶片组织水势等于该溶液的渗透势。如果没有静止不动的小液滴,液滴在前一浓度中下降,在后一浓度中上升,则叶片组织水势为两种浓度溶液的平均值。

根据不同浓度的蔗糖溶液中蓝色液滴的升降情况,找出与组织水势相当的浓度,通过计算即可求得该组织的水势。

5. 结果计算

$$组织水势(外界溶液的渗透势) = -iRTc$$

式中,R 为气体常数;T 为热力学温度,$T=273+t$(实验时的摄氏温度);i 为解离系数,蔗糖 $i=1$;c 为等渗溶液的浓度。

五、实验作业

按要求撰写实验报告,与其他同学对比测定结果,分析误差出现的原因,总结实验应注意哪些问题。

内容三　水分的散失——蒸腾作用

植物正常的生命活动,通过根系不断地从土壤中吸收水分,除直接参与代谢作用之外,大量的水分通过植物的地上部分散失到空中,从而牵动植物体内水的流动,完成物质运输和营养分配的过程。

一、蒸腾作用

植物从土壤中吸收的水分用作植物组成成分的不到1%,绝大部分通过蒸腾作用散失到环境中(图9-3-1)。植物通过蒸腾作用产生蒸腾拉力,加强根系的水分吸收;由于蒸腾作用导致植物体内水分流动,促进植物体内的物质运输;水分由液体转化为气体散失到空气当中,带走大量的热量,维持叶面温度的恒定。蒸腾作用的主要部位是气孔(气孔蒸腾)、角质层(角质蒸腾)和皮孔(皮孔蒸腾)。衡量蒸腾作用快慢的生理指标是蒸腾强度,用在一定时间内单位叶面积散失的水量来表示$[g/(m^2 \cdot h)]$。植物积累1 g干物质所消耗水分的克数称需水量(蒸腾系数),根据需水量可以计算出作物灌溉的用水量。

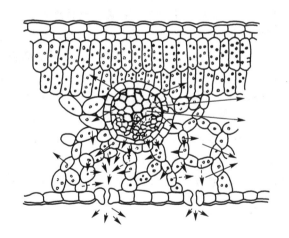

图 9-3-1　植物通过气孔蒸腾

微课　蒸腾作用

二、小孔扩散

蒸腾作用的主要方式是气孔蒸腾。植物叶片表面,特别是叶缘部位分布着大量的气孔,但气孔很小,所有气孔所占的面积不到叶片面积的1%。虽然气孔所占的面积很小,但通过气孔散失的水量却占整个蒸腾作用的90%以上,这是由于小孔扩散的缘故。

　　研究证明,气体通过小孔扩散的速率不与小孔的面积成比例,而与小孔的周长成比例,小孔越小,单位面积上散失的水分就越多。这是因为气体通过小孔形成一个半月形的扩散层,在扩散层的中央部分水分子互相碰撞,阻力大,扩散速度慢;而在边缘上的水分子密度小,蒸汽层薄,扩散阻力小,边缘的水分子从侧面逸出,扩散速度快(图 9-3-2)。扩散层边缘的水分子的扩散速度比扩散层中央快的现象称为边缘效应。大面积的自由水面或大孔通过的水蒸气分子大部分由中央面上扩散,边缘只占小部分,所以蒸发速度与面积成正比。孔的面积逐渐减小,边缘部分对中央部分的比例逐渐加大,当孔的面积减少到边缘效应占主要位置时,蒸发速度便不与面积成正比,而与边缘长度成正比,由于气孔微小(以 μm^2 计),正符合于小孔扩散的原理,因而水蒸气通过气孔的蒸腾速率比同面积的自由水面要大得多。

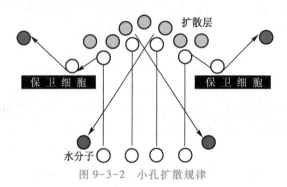

图 9-3-2　小孔扩散规律

三、气孔运动的机制

　　气孔运动的表现在气孔开闭。气孔由两个保卫细胞组成,保卫细胞靠近孔口一边的细胞壁较厚,而远离孔口一边的细胞壁较薄,当保卫细胞吸水膨胀体积增大时,远离孔口一边的细胞壁膨胀程度大于靠近孔口的一边,使保卫细胞向外弯曲,气孔便张开;相反,在保卫细胞失水体积缩小时,保卫细胞伸直,气孔便关闭。

　　保卫细胞含有叶绿体,能够进行光合作用。白天,保卫细胞吸收 CO_2 进行光合作用,细胞内 CO_2 浓度降低,细胞溶液 pH 升高(>7),淀粉磷酸化酶催化淀粉转化为葡萄糖溶于细胞液中,细胞液浓度增大,水势降低,保卫细胞吸水膨胀,气孔张开。夜间,光合作用停止,呼吸作用正常进行,呼吸作用释放 CO_2 使细胞内 CO_2 浓度升高,细胞溶液 pH 降低(<5),淀粉磷酸化酶催化葡萄糖转化为淀粉析出细胞液,细胞液浓度减小,水势升高,保卫细胞失水收缩,气孔关闭(图 9-3-3)。

四、影响蒸腾作用的因素

　　蒸腾作用是植物体内的水分通过植株表面向大气中散失的过程,一切影响水汽扩散的因素都会对蒸腾作用的快慢产生影响。

　　1. 光照

　　光照可以提高植物的蒸腾作用。光照使叶片温度提高,加速叶内水分蒸发,提高叶肉细胞间隙和气孔下腔的蒸汽压;光照使大气温度上升而相对湿度下降,增大了叶内外的蒸汽压差和叶片与大气的温差;光照使气孔开放,减少蒸腾的阻抗。

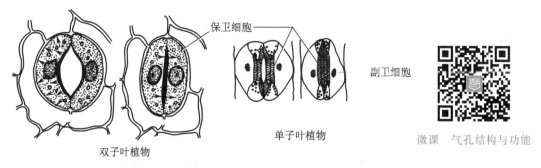

保卫细胞

副卫细胞

微课　气孔结构与功能

单子叶植物

双子叶植物

图 9-3-3　气孔开闭规律

2. 大气湿度

大气相对湿度越大,叶内外蒸汽压差越小,蒸腾强度就越弱。正常叶片气孔下腔的相对湿度在 91% 左右,当大气相对湿度在 40%~48% 时,蒸腾作用即能顺利进行。天气干旱,由于叶内外蒸汽压差增大,蒸腾作用加强。

3. 温度

当土壤温度升高时,有利于根系吸水,促进蒸腾作用的进行。当气温升高时,增加了水的自由能,水分子扩散速度加快,植物蒸腾速率加快。

4. 风

微风促进蒸腾。风能将气孔外边的水蒸气吹散,补充一些相对湿度较低的水蒸气,叶内外扩散阻力减小,蒸腾作用加强。强风引起气孔关闭,叶片温度下降,反而使蒸腾作用减弱。

蒸腾作用受许多环境因子综合影响。植物一天的变化情况是:清晨日出后,温度升高,大气湿度下降,蒸腾作用随之增强,一般在 14 时前后达到高峰;14 时以后光照逐渐减弱,植物体内水分减少,气孔逐渐关闭,蒸腾作用随之减弱;日落后蒸腾作用降到最低点。

五、水分的传导

植物体内水分的传导途径可分为两部分:一为短距离运输部分,包括从根毛到导管及叶脉到叶肉细胞,水分通过活细胞传导,主要传导方式是渗透作用;二为长距离运输部分,包括从根导管经茎、枝到叶脉的全部导管传导系统,水分通过导管和管胞主要以液流的方式进行。水分传导的动力是根压和蒸腾拉力,植物体内水分的传导速度一般为 0.2~2 m/h。

植物体内水分的传导途径可简单表示如下:

复习思考题

1. 什么叫蒸腾作用? 说明植物蒸腾作用的部位和效率。
2. 什么叫小孔扩散律? 说明气孔高效蒸腾的原因。
3. 简要说明气孔运动的特点。
4. 生产中常将移栽植物去掉一部分叶片,试分析原因。

实训 2　植物蒸腾强度的测定(钴纸法)

一、技能要求

蒸腾作用是植物体内的水分以气态向外界扩散的过程。它受植物形态结构和外界许多因子的影响,能反映出植物的水分状态和外界条件对植物水分消耗的影响。蒸腾强度是重要的植物水分生理指标。蒸腾强度的测定,对植物的生理、生态、作物栽培育种等具有指导作用。学会采用钴纸法快速测定植物的蒸腾强度,为鉴定植物抗旱性提供参考依据。

二、实验原理

烘干的钴纸是蓝色,吸水后变成粉红色,利用称重法称取钴纸吸水前后的质量差即是叶片表面的失水量,由此计算出该叶片的蒸腾强度。

三、药品与器材

1. 药品:5%氯化钴($CoCl_2$)溶液。

配制 5%氯化钴($CoCl_2$)溶液:称取 5 g 氯化钴($CoCl_2$)溶于 70 mL 蒸馏水,定容至 100 mL。

2. 仪器:电热恒温干燥箱,电子分析天平(0.000 1 g),剪刀,镊子,培养皿,烧杯,滤纸。

3. 材料:各种植物叶片。

四、技能训练

1. 钴滤纸的制作:用普通滤纸剪成 1 cm×1 cm 的小方块,于 5%$CoCl_2$溶液中浸泡 5 min 后取出沥干水分,在 60~80℃烘箱中烘干,即为实验用钴滤纸(呈蓝色)。

2. 取烘干后的钴滤纸称重,立刻贴于叶表面并盖上 1.2 cm×1.2 cm 的方形塑料片,用透明胶带于四周密封。30 min 后,取出钴滤纸(呈粉红色)迅速称重,两次的钴纸质量差即是叶表的失水量。重复 3 次。

3. 以单位面积叶表面在单位时间内的失水量表示叶片的蒸腾速率,单位 mg/(cm^2·d)。

五、实验作业

按要求撰写实验报告,比较不同植物叶片的蒸腾强度并分析原因。

内容四　土　壤　水　分

土壤由矿物质、有机质、水分、气体和土壤微生物组成。水分作为土壤的重要组成部分,参与土壤中各种物质和能量的转化。水分的形态、数量和能量决定着物质和能量的转化强度,进一步影响着植物吸水以及土壤对植物的营养和水分供应。土壤的水分状况导致土壤的肥力差异,土壤水分是土壤肥力因素中不可缺少的组成部分。"有收无收在于水,多收少收在于肥"。生产上对土壤水分的调节和控制,针对地区气候和水资源状况调节土壤的水分含量和状态,增加土壤有效水含量,是农业增产、增收的重要措施之一。

一、土壤水的类型

土壤水的主要来源是降水、灌溉和地下水补给。土壤中水的形态有固态、液态和气态 3 种。作物直接吸收利用的是液态水。按水的一般物理状态及水分在土壤中所受作用力的不同,将土壤水分基本划分为吸湿水、膜状水、毛管水和重力水 4 种类型。

微课　干旱与水涝

1. 吸湿水

土粒通过分子引力和静电引力,从土壤空气中吸收的气态水称为吸湿水。吸湿水是最靠近土粒表面的一层水膜(图 9-4-1)。

土壤吸湿水量的大小,主要取决于土粒比表面积和空气相对湿度。土壤质地越细,有机质含量越多,吸湿水量越大;空气相对湿度越大,吸湿水量越多。在水汽饱和的空气中,土壤吸湿水可达最大值,此时土壤的含水率,称为吸湿系数或最大吸湿量。

土壤吸湿水受到的土粒吸附力很大,一般应该为$(30\times10^5)\sim(10\ 000\times10^5)$ Pa,远远大于植物的渗透压(平均为 1 519 875 Pa),故这部分水植物不能吸收利用,实际上属于无效水。吸湿水带有固体性质,不能移动,无溶解力,只有在 100~150℃的温度下进行长时间烘烤,才能使吸湿水与土粒分开,扩散逸出。

2. 膜状水

土壤含水量达到吸湿系数以后,土粒剩余的分子引力和静电引力吸附的液态水膜,称为膜状水。当膜状水达到最大量时的土壤含水量称为最大分子持水量。显然,它是吸湿水和膜状水的总和(图 9-4-2)。

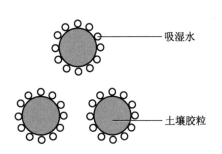

图 9-4-1　土壤吸湿水形成模式图

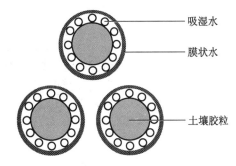

图 9-4-2　土壤膜状水形成模式图

土壤膜状水受到土粒吸持力的范围是 633 281.25~3 141 075 Pa。当作物根系无力从土壤中吸收水分并开始发生永久性萎蔫时,土壤的含水质量分数称作萎蔫系数(凋萎系数)。萎蔫系数常因土壤质地和作物种类不同而发生变化(表 9-4-1)。

表 9-4-1　常见作物和土壤质地与萎蔫系数的关系

作物	粗砂土	细砂土	砂壤土	壤土	黏壤土
玉米	1.07	3.1	6.5	9.9	15.5
小麦	0.88	3.3	6.3	10.3	14.5
水稻	0.96	2.7	5.6	10.1	13.0
高粱	0.94	1.6	5.9	10.0	14.4
豌豆	1.02	3.3	6.9	12.4	16.6
番茄	1.11	3.3	6.9	11.7	15.3

一般在土壤含水量 5%~12% 时,落叶果树的叶片凋萎(分别为葡萄 5%、苹果和桃 7%、梨 9%、柿 12%)。萎蔫系数一般比膜状水的最大量低 2%~3%。每种作物的萎蔫系数通过实测确定,一般情况下是个常数。

膜状水的含量也决定于土粒总表面积和土壤溶液的浓度。土壤质地越细,有机质含量越高,膜状水含量就越高。溶液浓度增加,渗透压增大,土壤膜状水含量减少。

3. 毛管水

土壤水分超过最大分子持水量时,依靠毛管力保持在毛管孔隙(孔径 0.002~0.2 mm)中的液态水,称为毛管水(图 9-4-3)。毛管水所受吸力为 10 132.5~633 281.25 Pa,小于作物根系的渗透压,所以植物可以吸收。毛管水依靠毛管力可以上、下、左、右移动,一般是由吸力弱的粗毛管向细毛管移动;毛管吸力相同时,由水多的地方向水少的地方移动。根据地下水与土壤毛管是否相连,可将毛管水分为毛管上升水与毛管悬着水。

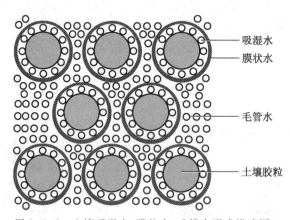

图 9-4-3　土壤吸湿水、膜状水、毛管水形成模式图

(1)毛管上升水:地下水沿毛管上升并被毛管保持在土壤中的水分称毛管上升水。土壤中毛管上升水达到最大量时的土壤含水量称为毛管持水量。它是吸湿水、膜状水和毛管上升水的总和。

毛管上升水的高度与毛管半径有密切的关系。假设毛管半径为 r,毛管上升水的上升高度为 h,则 $h = 0.15/r$。毛管半径越小,即土壤质地越细,上升高度越大。但在土壤中实际的上升高度,以粉砂质轻壤土的毛管水上升高度为最大,最高达 3 m 左右。砂土孔径大,水分上升高度较低。黏质土由于孔径过于细小，孔径内主要为吸湿水和膜状水所占据，阻碍了毛管水运动，上升高度反而较小(表9-4-2)。

表9-4-2　不同土壤毛管水上升高度

质地	高度/m
砂土	0.5~1.0
砂壤、轻壤	1.5
粉砂轻壤土	2.0~3.0
中、重壤土	1.2~2.0
轻黏土	0.8~1.0

毛管持水量时的土壤水吸力相当于8 106 Pa。在水质较好，地下水位深浅适宜时，毛管上升水可达根系分布层，供作物充分吸收利用。一般地下水位在2~3 m时，可补充50%~60%的植物所需水分。如果地下水位太浅而且矿化度高，则易引起湿害和盐害。把在蒸发强烈的季节，能引起地表面的积盐达到的有害程度的最低地下水位，称临界水位(深度)。它因土壤质地而不同，一般多在1.5~2 m。砂土最小，壤土最大，黏土居中。水利工程设计时，排水沟最浅的深度要以地下水深度为基础，再加0.5 m的安全超高为宜。

（2）毛管悬着水：地下水位深时，在降雨或灌溉后，借毛管力吸持在毛管孔隙里的水分称毛管悬着水。毛管悬着水达到最大量时的土壤含水量称为田间持水量，此时土壤吸持水分的力为10 132.5~50 662.5 Pa，一般取平均值30 397.5 Pa。田间持水量是吸湿水、膜状水和毛管悬着水的总和，对某一类土壤来说，田间持水量近似一个常数。田间持水量可以用来计算毛管孔隙度，也要作为土壤有效水的上限，作为计算旱田灌水定额的依据。

毛管孔隙度(%)= 田间持水量×容重

毛管悬着水因作物吸收、土壤蒸发等原因，当水分含量减少到一定程度时，粗毛管悬着水的连续状态断裂，但细毛管孔隙中的水分仍是连续状态，此时的土壤含水量称为毛管断裂含水量，壤土的毛管断裂含水量在田间持水量的65%~70%。

4. 重力水

当进入土壤的水分超过田间持水量后，多余的水因重力作用，沿大孔隙向下流失，这部分水叫重力水。

旱田土壤若在50 cm以上深处出现黏土层，在降雨量大时可出现内涝，引起土壤缺氮、通气不良、产生还原物质，对根系发育不利，多余的重力水向下运动时还带走土壤养分。对旱作来说，重力水一般是多余的；而水田被犁底层或透水性差的土层阻滞时，重力水对作物生长是有效的水。

土壤重力水达到饱和，即土壤全部孔隙都充满水时的土壤含水量称为土壤全持水量(又称为饱和持水量)，它是吸湿水、膜状水、毛管水和重力水的总和。一般用于稻田淹灌和测田间持水量时的灌水定额的计算。通常把萎蔫系数作为旱地土壤有效水的下限，把田间持水量作为有效水的上限，二者之差即为有效水的最大含量。

土壤最大有效水量 = 田间持水量 - 萎蔫系数

土壤实际有效水量 = 土壤实际含水量 - 萎蔫系数

　　土壤质地对萎蔫系数和田间持水量均有显著的影响,从而也必将影响到土壤最大有效水含量,如表9-4-3所示。

表9-4-3　土壤质地与有效水最大含量的关系　　　　　　　　　%

类别	粗砂土	面砂土	砂壤土	轻壤土	中壤土	重壤土	黏土
田间持水量	6	12	18	22	24	26	30
萎蔫系数	3	3	5	6	9	11	17
有效水最大含量	3	9	13	16	15	15	13

二、土壤水势

　　根据物理学原理,物体在承受外力作用后,自由能就会发生变化。同样,土壤水在各种力的作用下,自由能也发生变化。通常规定与土壤水在同一条件(同温、同压、同一高度)作为参比标准的纯自由水(流水或饱和水)的自由能为零,则土壤水所具有的自由能与参比标准下纯自由水自由能的差值就是土水势。土壤水总是由土水势高处向低处移动。

　　土壤水在承受一定吸力的情况下所处的能态称土壤水吸力。土壤含水量越少,土壤水吸力越大;反之越小。土壤内的水分总是由吸力低处向吸力高处移动。

三、土壤水分的运动

　　自然界的水分进入土壤后并非固定不变,而是处于不停的运动之中。气态水的扩散、凝结和液态水的蒸发、运转、渗吸、渗漏等,都直接影响着土壤肥力的改变和作物的生长发育。

　　1. 土壤水汽的扩散和凝结

　　由于土壤含水量一般都在最大吸湿量以上,所以土壤孔隙中的水汽经常处于饱和状态,并在温度、压力等因素的影响下发生凝结和扩散。土壤中的水汽总是由水汽压高处向低处移动,推动水汽运动的动力是水汽压梯度,它是由温度和土壤水吸力梯度引起的。水汽由水多向水少的地方扩散,由暖处向冷处扩散。

　　土温常随气温的变化而变化,亦有昼夜和季节的差异。在夏季,我们常看到傍晚已经晒干的表土层,翌日清晨又回潮起来,农民把这种在清晨能够回潮的土壤叫夜潮土。这是由于昼夜温差大,夜间底土暖于表土,水汽便由下向上移动,遇冷凝结成水所致。在干旱地区,夜潮土一昼夜能增加4~8 mm的水分,可明显提高土壤抗旱能力,所以在农业上具有一定的意义。同样,在冬季当土壤表层冻结,下层的水分不断向冻层移动,通过冷凝并结成冻块而聚积起来,当春暖化冻时,上层的水溶解了,而下层为仍未融化的冰粒所堵塞,解冻水不能下渗,一时表土很湿并出现返浆现象。充分利用返浆水,对易发生春旱的北方地区播种、保苗有重要意义,顶凌耙地就是为了保证这部分返浆水得到利用。

2. 土壤水分的蒸发

土壤水分经气化并以水汽的形态扩散到近地面的大气中的过程，称土壤水分蒸发或跑墒。无论是饱和水、毛管水或膜状水都可因蒸发而损失，土壤水分蒸发是非生产性消耗，对于旱田应采取措施使其尽量减少。

（1）土壤水分蒸发的影响因素：

1）外界因素：外界因素主要有辐射、温度、大气、相对湿度和风速等。当日照长、辐射强、温度高、湿度小、风速大时，土壤水分蒸发强烈，速度快、损失量大。地形、地势、纬度和地面覆盖情况等对土壤水分蒸发也有一定的影响。

2）内在因素：内在因素主要指土壤质地、结构、孔隙状况以及耕作质量等。砂土吸力小，大孔隙多，蒸发强，土壤上层干得最快，但干土层浅。黏土干得最慢，但干土层厚。土壤板结龟裂、耕作粗放、地面凸凹不平、颗粒多等情况都会加剧土壤水分蒸发。

（2）土壤水分蒸发的过程：土壤水分蒸发有明显的阶段性，水分的耗损在各个阶段是不一样的。掌握水分蒸发耗损的阶段特点，可为抗旱保墒、有效地控制作物丰产水分提供理论依据。

当降雨或灌水后，土壤水分便开始连续蒸发，土壤水分蒸发分以下3个明显阶段。

1）大气蒸发力阶段：当土壤含水量大于田间持水量时，土壤水的蒸发速度完全决定于大气蒸发力，即辐射、温度、空气湿度以及风速等因素。在这个阶段内，土表水分蒸发速度接近自由水的蒸发，蒸发量很大。但是这个阶段一般只能持续几天，重力水很快就会渗漏排除，土壤含水量迅速下降。

2）土壤导水率控制阶段：当土壤含水量减少到田间持水量以下，土壤水分的蒸发速度随着水分的减少而急剧下降，所以又称蒸发速度降低阶段。在这一阶段内，水分的蒸发主要决定于土壤特性，当然也与大气蒸发力密切相关。这一阶段时间较短，当土壤表层水汽压与大气水汽压达到平衡时，土壤表面就形成了风干状态的干土层，从而就截断了毛管水的运动。因此，在生产上为了防止土壤有效水分的蒸发，减少其非生产性消耗，从土壤水分蒸发转入导水率控制阶段开始，就应及时地破坏土壤毛管体系，控制水分向土面传导。早春顶凌耙地、雨后或灌后及时中耕松土或直接覆盖都能收到更好的保墒效果。

3）扩散控制阶段：当土壤含水量低于毛管断裂水含量以后，由于地表面形成干土层，毛管传导作用停止，土壤水向土表的导水率降至接近零。此时，土壤水分要经气化并以气态水经干土层中的孔隙扩散到大气中去。如果土壤水分扩散经过的干土层孔隙度小，扩散则慢，水分散失得就少。这时的保墒措施便是镇压，镇压能防止土壤漏水跑墒，又有利于底土层的毛管作用，使底土层水分逐渐湿润表土，旱情得以缓解。

降雨或灌溉后，一部分水沿地表径流流掉，另一部分则渗入土壤中。由于土粒的吸附力和毛管力的作用，开始渗吸得很快，当水分充满毛管孔隙后，渗吸速度由快到慢，土壤上层水分很快达到田间持水量，随后土壤水分达到饱和。这一阶段称渗吸阶段，特点是单位时间渗水量由大到小，且不稳定。渗吸随着时间而逐渐减慢，最后达到比较稳定的数值，便进入渗漏阶段。当重力水排除后，旱田土壤的渗漏便停止了；水田土壤每天保持一定的渗漏量。

四、土壤水分的调节

为了充分满足作物生长发育对水分的要求,避免水分过多或过少引起的危害,在作物生长期间要不断对土壤水分进行调节。旱田土壤的主要矛盾是水分不足,针对北方地区的气候特点及水资源状况,调控土壤水分的主要措施有以下几个方面。

1. 改良土壤质地,增施有机肥料

实践证明,壤土和有机质含量丰富的土壤较抗旱。

2. 加强农田基本建设,促进土壤蓄水保墒

丘陵地区通过改变坡地地形,如修筑梯田、保持田块平坦等,来减少雨水径流,提高作物单位面积产量。平原地带凹凸不平的耕地,可平整土地并结合耕作措施,解决水分分布不均问题,增加土壤的蓄水能力。在低洼易涝及盐碱地块,修筑条田、台田等完善田间排水系统,排除多余的水分及盐分的危害。

3. 发展农田水利,灌排结合

受到干旱威胁的耕地,发展农田水利事业是抗旱最有效的措施。除新建大中型水库外,还应根据当地水资源的实际情况发展小型农田水利。充分利用当地地表水和地下水修小水库、抽水站、井和蓄水池,并作到渠系配套、工程配套,避免大水漫灌。尽量节水,大力发展喷灌、滴灌技术,节水(50%~70%)、节能,扩大水浇地面积。大、中型水库,有计划按时按量配水、供水,加强渠系管理保护,制定作物的灌溉制度,保持适宜的土壤含水量,充分满足作物各生育期对水的需求。

4. 合理耕作、秋蓄秋保相结合

秋天深翻地或耙地,疏松土壤,将秋雨和冬雪蓄入土壤深层,使土壤在春季得到水分供应,称秋蓄,即春墒秋蓄。

春保,指耙糖保墒和镇压提墒措施。耙糖保墒是春天采用顶凌耙压和顶浆打垄的方法,即在3月上、中旬土地昼消夜冻时进行耙地,减少大孔隙,防止跑墒。随着水分下降及农时需要,结合打坷垃、播种等进行耙糖、压碎土块,形成疏松表层,减少毛管水运动,降低地表蒸发,保持适当的土壤含水量。当土壤含水量进一步减少,表层土壤墒情不足时,可采用镇压提墒,利用镇压措施,将表层土块压碎,降低孔隙度,削弱气态水向地表运动,减少水分损失,又有利于下层土壤水上升,种子吸水萌发。

深松也是很好的蓄水方式,可以联合耕种机安装深松铲。一般深松以后,无论是在冬季休闲或翌年秋作物生长期中,土壤含水量均高于一般耕翻的地块。适时中耕、地面覆盖等都能减少水分蒸发,起着抗旱保墒作用。

植树造林、种肥(绿肥作物)种草等,也是调节土壤水分的有效措施。生产中要根据具体情况,采用综合措施,有力调控土壤墒情,确保农业高产、稳产。

微课　整地保墒

复习思考题

1. 说明 4 种土壤水的形成及对作物生长的意义。
2. 什么叫土壤有效水量? 伴随土壤含水量逐渐降低,土壤有效水发生怎样的变化?

3. 什么是土水势? 其实际意义是什么?

4. 生产上采取哪些方法提高土壤的保水能力?

5. 简述土壤水的蒸发过程,生产上采取什么措施保水保墒?

实训 3 土壤田间持水量的测定

一、技能要求

田间持水量又称为田间最大持水量,是研究"土壤—水—植物"的关系,研究土壤水分状况、土壤改良、合理灌溉不可缺少的水分参数,同时又可用来计算毛管孔隙度,判断土壤的孔隙状况。

二、实验原理

田间持水量是指土壤排出重力水后,本身所保持的毛管悬着水的最大量。在待测地块选一小区,灌水饱和后,地表覆盖以防蒸发,经过一定时间排出重力水,可测定其土壤含水量,即土壤田间持水量。

三、器材

铁锹,水桶,木杆,塑料布(或秸秆),铝盒,天平,烘箱,土钻。

四、技能训练

图 9-4-4　田间持水量测区规划图

1. 在待测地块选一有代表性小区(面积 1 m×1 m),四周修筑高 15 cm、宽 30 cm 土埂,并踏实,作为测区。土埂外缘 0.5 m 处,每边再筑起一道土埂,高度与宽度同上,作为保护区(图 9-4-4)。

2. 首先往保护区灌水,随之往测区中灌水,内、外水层应均为 5 cm 厚,直至水分全部渗入土层中为止。

3. 灌水后放好木杆,上面用塑料布或秸秆盖严,以防地表水分蒸发。

4. 经过一定时间(砂土和砂壤土经过 1 昼夜,壤土经过 1.5 昼夜,黏壤土和黏土经过 2 昼夜)待排出重力水后,用土钻按要求(一般每隔 10 cm 取样,重复 3 次)取土样 10~20 g 放入铝盒中,带回实验室于 105℃烘箱中,烘至恒重并记录。

5. 结果计算

$$土壤田间持水量 = \frac{土壤含水量}{烘干土量} \times 100\%$$

五、实验作业

按要求撰写实验报告,并说明测田间持水量时,为什么要在测区外部修一保护区?

内容五　大气中的水分

植物通过蒸腾作用向空气中散失水分,江、河、湖、海和土壤中的水分经过蒸发扩散到空气中,二者共同组成大气中的水分。大气中水分含量达到一定的程度,便会以雨、雪等形式降落地面,回到土壤当中。

一、空气湿度

大气中水分含量对作物的生长发育、产量和品质都起着重要的作用。大气中的水分以 3 种形态存在,即气态、液态和固态。大多数情况下,水分是以气态存在于大气中的。3 种形态在一定条件下可相互转化。

表示空气潮湿程度的物理量,称为空气湿度,通常用水汽压、相对湿度、饱和差和露点温度来表示。

1. 水汽压

空气中的水汽所产生的压力,称为水汽压(e),有时也把水汽压称为绝对湿度。水汽压的大小取决于空气中的水汽含量。当空气中的水汽含量增加时,水汽压就相应增大。水汽压的单位用百帕(hPa)表示。

空气中水汽含量与温度有密切关系。当温度一定时,单位体积空气中所能容纳的水汽量是有一定限度的,水汽含量达到了这个限度,空气便呈饱和状态,这时的空气称饱和空气。饱和空气中的水汽压称为饱和水汽压(E),也叫最大水汽压。在温度条件发生改变时,饱和水汽压的数值也随之改变。

$$E_{水面} = 6.11 \times 10^{7.5\,t/(235+t)}$$

式中,$E_{水面}$ 为 0℃ 以上的饱和水汽压;t 为大气温度。

2. 相对湿度

空气中的水汽压与同温度下的饱和水汽压的百分比,称相对湿度(U)。可用下式表示:

$$U = \frac{e}{E} \times 100\%$$

相对湿度反映当时温度下的空气饱和程度。当空气饱和时,$E = e$,$U = 100\%$;空气未饱和时,$e < E$,$U < 100\%$;当空气处于过饱和时,$e > E$,$U > 100\%$。

饱和水汽压随温度而变化,在同一水汽压下,气温高时,相对湿度减小,空气干燥;反之,相对湿度增大,空气潮湿。

3. 饱和差

在一定温度条件下,饱和水汽压与空气中实际水汽压的差值,称为饱和差(d)。即:

$$d = E - e$$

如果空气中水汽含量不变,温度下降时,饱和差减小;反之,温度升高,饱和差增大。当空气达到饱和时,饱和差为零。饱和差表明了空气距离饱和时的差距。它的大小可以显示出水分蒸发能力,故常用于估算水分蒸发量。

4. 露点温度

露点温度(简称露点,t_d)是指空气中水汽含量不变、气压一定时,通过降低气温使空气达到饱和时的温度,单位为℃。

对于温度相同而水汽压不同的两处空气来说,水汽压较大的,温度降低较少就能达到饱和,因而露点温度较高;水汽压较小的,温度下降较大幅度才能达到饱和,因而露点温度较低。气压一定时,露点温度的高低反映了水汽压的大小。

空气常处于未饱和状态,故露点温度低于气温,空气达到饱和时,露点温度才与气温相等。

根据气温和露点温度的差值($t-t_d$)大小,大致可以判断出空气距离饱和时的差距。

二、水分蒸发

由液态或固态水转变为气态水的过程称蒸发。江、河、湖、泊、海洋和土壤中的水分都可以通过蒸发向大气中运动,它们是大气中水分的主要来源。

水面蒸发是一个复杂的物理过程,受很多气象因子影响:

1）水温越高,蒸发越快。水温升高,水分子运动加快,其逸出水面的可能性增大,进入空气中的水分子就多。

2）饱和差越大,蒸发越快。饱和差大表明空气中的水汽分子少,水面分子就容易逸出进入空气中。

3）风速越大,蒸发越快。风能使蒸发到空气中的水汽分子迅速扩散,减少了蒸发面附近水汽分子的密度加速蒸发。

4）气压越低,蒸发越快。水分子逸出水面进入空气中,要反抗大气压力做功,气压越大,汽化时做功越多,水分子汽化的数量就越少;反之则加快蒸发。

此外,蒸发还与蒸发表面的性质和形状有关,凸面的蒸发大于凹面,这是因为凸面曲率越大,蒸发越快。小水滴表面的蒸发就比大水滴快,纯水面的蒸发大于溶液面,过冷却水面(0℃以下的液态水)的蒸发大于冰面。

三、水汽凝结与降水

大气中的水汽不断增多达到饱和,遇到合适的条件就要发生凝聚作用,由气态水转变为液态水或固态水,该过程称为凝结。

1. 水汽凝结

（1）水汽凝结的条件

1）水汽达到饱和:使大气中的水汽达到饱和或过饱和通常有两个途径,一是在一定温度下不断地增加大气的水汽含量;二是使含有一定量水汽的空气降温,一直降到露点温度以下。自然界中前一种情况较为罕见,大气中水汽凝结多属后一种情况。一般导致水汽凝结有以下4种方式:空气与冷却的下垫面接触、湿空气辐射冷却、两种温度不同而且都快要饱和的空气混合、空气上升发生绝热冷却。

2）有凝结核存在:实验表明,纯净的空气,即使温度降低到露点温度以下,相对湿度达到400%~600%也不会凝结;但是加入少许尘粒,就会立即出现凝结现象。凡是对水分子有亲和力和吸附力的微粒,如灰尘、烟粒、盐粒、花粉以及工业排放物二氧化硫、三氧化硫等,都是很好的凝结核。近地空气层的凝结核是取之不尽、用之不竭的。

（2）地面水汽的凝结物——露和霜:晴朗无风或微风的夜间,地面有效辐射强烈。当近地气层温度降到露点温度以下,水汽便凝结在地表或草尖上为露;如果露点温度低于0℃,水汽则凝结为霜。热导率小的疏松土壤表面、黑色物体表面、粗糙的地面等,夜间辐射较为强烈,易形成露和霜等。低洼的地方和植株枝叶表面,因辐射温度低而湿度大,露和霜较重。

露和霜形成时,因凝结释放潜热,常使降温缓和而不致发生霜冻。在干热的天气,露水有利于萎蔫植物的复苏。但露水易使病菌繁殖而引起病害。露水凝于水果的表面使果皮产生锈斑,因而影响水果的品质。有霜的时候有时伴有霜害。所谓霜害并非霜对植物产生的危害,而是低温造成的危害。凝结为霜时有潜热释放,可以缓和植物体温的下降,所以,与没有霜时相比,有霜时的霜害往往比无霜时要轻微一些。

秋季第一次出现的霜称初霜,春季最后一次出现的霜叫终霜,一年中终霜与初霜之间的天数称无霜期,裸地作物的生育期一定要短于当地的无霜期,才有在当地栽培的价值。

（3）近地气层水汽的凝结物——雾:雾是在近地气层的水汽凝结物（水滴或冰晶）使水平能见度显著减小的现象。当水平能见度不到 1 km 时称大雾;能见度为 1~10 km 的称为轻雾。雾是低层空气温度降低到露点温度以下而在近地气层形成的凝结物,但雾绝不是水汽。

微课　霜的形成

根据雾的成因,可分为辐射雾、平流雾和平流辐射雾 3 种。辐射雾是在夜间,由于地面辐射冷却降温,致使空气湿度达到饱和而形成的雾。这种雾多形成于晴朗无风或微风且水汽较充沛的夜间或清晨,日出后逐渐消散。所谓"十雾九晴""雾重见晴天"等,都是指这种辐射雾。平流雾是暖湿空气流经冷的下垫面时,其下层冷却降温,使水汽凝结而成的雾。在寒冷季节的陆地上,温暖时期的海上,常常发生平流雾。平流雾在一天中的各个时刻都可形成,并且在大风时也能存在,其厚度极大,范围也非常广阔。平流辐射雾是平流和辐射因素共同作用而形成的雾,也叫混合雾。

雾能降低太阳辐照度,影响绿色植物的光合作用,从而影响植物的产量。雾还能使植物开花推迟,受精被阻,果实成熟不良和品使质变劣。多雾地区,太阳光谱中的部分紫外线被雾吸收,到达地面的紫外线减少,植物易产生陡长而茎秆较弱,病虫害易于入侵。但对茶叶、麻类等怕紫外线伤害的植物生长发育有利,故有"云雾山中产名茶"和"雾多麻质好"之说。浓雾地区,因雾滴较大,植株常被雾滴湿透,若连续时间较长,不仅影响植物光合作用,而且呼吸作用也会受到阻碍,使植物生长衰弱。果树在成熟期间持续被雾水沾湿,可使果面变损,品质降低。雾有利于萎蔫植物的复苏。

根据雾的形成,可采取不同的防御措施。潮湿地区由于地面水分充足,最易生成雾。故应加强排水,设法降低地下水位,可减少雾的形成。在容易产生平流雾的地区,营造与空气平流方向垂直的防护林,减少空气流动,即可减少平流雾的形成。据测定,防护林可减少雾量的 1/5,防雾距离可达树高的 16 倍左右。防护林不仅可降低雾的浓度,还可减弱风速,提高气温和地温,防雾效果比较好。

（4）高空水汽凝结物——云:云是高空大气（自由大气）中的水汽凝结而形成的水滴、过冷却水滴、冰晶或它们混合组成的悬浮体。形成云的基本条件,一是充足的水汽;二是有足够的凝结核;三是具备空气中水汽凝结成水滴或冰晶时所需要的冷却条件。实际生活中,空气的垂直上升运动,是能满足上述 3 个基本条件的,空气的垂直上升运动是形成云的主要原因。

云是天气晴、雨的重要征兆。一般来说,云底高、云量少、云层薄、云的颜色明亮,不会下雨;反之,就容易下雨。当云层由薄变厚,云底由高变低,就易下雨。有时上、下云层移动方向相反或不一致等也会下雨。

2. 大气降水

广义地讲,降水是地面从大气中所获得的水汽凝结物的总和,包括云中降水（雨、雪、雹等）和地面水汽凝结物（露、霜、雾等）。

（1）降水的形成:根据降水的形成过程和特点,降水形成的原因可分为以下 4 种:

1) 对流降水:因地面空气受热膨胀上升,绝热冷却,水汽凝结成云而降水的,称对流降水。这种降水多为雷阵雨(图9-5-1),雨区狭窄,降水时间短,强度大。我国夏季对流降水较多。

2) 地形降水:暖湿空气受山地阻挡被迫上升到一定高度后,水汽饱和而成云致雨,称地形雨(图9-5-2)。地形雨多发生在迎风坡上。

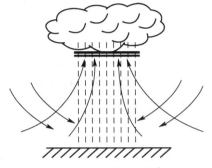
图9-5-1　对流降水(雷阵雨)

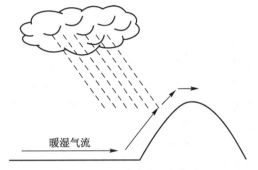
图9-5-2　地形降水(地形雨)

3) 锋面降水:暖湿空气和干冷空气相遇的交接面称锋面。暖湿空气沿锋面上升,绝热冷却,水汽凝结而降水的,称锋面降水(图9-5-3)。我国北部,春、秋、夏季多为锋面降水。

4) 台风降水:在台风影响下,空气绝热上升,水汽凝结而产生降水的,称台风降水(图9-5-4)。夏季我国东南沿海台风降水较多。

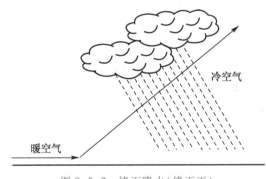
图9-5-3　锋面降水(锋面雨)

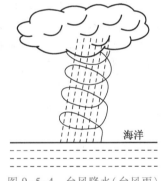
图9-5-4　台风降水(台风雨)

(2) 降水的表示方法

1) 降水量:自天空降下的水,未经蒸发、渗透、流失在地面积聚的水层厚度,称降水量,其单位用毫米(mm)表示。从天空降下的雪、冰雹等在地面形成的厚度,不能称为降水量,只有当它融化成液态水后,在地面上形成的深度才可称降水量。一般8 mm厚的雪可融化为1 mm深的水。

农业生产中所说的降水量,是指降水在土壤中渗透的深度。土壤质地和墒情不一,降水渗透的深度也不一样,一般情况下,1 mm水渗透土壤约5 mm深。比如一场雨下了40 mm,那么土壤渗透20 cm深,那就可以说这场雨下了20 cm深。

2) 降水强度:单位时间内的降水量,称降水强度。根据降水强度的大小可将雨分为小雨、中雨、大雨、暴雨、大暴雨、特大暴雨等,将雪分为小雪、中雪、大雪等。

四、水分与植物

水分是植物生命过程中不可替代的生存条件之一。水分不但是植物进行光合作用的原料，也是植物体内运输营养物质的重要媒介，同时也影响植物茎叶的支撑、气孔大小的调节及对营养物质的吸收等。一个地方水分条件的好坏，直接影响本地区农业丰歉。"有收无收在于水"，风调雨顺才能五谷丰登。

1. 植物的需水量

植物在整个生命过程中，需要大量的水分。如 1 株玉米，每天要消耗 1.64 kg 水，一生消耗的水量超过 200 kg；667 m² 的土地上种植 3 000 株玉米，在其整个生育期内要消耗约 600 t 水。小麦等粮食植物，每形成 1 kg 干物质，在潮湿和干燥的不同气候条件下，分别需要消耗 250~350 kg 和 450~500 kg 水。在一般气候条件下，每 667 m² 产量为 350 kg 干物质的小麦需要 210~280 t 水，相当于面积为 667 m²、深度为 31~42 cm 的水池中的水。植物每合成 1 g 干物质，所蒸腾水分的克数称蒸腾系数。

植物吸收了大量的水分，99%用于蒸腾作用以调节自身温度，进行正常的生长发育。各种植物的蒸腾量是不同的，通常用蒸腾系数来表示植物耗水量。蒸腾系数越大，说明需水量越多，利用率越低；反之，利用率越高。

2. 植物需水的关键期

植物在生长发育的不同时期，对水分的敏感程度是不同的，植物对水分最敏感的时期称该植物的水分关键期，此时，水分过多或缺乏都会直接影响植物的产量。了解不同植物需水的关键期，对于科学用水和提高其抗旱效果是有重要意义的。

植物的水分关键期大都在孕穗到抽穗开花这段时间内。这段时间内植物的生长发育最为旺盛，需水量也最大，加上生殖器官处于幼嫩阶段，对外界不良环境条件抵抗太差，如遇干旱，必然造成减产。植物一生中对水分缺乏最敏感、最易受害的时期称水分临界期，一般为"花粉母细胞四分体形成期"。植物的需水关键期越长，遇到不良气候机会越多，越需要采取防御措施。

3. 植物的需水规律

植物的一生中，从种子发芽、出苗、茎叶旺盛生长到开花结实，经过一系列生理需水和生态需水过程。所谓生理需水就是植物经过根系吸收水分、体内运输、叶面蒸腾水分的数量。而生态需水是指株间蒸发量和田间渗透量。植物的灌溉量，是通过单位土地面积上植物的蒸腾水分量、株间蒸发量和田间渗透量的总和来计算的。

从植物生育前期、中期和后期，需水量是一个由少到多再到少的变化过程。粮食作物从出苗期到拔节期是营养生长阶段，植物体积小，生长速度较慢，耗水较少。拔节期到开花期，是植物营养生长和生殖生长同时进行的阶段，植株的体积和质量都迅速增加，耗水量急剧增加。开花后，植株体积不再增大，植物有机体逐渐衰老，耗水量也逐渐减少。以水稻为例，移植返青期，因叶面积小、蒸腾量也小；随着叶面积的增加和植株的旺盛生长，到分蘖拔节期蒸腾量急剧增大；孕穗后期和开花期，生长更旺盛，蒸腾量达到高峰；以后植株生长逐渐减弱，蒸腾量也逐渐减弱。蒸发量也随着植株的生长而变化。水稻移植返青期，株间空隙大，蒸发量最大；到分蘖后期，植株封行后，蒸发量便急剧下降；直到成熟期，蒸发量都较小。据试验表明,水稻全发育期,早稻需水量为 560 mm,其中返青期以前占 11%,分蘖期占 21%,拔节至开花期占 39%,成熟期占 29%。又如小麦各生育期平均每日耗水量,也是苗期少,生长旺盛期(抽穗开花期)多,到末期又略有下降。

在农业生产上,应根据植物一生的需水规律,科学用水,做到及时、适量,为夺取丰收打下基础。

复习思考题

1. 什么叫大气湿度? 生产上如何表示大气湿度的大小?
2. 什么叫水汽凝结? 需要什么条件? 结果是什么?
3. 简要说明雷阵雨的形成过程。
4. 什么叫水分蒸发? 说明水面水分蒸发的特点。
5. 什么叫水分临界期? 生产上如何判断植物的需水量?

奇妙的牛奶树

在拉丁美洲亚马孙河流域,人们却喝一种由树产的"牛奶",这是一种叫索维尔拉树的树汁。索维尔拉树四季常绿,树干表皮平滑,叶子光亮,树干内含有丰富的白色乳汁,味道很像牛奶。人们像收割橡胶一样,在索维尔拉的树干上切口,将其乳汁采收用清水冲淡后,即是美味的树"牛奶"。一般每个裂口可采收乳汁 1 kg,每棵树一年能生产乳汁 4~8 kg。索维尔拉木材坚硬,是良好的家具和建筑材料。

九死还魂草

在犬牙交错的乱石山崖上,生长着一种多年生的小草。干旱时,枝叶内卷如拳,人们叫它卷柏、卷头草。一旦得到水分,枝叶再重新展开,仿佛死而复生。再遇干旱又卷缩成一团,再有水分又枝叶伸展,故称"九死还魂草"。

"九死还魂草"的学名叫卷柏,是一种蕨类植物。植株呈莲座丛状或放射状,丛生,高 5~15 cm,扇状分枝或羽状分枝。主枝顶端丛生小枝,小枝扇形分叉,辐射伸展,棕褐色小枝上交互排列着两列卵状钻形小叶。小叶浅绿色,枝顶上着生有四棱形孢子囊穗,孢子成熟后随风飘散。

卷柏有极其顽强的抗旱本领。遇到干旱时,卷柏卷缩成一个圆球,随风滚动,滚到有水的地方,枝叶打开,让根再钻进土壤里,定居下来。干旱来临,卷柏再卷缩起来滚动寻找新的水源,在干旱缺水、温差变化很大的石崖缝隙中经过几番"枯死"和"还魂"还能长大和繁衍。卷柏分布我国各地,喜爱生长在向阳的山坡或岩石缝中。卷柏全草可入药,有收敛、止血的功能。

实训 4　空气湿度的测定

一、技能要求

了解表示空气湿度的各种物理量,掌握湿度的测定方法。

二、实验原理

干湿球法测定空气湿度是根据干球温度与湿球温度的差值而测定空气湿度大小的。干球温度与湿球温度的差值越大,空气湿度越小;反之越大。

三、器材与场所

1. 器材:干球温度表,湿球温度表,通风干湿表,毛发湿度计等。

2. 场所:田间及日光温室。

四、技能训练

1. 将干、湿球温度表垂直挂在小百叶箱内的温度表支架上,左边是干球温度表,右边是湿球温度表。在没有百叶箱的情况下,干、湿球温度表也可以水平放置,但干、湿球温度表的球部必须防止太阳辐射和地面反辐射的影响以及雨、雪水的侵袭,保持在空气流通的环境中。绝对禁止把干、湿球温度表放在太阳光直接照射下测定空气湿度。

2. 观测时间及项目:观测时间以北京时间为准,每天在7时、13时、17时观测3次。测定空气湿度一般用干、湿球温度表,定时记录干、湿球温度表的读数,根据干球温度表和湿球温度表的读数差,可查算出绝对湿度、相对湿度和露点温度,也可用毛发湿度计测定空气的相对湿度。

3. 计算:根据观测的干、湿球温度表的差值,查表即可求出空气中的相对湿度。

五、实验作业

1. 按要求撰写实验报告,准确记录操作步骤及测定结果。

2. 利用空气相对湿度查算表查算下列数据的相对湿度:

观测仪器	干球温度/℃	湿球温度/℃	干湿差/℃	相对湿度/%
百叶箱干湿表	34.5	29.0		
百叶箱干湿表	−1.2	−3.8		

任 务 小 结

存在状态:束缚水(抗逆性),自由水(代谢强度)。

生理作用:原生质的组成成分,生命活动的介质和参与者,营养吸收和转运的工具,植物固有姿态的保持者,恒定体温的缓冲剂,生长发育的动力。

植物吸水:吸水器官,水势,质壁分离及复原,根压,蒸腾拉力,生理干旱。

蒸腾作用:蒸腾作用及部位,小孔扩散,气孔运动,水分传导。

土壤水分:吸湿水,膜状水,毛管水,重力水;吸湿系数,最大分子持水量,萎蔫系数,田间持水量,饱和持水量;土壤水势,土壤水汽的扩散和凝结,土壤水分的蒸发,土壤水分的调节。

大气水分:空气湿度(水汽压、相对湿度、饱和差、露点温度),水分蒸发,水汽凝结(露、霜、云、雨、雾、雹、雪),大气降水。

学习任务十 植物生长与温度环境

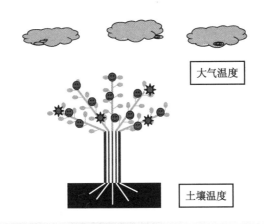

大气温度

土壤温度

知识目标
- 了解土壤空气的组成、变化特点及其与植物生长的关系。
- 掌握土壤的热特性、土温的变化规律和调节方法。
- 掌握气温变化的测定方法与应用,认识气温的变化规律和植物生长对温度的需求。

能力目标
- 土壤温度和空气温度的测定及变化规律的确定。

土壤空气的组成和热量状况直接影响到植物的种子萌发、出苗、植株形成、开花结果直至成熟衰老的整个生长发育过程。土壤通气不良,必然导致植物营养物质转化、根系呼吸和个体发育障碍,甚至产生有毒物质。土壤的热量状况如果不能适应植物生长发育的要求,同样会对植物造成伤害。充分了解土壤中的空气及其热量状况,掌握其自然变化规律,以此为基础对土壤进行人工调节,使之适应植物生长发育的要求,是农业高产、稳产的根本措施。

内容一 土壤空气与土壤温度

土壤空气和温度是影响土壤肥力的因素,土壤中很多物理、化学和生物学过程都与空气和温度有关,它们影响到植物营养物质的转化、根系的呼吸和植物的生长发育。

一、土壤空气

土壤空气来源于大气,存在于土壤孔隙当中。土壤中存在各种化学和生物变化,土壤空气的组成和状态也在发生变化。

（1）土壤空气的组成：土壤空气在组成上与大气不同。土壤空气中 O_2 的含量低于大气，这是由于根呼吸、耗氧微生物的繁殖和生理活动等消耗了土壤中的 O_2 所造成的。根呼吸和微生物的生命活动也产生了大量 CO_2，造成土壤中 CO_2 的浓度高于大气。土壤中的水汽远远高于大气，经常达到饱和状态，土壤中的水分经常向大气中扩散，就形成了土壤水分的蒸发。通气不良的土壤还可产生还原性气体，如 H_2S、CH_4 等。

（2）土壤空气与作物生长以及与肥力的关系：土壤空气与作物整个生长过程有着极密切的关系。一般种子萌发需要土壤空气中 O_2 浓度在 10% 以上；土壤空气中 O_2 的浓度低于 10%，根系发育受阻。在通气良好的土壤中，作物根系发达，根长色白，根毛丰实。通气良好的土壤，微生物活动旺盛，有机质分解迅速，矿化强烈，有效养分增加，有利于作物的吸收作用。另外在通气良好的土壤中，根瘤菌和好气性固氮菌十分活跃，固氮能力增强。通气不良时，硫酸被强烈还原，形成有毒的 H_2S，同时，正磷酸盐被还原为亚磷酸和磷化氢，使土壤中磷素营养恶化。保持土壤良好的通气状况是保证植物的正常营养和生长发育的最有效措施。

（3）土壤气体的交换——土壤呼吸：土壤空气受到大气影响，如大气温度上升和下降、风力增强和减弱、大气压升高和降低以及降水和人为的灌溉排水等，都会引起土壤空气与大气的交换。土壤空气与大气间进行扩散和整体交换，使得土壤中保持一定量的 O_2，植物根系和微生物周围保持适宜的空气组成，土壤中的一切生物化学过程保持正常进行。土壤排出 CO_2，吸收 O_2，土壤空气不断交换，称土壤的呼吸过程。

二、土壤热量状况

土壤中任何一种化学和生物化学过程以及作物生长发育活动都是在一定温度范围内进行的，热量的增加与减少，导致土壤温度的变化，从而影响着有机质的积累与分解、土壤养分的转化以及作物的生长。

1. 土壤的热特性

土壤的热能主要来源于太阳辐射，土壤微生物活动产生的生物热、土壤内各种生化反应产生的化学热和来自地球内部的地热，也能不同程度地增加土壤的热量。土壤的温度状况受环境条件和土壤的热特性的影响，土壤的热特性包括土壤的热容量和土壤的导热性能。

（1）土壤热容量：土壤热容量指单位质量或单位体积的土壤温度增加 1℃ 时所需的热量，以 $J/(g \cdot ℃)$ 或 $J/(cm^3 \cdot ℃)$ 为单位表示，又称质量热容量和容积热容量。

土壤热容量的大小可以反映出土壤温度的变化难易程度。土壤热容量越大，土壤升温所需要的热量越多，土温不易升降，温差小，俗称"冷性土"，如黏土；而热容量小，土温易升降，温差大，又称"热性土"，如砂土。

决定土壤热容量大小的因素主要是土壤固、液、气三相组成的比例。三相物质中，水的热容量最大，空气的热容量最小（表 10-1-1）。土壤中固相物质的质量是不变的，只有孔隙中的水和空气的含量经常互相消长，因此，土壤热容量经常随土壤含水量变化而改变。含水量增加，热容量增大；含水量降低，热容量减小。越冬作物灌越冬水和炎热夏季用井水灌溉等，就是利用增加土壤含水量来增大热容量，保持土温平稳，以保证作物正常生长发育。

表 10-1-1　土壤组成物质的热容量

土壤组成成分	矿物质土粒	有机质	水	空气
质量热容量/(J·g⁻¹·℃⁻¹)	0.84	1.84~2.01	4.18	1.00
容积热容量/(J·cm⁻³·℃⁻¹)	0.84~1.25	—	4.18	0.001 25

（2）土壤导热性：土壤温度变化不仅取决于热量多少，热容量大小，同时还取决于土壤导热性。所谓土壤导热性，就是指土壤传导热量的性质，其大小用热导率来度量。热导率指的是面积为 1 cm²，相距为 1 cm，温度差为 1℃的两个截面，在 1 s 内交换热量的数值，单位是焦耳/(厘米·秒·摄氏度)[J/(cm·s·℃)]。土壤热导率的大小决定于土壤固、液、气三相物质的组成成分及其比例。实践证明，空气的热导率最小，水的热导率约为空气的 30 倍，土壤中常见矿物质的热导率大多为空气的 100 倍（表 10-1-2）。由于土壤固相组成在数量上变化不大，因此，土壤热导率的变化主要受土壤含水量及土壤松紧程度的影响。土壤热导率的大小，可以反映表层土壤受热后土温增加的难易程度以及土温平稳的程度。

表 10-1-2　几种物质的热导率　　　　　　　　J·cm⁻¹·s⁻¹·℃⁻¹

物质名称	银	铜	铅	土壤砂粒	水	冰	干燥土壤	空气
热导率	4.60	3.85	0.35	0.02	0.006	0.024	0.002 1	0.000 2

2. 土壤的温度状况

土壤热量基本来源于太阳辐射，环境和土地状况影响着土壤对太阳辐射的吸收，气温的变化决定着土温的变化。

（1）土壤温度的变化

1）土壤温度的日变化：土壤表层白天受阳光照射加热，夜间又以长波辐射形式散热，引起土壤温度和大气温度的强烈昼夜变化。从表层 12 cm 的土温来看，早晨自日出开始土温逐渐升高，到下午 2 时左右达到最高，以后又逐渐下降，最低温度在黎明之前 5—6 时（随季节变化而异）。表层土温日变化幅度较大，深层土温变幅较小，一般土深 30~40 cm 处温度几乎无变化。白天表层土温高于底层，晚间底层土温高于表层。

2）土壤温度的年变化：中、高纬度地区，土温的四季变化和气温相似，通常全年表土最低温度出现在 1—2 月，最高温出现在 7—8 月。2 月开始，土温开始升高，9 月中旬后土温开始下降。表层土温变化较大，随着土层深度的增加，土温的年变幅逐渐减少。

（2）影响土温变化的因素

1）纬度：高纬度地区，由于太阳照射倾斜度大，地面单位面积上接收太阳辐射能就少，土温低。而低纬度地区，太阳直射到地面上，单位面积上接收太阳辐射能就多，故土温较高。

2）地形：高山大气流动频繁，气温较平地低，土壤接收辐射能量强，但由于与大气热交换平衡的结果，土温仍较低于平地。

3）坡向：受阳光照射时间的影响，一般南坡、东南及西南坡光照时间长，受热多，土温高。

4）大气透明度：白天空气干燥，杂质少，大气透明度高，地面吸收太阳辐射能较多，土温上升快。但晴空的夜晚，土壤散热也多，因此昼夜温差大。若是阴雨潮湿天气，情况则正相反。

5）地面覆盖：地面覆盖物可以阻止太阳直接照射，同时也减少地面因蒸发而损失热能的情况。霜冻前,地面增加覆盖物可保土温不骤降,冬季积雪也有保温作用。地膜覆盖,既不阻碍太阳直接照射,又能减少热量损失,是增高土温的最有效措施。

6)土壤颜色:深色物质吸热快,向下散热也多。初春菜畦撒上草木灰可以提高土温。

7)土壤质地:砂土持水量低,疏松多孔,空气孔隙多,土壤热导率低,表土受热后向下传导慢,热容量小,地表增温快,且温差较大,所以早春砂性土可较一般土地提早播种。黏性土与砂土正相反,春天播种要向后推迟。

8)土壤松紧与孔隙状况:疏松多孔的土壤热导率低,表层土温受热上升快。表土紧实、孔隙少,土壤热导率大,土温上升慢。

三、土壤温度的调节

土壤温度与作物生长及土壤肥力有着极为密切的关系。土温影响着种子萌发及根系生长,土温变化对矿物风化、微生物活动和有机养分转化等也产生重大影响。土壤温度人为调节主要通过改变土壤热特性来进行。

(1)排水散墒:地势低洼,土壤过于潮湿,地温较低,只有排除积水与降低地下水位才能提高地温。黏重土壤,雨季滞涝,也应采取排水措施,还要搞好中耕散墒,能使土壤热容量和热导率降低,有利于提高地温。

(2)灌溉:灌水可增加土壤湿度,从而提高土壤热容量,使土温平稳。冬前灌水可防止寒潮危害。

(3)向阳垄作:起垄种植,白天可提高对太阳辐射能的吸收,提高表层土壤温度。

(4)温室:利用玻璃、透明塑料薄膜等建立温室或塑料大棚,既能透过太阳辐射,又能阻止因地温升高所产生的长波辐射透出,同时避免冷空气的直接袭击,可以提高地温。此法多用于苗床和蔬菜栽培。

(5)覆盖:利用秸秆、草席、草帘等覆盖地面,可减少土壤蒸发与散热,防止地温下降,抵抗冷空气侵袭。利用马粪、半腐熟肥等覆盖地面,也能起到提高地温的作用。

(6)风障栽培与防风林:风障和防风林能使风速降低,气流流动减少,减少土壤与冷空气的热量交换,从而防止土温下降。风障在蔬菜栽培中采用较多。

微课　生长温度

实训　土壤温度的测定

一、技能要求

土壤的温度状况直接影响着土壤中发生的生理和生化过程,它与植物生长发育的关系甚为密切。土壤温度状况与土壤湿度、孔性、结构、坚实度、颜色、地形部位以及覆盖条件等有关。研究土壤温度状况有助于确定农作物最适宜的播种期和有关霜冻的预报,为定向改善土壤的温度状况提供依据。

二、器材与场所

1. 器材:地面温度计,曲管地温计(5 cm,10 cm,15 cm,20 cm),水银温度计,电温度计,半导体点温计等。

2. 场所:室外大地或日光温室。

三、技能训练

（一）仪器安放

各种地温计最好安置于观测场地南面，同时要终日能晒到太阳。如果观测场地位于平坦的地段上，可在该地段选择 2~3 m² 面积作为观测场地；如果观测场处于坡地上，应在坡地的上、中、下段分别选择观测场地。在观测场地的地面均不能有植被（直管地温计除外）。

1. 地面温度计：应水平安放于地面上，使地温计球部的 1/2 埋入土中，每支地温计的球部均应向东，各地温计的间隔为 5~6 cm。

2. 曲管地温计：可以测 5 cm、10 cm、15 cm、20 cm 深的土温。曲管地温计一套共有 4 支，每支的长度不等，其刻度精确度为 0.1℃。温度计的球部为圆管状，于水银球部上端呈 135°的弯曲角度。于欲测地块挖一东西向土坑（宽 25~30 cm，长 40 cm，深 20 cm），土坑的北面为垂直面，南面为斜坡。将各支曲管地温计的水银球部与地面平行插入土中，温度计按 5 cm、10 cm、15 cm、20 cm 深度布置，每支间距为 10 cm，之后将土坑用土填满。曲管温度计的上部用细木棍架好，以免动摇。

（二）地温观测

地温规定每天观测 4 次（2 时、8 时、14 时、20 时）或 3 次（8 时、14 时、20 时）。观测及记录顺序是：地面最低温度、地面最高温度、曲管地温计。观测时，观测者要在地温计北侧，身影不应遮住地温计。每次记录地温的精确度为 0.1℃。

（三）计算

根据观测记录的资料，可以画出定时观测的温度随深度变化图。大量应用的是日平均地温，其统计方法如下：

1. 若 1 天观测 4 次，把每次观测各深度温度值相加被 4 除，即得各深度日平均温度值。

2. 若 1 天观测 3 次，其统计方法是：

日平均地面温度 ＝[1/2（当日地面最低温度+前一日 20 时地面温度）+8 时地面温度+

14 时地面温度+20 时地面温度]/4

3. 10 cm 深土壤温度日平均值 ＝（2×8 时土壤温度+14 时土壤温度+20 时土壤温度）/4

4. 20 cm 深土壤温度日平均值 ＝（8 时土壤温度+14 时土壤温度+20 时土壤温度）/3

（四）地温计的选择及维护

1. 根据观测地区温度变化范围，应选择具有一定测量范围的温度计（−20~50℃），刻度的精确度为 0.1℃。

2. 为了便于比较各观测点的地温变化数据，要求选择结构相同、特性相同的地温计。

3. 每次观测时，应细心检查地温计的摆放位置是否正确，如果地温计上有尘土、霜、露水、雨滴，应及时用擦布擦掉，有如积雪，应小心地扫掉。

4. 为了避免夏天因太阳直射而使最低温度计损坏，夏季盛暑时，早 7 时观测地温后，将最低地温计移于阴凉处，到 19 时前 30 min 再重新移至原处。

四、实验作业

1. 按要求撰写实验报告，准确记录操作步骤及测定结果。

2. 观测地温并记录下表：

时间	地面温度/℃			地中温度/℃			
	普通	最高	最低	5 cm	10 cm	15 cm	20 cm
2 时							
8 时							
14 时							
20 时							
日平均							

内容二　空 气 温 度

空气温度与土壤温度都是农业气象的重要因素。空气温度的变化直接影响植物的分布和生长发育。农业生产上,要根据当地气温变化特点,选择适宜的作物种植种类。空气温度的空间分布和变化有一定的规律性。

一、空气的温度状况

农业上要鉴定一个较大地区或某个地点的温度状况,就要涉及能充分反映一年内或某个时期(生长期、季节、月等)内的总热量以及温度的日、年变化特点的特征值。

1. 平均温度

平均温度反映一个时期内空气温度的平均值,农业上常用的平均温度有日平均气温、月平均气温和年平均气温。

日平均气温是在连续 24 h 内根据等时距的 24 次观测所得温度的算术平均值,或者是根据少数几次定时气象观测所得温度的算术平均值,但应能代表上述平均值的定义。目前,我国气象台站的日平均气温一般是根据 4 次或 8 次定时气象观测所得温度求其总和,再除以观测次数得到的。月平均气温是规定年份的该月全月每日平均气温的算术平均值。年平均气温是全年内各日(或各月)平均气温的算术平均值。

平均气温只能粗略地表征特定时期内总热量和气温的一般水平,却不能反映特定时期内温度的实际变化和极端情况。两地的年平均气温可能相近,但气温的年变化可能很不相同。

2. 极端温度

极端温度从某一时段内空气温度改变的幅度上反映气温的变化状况,常用最高温度、最低温度和温度振幅来表示。最高温度是指给定时段内空气所达到的最高温度,如日最高温度、月最高温度和年最高温度等。最低温度是指给定时段内空气所达到的最低温度,如日最低温度,月最低温度和年最低温度等。极端温度是指一定时段内空气所达到的最低温度和最高温度的总称。一定时段内空气最高温度和最低温度之差,或最高和最低的平均温度之差,称为该时段的温度较差或温度振幅。

最高温度、最低温度及温度振幅是对空气平均气温特征值的重要补充。知道了各个月份的最低温度,才能综合评价作物和果树的越冬条件,判断春季终霜和秋季初霜的日期。冬季逐日最高温度的资料,可反映出土壤化冻的频率及其强度。夏季最高温度可反映出高温日数的多少和作物灌浆期的环境状况以及籽粒受危害的情况。

温度的日较差和年较差可表征气候的大陆性程度,海洋性气候温度的年较差较小,而大陆深处则相当大,大陆性气候下温度日较差可达 15~20℃。温度较差还是反映农田热量状况的重要指标。

二、植物生长对温度的要求

植物生长发育的其他条件都得到满足以后,温度就成为其主要的限制因素。在一定的温度范围内,温度与植物的生长是成正相关的。只有当气温积累到一定的总和时,植物才能完成其完整的生活周期。这个温度总和称为积温,积温表示的是植物整个生长期或某一发育阶段对热量的总要求。

1. 活动积温

每种植物都有一个生长发育的下限温度,称生物学最低温度或生物学零度。一般来说,植物的生物学最低温度就是植物三基点温度的最低温度。不同作物发育的生物学最低温度是不同的,如春小麦为 5℃,玉米为 10℃,棉花为 13℃(南方品种为 15℃)等。气温低于生物学最低温度时植物停止生长,但不一定死亡,但只有高于生物学最低温度,植物才能生长发育。因此,将高于生物学最低温度的日平均温度称为活动温度。植物某一发育时期或整个生长发育过程中活动温度的总和,称为活动积温。不同的植物、同一植物的不同品种或植物不同的发育时期所要求的活动积温是不同的(表 10-2-1)。生产上必须根据当地气候带的热量资源情况采取相关的保障措施,以满足作物生长对温度的需求。

表 10-2-1　几种作物所需大于 10℃ 的活动积温　　　　　　℃·d

作物	早熟型	中熟型	晚熟型
水稻	2 400~2 500	2 800~3 200	
棉花	2 600~2 900	3 400~3 600	4 000
冬小麦		1 600~2 400	
玉米	2 100~2 400	2 500~2 700	>3 000
高粱	2 200~2 400	2 500~2 700	>2 800
大豆		2 500	>2 900
谷子	1 700~1 800	2 200~2 400	2 400~2 600
马铃薯	1 000	1 400	1 800

2. 有效积温

为了更确切地反映植物对热量的需求,生产上还常使用有效积温作为参数。高于生物学最低温度的日平均温度与生物学最低温度之差称为有效温度。植物某一发育时期或整个生长发育过程中有效温度的总和,称为有效积温。计算大于 10℃ 的有效积温时,计算出每天的有效温度(日平均温度与 10℃ 之差),然后将每天的有效温度累加起来即可。

活动积温包含了低于生物学下限温度的那一部分无效积温,温度越低,无效积温的比例越大,农业生产的真实性就越差。有效积温比较稳定,能确切地反映植物对热量的要求。各种植物不同发育期的有效积温是不同的(表 10-2-2),说明不同植物生长发育对热量的需求不同。

表 10-2-2　几种作物主要发育时期对温度的要求

植物	发育期	生物学最低温度/℃	有效积温/(℃·d)
水稻	播种—出苗	10~12	30~40
	出苗—拔节	10~12	600~700
	抽穗—黄熟	10~15	150~300
冬小麦	播种—出苗	3	70~100
	出苗—分蘖	3	130~200
	拔节—抽穗	17	150~200
	抽穗—黄熟	13	200~300
春小麦	播种—出苗	3	80~100
	出苗—分蘖	3~5	150~200
	分蘖—拔节	5~7	80~120
	拔节—抽穗	7	150~200
	抽穗—黄熟	13	250~300
棉花	播种—出苗	10~12	80~130
	出苗—现蕾	10~13	300~400
	开花—裂铃	15~18	400~600

作物某发育时期所需要的有效积温受所处时期温度水平的影响,当日平均气温升高到 18~20℃ 后再继续升高时,这一发育时期需要的有效积温也开始增加。只有当环境温度在生物学最低温度至日平均气温为 18~20℃ 的范围内,植物的发育速度才随着日平均气温的增高而呈直线加快。当环境温度继续升高,植物的发育速度不再随之加快,甚至可能变慢。不再使植物发育速度加快的较高日平均温度,称累赘温度。日平均气温高于 20℃ 的情况下,计算这一发育期间的有效积温,因为是用累赘温度计算得到的,所以其值增大。因此,在计算植物需热指标有效积温时,必须对累赘温度进行校正,即在考虑植物的生物学最低温度的同时,还应该考虑生物学最高温度。

微课　积温

三、温度条件与农业生产

植物生活的温度范围是比较窄的,生物系统中的大多数反应都发生在 0~50℃ 的温度范围内,在这一温度范围内生理过程的速度主要决定于温度。

1. 温度指标

植物体的光合、呼吸、蒸腾、从土壤中吸收养分及其他一些生理过程,只能在一定的温度范围内进行。植物生长发育的温度范围是自生物学最低温度至生物学最高温度,高于生物学最高温度,低于生物学最低温度,植物的生长发育停止。在生物学最低温度和生物学最高温度之间存在最适温度区,在最适温度条件下,作物的生长发育和产量形成进行得最为强烈。生物学最低温度、生物学最高温度和生物学最适宜温度,即为作物生长发育的三基点温度。引起植物死亡的生命活动最低温度和最高温度,称为最低致死温度和最高致死温度。以上这些温度指标,统称为植物的 5 个基本温度指标。

不同作物,同一作物不同的发育时期或不同的生物学过程,三基点温度是不同的。农作物病虫害的危害程度及其分布与温度条件有着密切关系。温度条件还在很大程度上影响农业动物的生长发育状况、行为和生产性能。

2. 种植群落的温度特点

植物群落中,气温垂直分布,与群落上方及没有种植作物的休闲地显著不同。群体越密,群体内温度的分布与休闲地差异越大。作物群体按其结构、叶量、叶面积、叶片的空间配置情况、高度等可分为许多种类型,不同类型的群体内部的温度分布状况,都有其不同的特点。

在密植农田上,土壤完全被遮住,这时上部叶层成为活动层,它可吸收到达这里的大部分太阳辐射,因此,白天上部叶层温度最高,在群体内形成逆温。晴朗的夜间,上部叶层成了放射层,它比群体下部冷却得要强烈,温度降得最低,遇有秋霜冻时上部叶片首先受害。

如果土壤的植被覆盖率小于 50%,群体内温度的垂直分布与没有植被覆盖的农田差异不大。在这种情况下,土壤表层为活动层,一天中温度的最高值和最低值均出现在土壤表面。在作物生长初期或是窄叶且直立作物群体就属于这种类型。

夏天在果园里,林冠内与行间气温的垂直分布也不相同。高大果树的冠内空气温度要比树冠顶部低 2~3℃,比同一高度的行间低 1~2℃。

在保护地内,因温室效应,气温要比露地高得多。在不加温的日光温室中,白天由于吸收了太阳辐射,室内温度显著增高,可使室内、外温差高达 15~20℃。温室内温度垂直梯度和日振幅都不是很大。

气温是植物的重要生活因子之一。农作物新品种的布局,应首先了解这一品种生长的温度范围、生长发育和产量形成的适宜温度以及从播种到成熟需要的积温等信息。计算作物的播种期和收获期,鉴定冬作物和果树的越冬状况,编制产量预报等,温度状况的资料是必不可少的。

复习思考题

1. 土壤空气的组成和变化有什么特点? 举例说明土壤空气与植物生长发育的关系。
2. 砂土为什么比黏土升温快? 果树浇越冬水为什么能够防冻?
3. 土壤温度低,种子发芽慢,说明原因。

任务小结

土壤空气：空气组成，肥力特点，土壤呼吸。

土壤热量：土壤热容量，土壤导热性，土壤温度变化，土壤温度调节。

空气温度：平均温度，极端温度。

植物生长与温度：活动积温，有效积温，累赘温度。

温度与农业：生物学最低温度，生物学最高温度，生物学最适宜温度，最低致死温度，最高致死温度。

学习任务十一　植物生长与气候环境

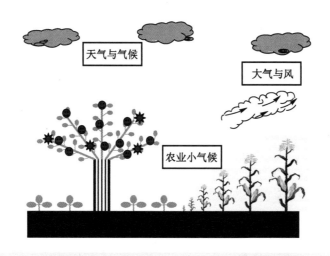

天气与气候

大气与风

农业小气候

知识目标

- 了解气候的种类,认识各种气候的形成特点及条件。
- 掌握各种气候,特别是灾害性天气对植物生长的影响。
- 了解我国农业节气的特点,掌握农田小气候的特征及改造、调节方法。

能力目标

- 光照度测定。

植物借助根固定在土壤中,生存于大气当中。大气的成分、大气的温度、大气的湿度、大气的运动,天气的晴、阴、冷、暖、雨、雪、风、霜、雾、雹等,都会直接对植物的生长发育产生影响。

内容一　大气与风

地球表面的空气处于不断的运动之中,空气相对于地面水平运动就形成风。风是空气及各种物理属性如热量、动量、水汽、二氧化碳、灰尘等输送的动力。农田中,热量、水汽、二氧化碳等的调节主要是借助风的作用。风也是天气变化和气候形成的重要因素。空气(大气)的质量导致空气对地球产生一定的压力,大气压力的大小与分布与风的形成有着密切的关系。

一、大气压力

1. 大气压力

由于地球引力的作用,大气具有一定的质量,单位面积的地面上所承受的大气压力简称气压

（大气压强），其单位为 hPa（百帕）。在南、北纬 45°的海平面上，气压为 1 013.2 hPa，称为 1 个标准大气压。

2. 气压的变化

一天当中，早、晚气压上升，午后气压下降。一年当中，冬季（1 月）气压最高，夏季气压（7 月）最低。空气的密度随高度的升高而变小，大气的厚度随高度的升高而变薄。同一地点，随海拔的上升，气压值逐渐下降。气温的变化也能导致气压发生变化，较冷的地区气温低，空气柱冷却收缩，气压值升高；较暖的地区气温高，空气受热膨胀向四周扩散，使气压值降低。

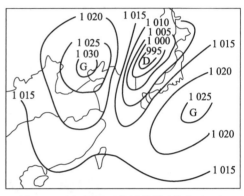

地球表面各点有热力差异，造成气压的分布也存在有差异。把各地实测的气压数值填写在一张图上，将气压相同的各点连成的曲线称等压线。这种绘有一系列等压线的特制地图就是等压线图（图 11-1-1）。气象上把由高压指向低压，垂直于等压线的方向上，单位水平距离内的气压差称作水平气压梯度。等压线图上，等压线越密集的地区，水平气压梯度越大；等压线越稀疏的地区，水平气压梯度越小。

图 11-1-1　海平面等压线图（单位：hPa）

二、风的形成和变化

风是矢量，包括风向和风速，风还具有阵性。风向是指风吹来的方向，陆地上常用 16 个方位表示，用拉丁文缩写表示如图 11-1-2 所示。天气报告中，当风在某个方位摇摆不定时，则加以"偏"字，如"偏东风"。风速是单位时间内空气水平移动的距离，单位为米/秒（m/s），天气报告中常用风级来表示，风级是根据风力大小划分的，通常用 13 个等级表示风速。风的阵性是指摩擦层中在固定的空间位置上，出现风向不稳定和风速明显变动的现象。因为气流受地面阻力和热力影响，产生许多不规则旋涡。当这些旋涡与气流总方向一致时，形成瞬间极大风速，即阵风。一天之中，夏季中午前后，风的阵性增大，夜晚阵性减弱。一年里，春季风的阵性大，冬季风的阵性小。

1. 风的成因——热成环流

风是由于水平气压梯度所引起的。产生气压梯度的主要原因是地球表面各地热力情况不同，造成水平方向上温度分布不均匀，也就是人们所说的"热极生风"的道理。

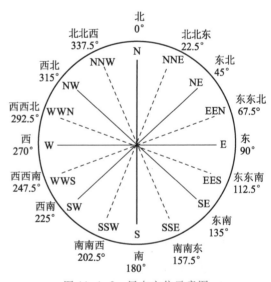

图 11-1-2　风向方位示意图

假如 A、B 两地从地面到高空的各个高度上，气温、气压彼此相等，在这种情况下，各高度上没有水平气压梯度,也就不产生风。若 A 地气温高于 B 地气温,在低层大气中,冷区(B 地)近地面气压高于暖区气压,空气沿水平气压梯度所指方向从冷区(B 地)近地面流向暖区(A 地)地面,然后在 A 地受热膨胀上升到暖区高空。而在高层大气中,暖区(A 地)气压高于冷区(B 地)气压,空气沿水平气压力的方向从暖区(A 地)上空流向冷区(B 地)上空,然后冷缩下沉补充冷区地面流走的空气。这样,就在 A、B 两地间形成了一个空气环流,称作热成环流。热成环流是许多地方性风形成的主要原因。

2. 风的变化

运动着的空气质点与地面之间、空气与空气之间,都有摩擦作用存在。15 000 m 以下的大气层称为摩擦层,在摩擦层中,空气运动受到的摩擦力随高度的升高而减小,风速随高度的升高而加大。在气压形势稳定时,风有明显的日变化,50~100 m 的大气层内,日出后风速逐渐加大,午后达到最大,夜间风速减小。100 m 以上的大气中,风速日变化与下层大气的情况正好相反,最大值出现在夜间,最小值出现在白天午后。风的年变化与气候、地理条件有关,在北半球的中纬度地区,一般风速的年最大值出现在冬季,最小值出现在夏季。我国大部分地区春季风速最大,因为春季是冷暖交替的时期。

微课　解落
三秋叶—风

三、大气环流与地方性风

1. 大气环流

地球上各种规模大气运动的综合表现,称作大气环流。大气环流是由各种相互有联系的气流,如水平气流与垂直气流、地面气流与高空气流,以及大范围天气系统所构成的。

如果没有地球自转所产生的地转偏向力的作用,而且地球表面是均匀一致的,由于赤道温度高,南北两极温度低,赤道附近的空气受热膨胀上升,极地附近的空气则冷缩下沉。在高空,赤道的气压高于同一水平面上极地的气压,空气从赤道上空流向南、北两个极地上空,后冷缩下沉到极地地面。这样在近地面就形成了南、北两个极地高压带和与此相对应的赤道低压带,空气从南、北极地近地面流向赤道近地面。南北两个半球各形成一个闭合环流,这种简单的经圈环流就是大气单圈环流(图 11-1-3)。

由于地球的自转,大气单圈环流是不存在的。

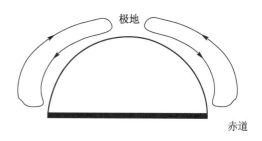

图 11-1-3　大气单圈环流示意图

在地转偏向力的作用下,从赤道上空流向南、北两极的气流逐渐偏离经线方向,到了南、北纬30°附近,地转偏向力增大到与气压梯度力相等时,气流就沿纬圈自西向东运行,空气在此不断堆积下沉,在南、北纬30°附近堆积起来,形成副热带高压带。在南、北纬60°的温带地面,气压相对于极地和副热带来说显著降低,形成副极地低压带。副热带的近地层空气在水平气压梯度力作用下,分别流向赤道和副极地。其中流向赤道的一支气流在地转偏向力作用下,在北半球偏成东北风,此风常年如此“颇守信用”,被称为信风。南、北两个半球的信风在赤道附近又辐合上升,然后又向两个半球的副热带上空流去,在北半球偏成西南风,它与低层信风方向相反,故称为反信风。这样在热带地区的地面和高空就形成了“信风—反信风”热带环流圈。从副热带地面流向副极地的另一支气流,在北半球由于地转偏向力作用偏成西南风,在对流层内随高度增加风向逐渐右偏,在高空形成了西风急流。在北半球,由于地转偏向力作用偏成东北风,称为极地东风,它与中纬度盛行的西风暖流相遇,使暖空气被迫抬升到极地上空,然后下沉补偿极地南流的空气,形成极地环流圈。在对流层以上的平流层中,气压梯度力方向是从极地指向赤道的,空气从极地流向赤道,它与中纬度地区对流层内的西风组成了巨大的中纬度环流圈。

　　热带环流、中纬度环流和极地环流构成大气环流的三圈模式(图11-1-4),这是全球性气压带和风带形成的主要原因。

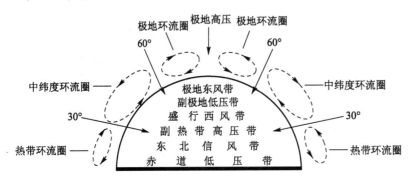

图 11-1-4　大气三圈环流示意图　　　　　　微课　风起云涌—大气环流

　　2. 地方性风

　　(1)海陆风:海滨地区,白天风由海上吹向陆地,称作海风,夜间风由陆地吹向海上,称为陆风,这种风向日夜交替且风力较清和的风合称为海陆风。海陆风以昼夜为周期发生风向变化,也是一种热成环流(图11-1-5)。白天,陆地增温比海上剧烈,近地面低层大气中,产生从海上指向陆地的水平气压梯度力,下层风从海上吹向陆地形成海风,高层则是风从陆地吹向海洋,构成白天的海风环流。夜间,陆地降温比海上迅速,低层大气中,水平气压梯度力是从陆地指向海上,下层风从陆地吹向海上形成陆风,高层风则从海上吹向陆地,构成夜间的陆风环流。海风给沿海地区带来丰盛的水汽,在陆上形成云雾,缓和了温度的变化。所以海滨地区,夏季比内陆凉爽,冬季比内陆温暖。

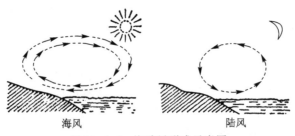

海风　　　　　　　　　　　陆风

图 11-1-5　海陆风形成示意图

　　(2)山谷风:山区,白天风从山谷吹向山坡,称作谷风,夜间风从山坡吹向山谷,称为山风,二者合称为山谷风。山谷风的形成是由于山坡与谷地同高度上受热和失热程度不同而产生的一种热力环流(图11-1-6)。白天,靠近山坡的空气温度比同高度谷地上空的气温要高,其空气密度较小,于是暖空气沿山坡上升到山顶,然后流向谷地上空,谷中气流则下沉补充坡面上升的空气,就形成了谷风环流。夜晚,山坡由于地面有效辐射使气温比同高度谷地上空气温降低得快,冷而重的空气顺坡流入山谷,气流在谷地又辐合上升形成了山风环流。

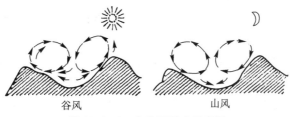

图 11-1-6　山谷风形成示意图

　　谷风能把白天的暖空气向山上输送,使坡冈山前的植物物候期、成熟期提早。谷风还可把谷地水汽带上山顶,在夏季水汽充足时常常可凝云成雨,这对山区林木和作物生长很有利。山风可以降低温度,这对植物同化产物积累,尤其是在秋季对块根、块茎等贮藏器官的膨大很有好处。山风还可使冷空气聚集在谷地,在寒冷季节造成"霜打洼"现象,而山腰和坡地中部,由于冷空气不在此沉积,往往霜冻较轻。

　　(3) 焚风:当气流跨过山脊时,在山的背风面,由于空气的下沉运动产生一种热而干燥的风,称作焚风。焚风的形成原因是未饱和的暖湿空气在运行途中遇山受阻,在山的迎风坡被迫升抬,是一个绝热降温过程,上升到一定高度后,因气温降低,空气达到饱和而凝结,形成雨雪降落在迎风坡。气流到了山顶之后变得干热了。当空气越过山顶顺坡而降时,只能用于加热空气。结果,空气在背风坡的下沉运动是一个绝热增温过程,气温大幅度提高,相对湿度大幅度下降,形成了热而干燥的焚风(图11-1-7)。不论冬夏昼夜,焚风在山区都可以出现。焚风能形成森林火灾和旱灾,但焚风也可使初春的冰雪融化,利于灌溉,夏季焚风可以使谷物和水果早熟。

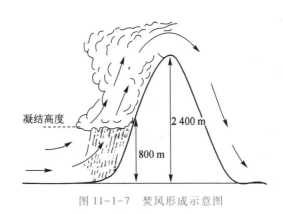

图 11-1-7　焚风形成示意图

微课　局域特
色—地方性风

四、风与农业生产

　　风是植物生态环境的重要因素,风直接或间接地影响作物和林木的生长发育。

1. 风对农林生产的作用

微风对植物生长是有利的,风能够促进空气的乱流交换,使热量、水汽、二氧化碳在地面与作物层以及空气之间的传递、输送作用增强,使作物层内的温、湿度得到调节,避免了某个层次上出现过高(或过低)的温度、过大的湿度,以利于植物的正常生长。地面剧烈降温的夜里,风可以把大气中的热量传给地面,缓和地表温度的降低,所以在有风的夜里,往往不易发生霜冻。

微风能吹走叶片表面的水汽,提高植物蒸腾速度,降低植物体温,增加根系的吸收能力。枝叶也在微风下频频摆动,不断变换方位来充分获取光照。作物栽培上,要求群体能够通风透光,栽植行向要尽量与生育期中当地的盛行风向平行,以保证行间气流畅通。果树修剪措施其功用之一也是为了使树冠内部风、光条件良好,防止由郁闭造成局部温湿度过大,引起病虫害和内膛秃裸造成结果部位外移,从而延缓树体衰老,保证丰产、稳产,提高果实品质。

动 脑 筋
怎样理解农村防护林带的作用? 防护林带是如何栽植的?

在植物的花期,微风有利于帮助授粉。风还可传播植物种实,帮助植物繁殖,这对森林、植被的天然更新很有益处。

2. 风对农林生产的危害

大风(6 级以上)能吹断林木,使作物倒伏和落花、落果,引起减产。干燥条件下,风使植物蒸腾失水过度而干枯。沿海地区的海风使植物表面留下一层盐分,造成了抗盐性弱的植物失水萎蔫。风还能吹失表土,引起植物根系裸露。刮起的灰沙在植物花期落在柱头上,阻碍了授粉结实,农业上说"霜打梨花收一半,沙打梨花一场空"就是这个道理。风也能传播病原体和害虫,造成病虫害蔓延。

复习思考题

1. 什么叫大气压力? 大气压力的变化有什么规律?
2. 运用"热成环流"原理说明风是如何形成的。
3. 什么叫大气环流? 大气三圈环流是怎样产生的?
4. 简述海陆风、山谷风和焚风的形成及对环境的影响。
5. 风与农业生产有什么关系?

内容二　天气与气候

天气是指一定地区的气象要素和天气现象,表示一定时段内或某时刻的大气状况,如晴、阴、冷、暖、雨、雪、风、霜、雾、雷等。气候是指多年的大气统计状态,包括平均状态和极端状态,用温度、湿度、风、降水等气象要素的各种统计量来表达。

一、主要天气系统及天气特征

各种气象要素和天气现象在空间的分布组成了各种天气系统,如高压、低压、气团、锋、气旋、低压槽等。天气系统是互相联系、互相制约,也可相互转化的。将天气系统互相联系、互相制约的形势,称为天气形势。天气形势、天气系统和天气现象随时间的演变历程叫天气过程。

1. 气团

气团是指在水平方向上物理性质比较均匀而范围较大的大块空气。气团的物理性质主要是指对天气有控制性影响的温度、湿度和稳定度 3 个要素。气团的水平范围可达几百到几千千米,厚度可达几千米到十几千米。依气团与所经之地之间的温度差异,可将气团分为冷气团和暖气团两种。气团是向比它冷的地面移动,称为暖气团,这种气团所经之地变暖,而本身变冷;气团是向比它暖的地面移动,称为冷气团,这种气团所经之地变冷,而本身变暖。暖气团多为稳定气团,典型天气是连绵成云,不会产生大的降水,只有小雨或毛毛雨,常有雾。冷气团多为不稳定气团,常有一些对流云,特别是移动较快的冷气团,因为地面温度较高,常有强烈对流,形成积雨云,产生阵性降水。

2. 气旋与反气旋

气旋是占有三度空间的,在同一高度上中心气压低于四周气压的大尺度旋涡,气旋也叫低气压(图 11-2-1)。气旋的范围由地面天气图上最外围的闭合等压线的直径来确定,气旋的直径为 200~3 000 km。气旋的强度一般用其中心气压值来表示,中心气压值越低,气旋越强,地面气旋的中心气压值一般在 970~1 010 hPa。在北半球,气旋范围内的空气做逆时针方向旋转,近地面层中由于摩擦作用,使气旋中心流是辐合上升的,上升气流绝热冷却,发生水汽凝结。因此,气旋内多为阴雨天气。

反气旋也称为高气压,是中心气压比四周气压高的水平空气旋涡。反气旋的范围比低气压大得多,大的反气旋可以和最大的大陆或海洋相当。反气旋中心的气压值越高,反气旋的强度越强,地面反气旋的中心气压值一般为

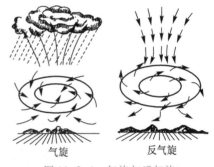

图 11-2-1　气旋与反气旋

1 020~1 030 hPa。在北半球,反气旋范围内的空气顺时针方向旋转,近地面层的反气旋中,气流是辐散下沉。反气旋控制地区的天气以晴朗少云、风力渐稳为主。

二、农业灾害天气

1. 寒潮

寒潮是指大范围强冷空气活动引起的气温下降的天气过程。国家气象局制定的全国性的寒潮标准是凡一次冷空气入侵后,使长江中、下游以北地区,在 48 h 内最低气温下降 10℃ 以上,长江中下游地区最低气温下降至 4℃ 以下,陆上有相当 3 个大行政区出现 5~7 级大风,沿海有 3 个海区出现 7 级以上大风,称为寒潮。如果 48 h 内最低气温下降 14℃ 以上,陆上有 3~4 个大行政区有 5~7 级大风,沿海所有海区出现 7 级以上大风,称为强寒潮。

寒潮对农业的危害主要是剧烈降温造成的霜冻、冰冻等冻害以及大风、大风雪、大风沙等灾害性天气。我国北方,寒潮天气主要是强烈的降温和偏北大风的干冷天气,降水较少。新疆等西

北地区及内蒙古常出现沙暴、雪暴等天气。我国南方,寒潮天气除降温外,还有降水,尤其是在华南一带常有大范围持久的阴雨天气。

2. 霜冻

霜冻是指气温大于 0℃ 的暖湿季节里,土壤表面和植物表面的温度短时间内降到 0℃ 或 0℃ 以下,引起植物受冻害或死亡的现象(图 11-2-2)。霜冻包含温度降低的程度和植物抗低温的能力。发生霜冻时,可能有霜,也可能无霜;近地面空气的温度可能小于 0℃,也可能大于 0℃。由于多数作物的温度降到 0℃ 以下时就要受害,所以一般把最低地面温度降到 0℃ 时就算出现霜冻。

按霜冻出现的季节可将其分为秋霜冻、春霜冻和冬季霜冻 3 类。它在不同地区对农作物有不同的危害,在生产上常常采用人工施放烟幕、灌水、塑料薄膜或草毡覆盖包扎、露天加温、鼓风、喷雾、风障和防护林等措施进行防御。

图 11-2-2　霜冻

3. 倒春寒

春初没有明显的寒潮爆发,气温偏高于历年同期平均值,但到了春末,由于冷空气活动频繁或寒潮爆发,使气温明显偏低,而对作物造成损伤的一种冷害,称为倒春寒。倒春寒是由前期的气温偏高和后期的气温偏低两部分组成,灾害是后期低温。在北方倒春寒前期气温偏高促使冬小麦返青拔节,果树开始含苞,抗低温能力下降,后期低温造成大范围严重危害。

4. 低温冷害

在植物生长季节里,温度下降到植物生育期间所需的生物学最低温度以下,而气温仍大于 0℃,此时对植物生长发育造成的危害称为低温冷害,简称冷害。冷害与霜冻虽然都属低温伤害,但二者是有区别的。霜冻温度小于或等于 0℃,是由于植物体内结冰引起的伤害;而冷害温度大于 0℃,是由于植物生育期内较长时间温度相对偏低引起的伤害。

5. 连阴雨

连阴雨是指连续 5~7 d 甚至更多的阴雨,或降水暂时停止、保持阴天或短暂晴天的现象,降水强度一般是中雨、大雨和暴雨。连阴雨天气一般是在大范围天气形势和水汽来源丰沛的条件下由稳定的雨带所形成,它主要出现于副热带高压西北侧的暖湿与西风带中的冷空气相交的地带,随季节性变动,我国春季出现在东北和华北地区,秋季则出现在长江中下游地区。

6. 洪涝

洪涝是由于长期阴雨和暴雨,短期的雨量过于集中,河流泛滥,山洪暴发或地表径流大,低洼地积水,造成植物被淹没或冲毁的现象。形成洪涝的天气系统有华南静止锋、台风、锋面气旋等。华南静止锋徘徊于华南地区,锋上不断产生波动气旋,这时不仅阴雨连绵而且还可以带来暴雨。台风暴雨主要发生在夏秋季节,有时台风与西风槽结合,会产生特大暴雨。

7. 干旱

干旱天气是在高压长期控制下形成的,我国各主要农业区都可发生。按干旱天气发生的时间,可分为春旱、夏旱和秋旱。春旱主要影响北方麦区冬小麦越冬以后的生长发育和产量的形成,对玉米、棉花等春播作物的播种、出苗及幼苗生长也有很大影响。夏旱对水稻、果树等威胁很大。秋旱对大秋作物产量及越冬作物的播种和出苗有影响。

8. 干热风

干热风是一种高温低湿并伴有一定风力的大气干旱现象,我国北方,春末夏初,小麦灌浆乳熟阶段经常出现,常使小麦减产。按照天气现象不同,干热风可划分为高温低湿型、雨后枯热型和旱风型 3 种类型。高温低湿型干热风造成气温高、天气旱、相对湿度低。雨后枯热型干热风造成雨后高温或猛晴。旱风型干热风造成湿度低、气温高,风速大。生产上多采用"抗、躲、防、改"等措施抵御干热风,即培育抗性品种、调节播种期、灌溉预防和调节农田气候(防护林)。

9. 冰雹

冰雹是从发展旺盛的积雨云中降落到地面的固体降水物,它通常以不透明的霰粒为核心,外包多层明暗相间的冰壳,直径一般在 5～50 mm,大的可达 300 mm 以上。我国冰雹天气多发生在 4—7 月,内陆多于沿海,山地多于平原。冰雹会给农业带来严重的危害,甚至会危及人及牲畜的生命。目前,主要采用催化剂和爆炸阻止冰雹形成或破碎冰雹。

10. 台风

台风是产生在热带洋面上强大而深厚的气旋,它会引起狂风暴雨和滔天海浪,极大地威胁着人民生命财产安全,但其丰沛的雨水对解决和缓和我国东部酷暑和干旱极为有利。台风移动有一定的路径,到达我国的台风多由菲律宾以东洋面产生,从台湾海峡、福建、华南沿海、海南岛、浙江、江苏、温州和汕头等地登陆,全年都可发生,7—10 月最为频繁。

微课　天有不测风云——
农业灾害性天气

复习思考题

1. 什么是气团? 冷气团和暖气团有什么不同?
2. 什么叫气旋和反气旋? 它们是怎样影响天气的形成的?
3. 简要说明各种灾害性天气的特点。

内容三　农田小气候

在太阳辐射、大气环流及下垫面 3 大因子控制下,形成的大范围地区的气候特征,称为大气候。在具有相同气候特点的地区,由于下垫面的性质和构造不同,造成热量和水分收支不一样,形成近地面大气层中局部地区特殊的气候,称为小气候。我国属季风性气候,一年中大气候不同,便有了春、夏、秋、冬和二十四节气的区分,动植物的生长发育伴随季节有规律地变化造就了物候,这是农业生产的根本依据。这里重点介绍二十四节气和农田小气候。

一、二十四节气

1. 二十四节气

地球围绕太阳转动称为公转,公转轨道是一个椭圆形,太阳位于椭圆的一个焦点上。地球的自转轴称为地轴,由于地轴与地球公转轨道面不垂直,地球公转时,地轴方向保持不变,致使一年中太阳光线直射地球上的地理纬度是不同的,这是产生地球上寒暑季节变化和日照长短随纬度、季节而变化的根本原因。地球每年绕太阳公转一周是360°,需时约365 d,间隔15°定一位置,并给予一个"节气"名称,则全年共分二十四节气,每个节气为15°,约15 d(图11-3-1)。

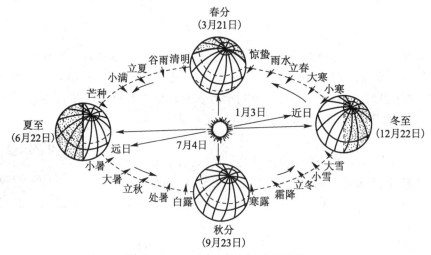

图 11-3-1　地球公转与二十四节气

二十四节气是我国人民几千年来从事农业生产,掌握气候变化规律的经验总结,为了便于记忆,人们总结出二十四节气歌。前4句是二十四节气的顺序,后4句是指每个节气出现的大体日期。按阳历计算,每月有两个节气,上半年一般出现在每月的6日和21日,下半年一般出现在8日和23日,年年如此,最多不过错一两天的时间。

> **二十四节气歌**
> 春雨惊春清谷天,
> 夏满芒夏暑相连;
> 秋处露秋寒霜降,
> 冬雪雪冬小大寒。
> 每月两节不变更,
> 最多只差一两天;
> 上半年逢六二一,
> 下半年逢八二三。

2. 二十四节气的含义和农事活动

二十四节气的含义和农事活动如表11-3-1所示。

表 11-3-1　二十四节气日期及相应农事操作参考表

节气	日期	气候特点	农事操作
立春	2月4—5日	天气回暖,雨水增多,土壤解冻	松土保墒,送粪积肥,春耕春播
雨水	2月19—20日	天气转暖,降雨增多,小麦返青	压耙保墒,选种送粪
惊蛰	3月5—6日	土壤解冻,温度升高,动物出土	小麦追肥,播种准备
春分	3月20—21日	昼夜平分,风大雨少,土温速升	准备播种,抗旱保夏

续表

节气	日期	气候特点	农事操作
清明	4月5—6日	气暖天晴,草木返青,小麦拔节	作物播种,小麦灌水
谷雨	4月20—21日	降水增加	播种完成,小麦春灌
立夏	5月5—6日	水热充足,万物生长,病虫滋生	中耕除草,田间管理,病虫防治
小满	5月21—22日	麦粒饱满,夏粮成熟	田间管理,夏收准备,防旱防风
芒种	6月6—7日	小麦成熟	越早夏播,田间管理,灌水追肥
夏至	6月21—22日	白昼最长,炎夏将至	选苗定植,中耕除草,整枝防病
小暑	7月7—8日	天气转热,棉花盛期	中耕除草,整枝打杈,防病防害
大暑	7月23—24日	天气最热,谷物开花	田间管理
立秋	8月7—8日	水热减少,作物敛成,禾谷成熟	庄稼收获
处暑	8月23—24日	炎夏将过,天气转凉,谷物成熟	晚秋管理
白露	9月8—9日	水汽凝结,作物成熟,秋收大忙	收获贮藏,送粪翻耕,整地种麦
秋分	9月23—24日	叶黄脱落,气温降低	小麦播种
寒露	10月8—9日	气温更低,露水更多	麦播结束
霜降	10月23—24日	气温至零,水汽成霜	根果收获,土地秋耕
立冬	11月7—8日	水热不良,万物枯老,土壤未冻	土地秋耕,越冬管理,粮果贮藏
小雪	11月22—23日	天气转冷,降雪开始	秋菜收获,果树冬灌
大雪	12月7—8日	气温骤降,大雪飞扬	粮果贮藏,防寒保温
冬至	12月22—23日	白昼最短,寒冬来临	冬麦压田,御风保墒,防裂防冻
小寒	1月5—6日	天气寒冷,风雪交加	种子保管,果树涂白,防止冻害
大寒	1月20—21日	狂风暴雪,天气最冷	种子贮藏,果树涂白,防止冻害

应该注意的是,二十四节气起源于黄河流域,其他地区运用二十四节气时,不能生搬硬套,必须因地制宜地灵活运用。不仅要考虑本地区的特点,还要考虑气候的年际变化和生产发展的需求。

微课 古人的智慧——二十四节气

二、农田小气候

下垫面是指地球表面海陆、地形、植被和土壤等状况。农田小气候是指以农作物为下垫面的小气候。不同的农作物有不同的小气候特征,同一种作物又因不同品种、种植方式、生育期、生长状况以及田间管理措施等造成不同作物群体,产生相应的小气候特征。

1. 农田小气候特征

(1)太阳辐射:太阳辐射到达农田植被表面后,一部分辐射能被植物叶面吸收,一部分被反射,还有一部分透过枝叶空隙或透过叶片到达下面各层或地面上。农田植被中,光照度由株顶向下逐渐减弱,株顶附近递减较慢,植株中间迅速减弱,再往下又缓慢下来。光照度在株间的分布直接影响作物对光能的有效利用,植株稀少,漏光严重,单株光合作用强,但群体光能利用不充分;农田密度较大,株间各层光照度相差较大,株顶光过强,冠层下部光不足,单株生长不良,易产生倒伏现象。

动 脑 筋

作物栽培要求合理密植,怎样理解?

(2)温度分布:作物生育初期,因茎叶幼小稀疏,不论昼夜,农田的温度分布和变化,白天的最高温度和夜间的最低温度均在地表附近。作物封行以后,进入生长盛期,茎高叶茂,农田外活动面形成,午间活动层附近热量容易保持,温度可达最高。夜间农田放热量大,降温快,外活动面的温度达到最低。因此,生育盛期昼夜的最高、最低温度由地表转向作物的外活动面。作物生育后期,茎叶枯黄脱落,太阳投入株间的光合辐射增多,农田的温度分布又接近于生育初期,昼夜温度的最高和最低又出现在地面附近。

(3)湿度分布:农田中湿度的分布和变化决定于温度、农田蒸发和乱流交换强度的变化。植物生育初期基本相似于裸地,不论白天和夜间,相对湿度都随高度的增加而降低。植物生育盛期,白天由于蒸腾作用的结果,外活动面附近相对湿度最大,内活动面较低;夜间由于气温较低,株间相对湿度在所有高度上都比较接近。植物生育后期,白天相对湿度都随高度的增加而降低,夜间因为地表温度较低,相对湿度最大。

(4)CO_2的分布:白天作物进行光合作用要大量吸收CO_2,农田CO_2浓度降低,通常在午后达到最低;夜间作物的呼吸作用放出CO_2,农田CO_2浓度增高。株间CO_2浓度常常是贴地层最大。夜间CO_2浓度随高度升高而降低,而白天CO_2浓度随高度升高而增大。一般来说,在作物层以上CO_2浓度逐渐增加,作物层以内则迅速减少,在叶面积密度最大层附近为最低。白天特别是中午,农田的CO_2是从上向下输送,到地面附近则从地面向上输送。

2. 农田小气候的改造

农田小气候除受自然地理条件和作物本身生长状态的影响外,还取决于农业耕作措施,如耕翻、镇压、垄作、灌溉、种植行向和密度等。

动 脑 筋

秋季耕翻和春季耕翻哪个效果更好?

(1)耕翻:翻耕使土壤表面粗糙,反射率降低,吸收太阳辐射增加,土表有效辐射增大,地温升高。翻耕使土表疏松,孔隙度增大,土壤热容量和热导率减小。高温时间(白天),表层热量积集,温度升高,表现增温效应;下层温度较低,表现降温效应。低温时间(晚上),表层接收深层输送的热量少,温度降低,表现降温效应;下层温度较高,表现增温效应。翻耕切断土壤毛管联系,降低下层水分蒸发,起到保墒的作用。

(2)镇压:镇压使土壤紧密,孔隙度减小,土壤容重和毛管持水量增加,土壤热容量和热导率增大。白天,地表接收的太阳辐射向深层传导;夜间,地中热量向地表输送,镇压促进土壤的热交换。镇压地夜间表现增温效应,白天表现降温效应,可以减小土温变化的幅度。

(3)垄作:垄作能够提高耕作土壤疏松土层的厚度,土壤通气良好,多雨季节对排泄田间径流,降低土壤湿度有良好的作用。垄背的反射率较小,接收太阳的辐射增加;垄作有较大的暴露面,土壤蒸发较强,形成干土层后减弱了深层土壤水分向表层的输送,反过来阻碍了垄面的蒸发,垄作对提高地温也起到了积极的作用。值得注意的是,垄的方向不同,在不同的地区和季节,垄作的气象效应表现出明显的差异。

(4)灌溉:农田灌溉后土壤湿润,颜色加深,反射率减小,吸收率增加。同时地温降低,空气湿度增加。灌溉后土壤含水量增加,增大了土壤热容量,使土温变化缓慢。冬季夜间利用大水源,白天利用小水源可提高地温;而暖季则夜间利用小水源,白天利用大水源,可降低地温。高温阶段,灌溉地气温比未灌溉地低;低温阶段,则灌溉地气温高于未灌溉地,所以灌溉有防冻和保温的双重作用。

(5)种植行向:作物种植行向不同,株间的受光时间和辐射强度都有差异。这是因为不同时期太阳方位角和照射时间,是随季节和地方而变化的。实践证明,夏半年沿东西行向的照射时数,比沿南北行向的要显著得多,冬半年的情况恰好相反。特别是高纬地区种植作物时,要考虑种植行向问题,秋播作物取南北向种植比东西向有利,而春播作物取东西向比南北向有利。

(6)种植密度:种植密度的大小直接影响作物群体通风、透光和温度,最终决定作物的生长状况和产量。实践证明,株间太阳辐射的透射情况、株间任何高度的辐射透射率以及群体上下层透射率的差别,都随密度的增加而减少。由于植株的阻挡作用,密度增大,株间的风速降低。白天,由于株间光辐射减弱,温度随密度的增大而降低,夜间具有保温作用。密度变小,植株充分接收光照,风温适宜,单株产量增多,由于植株数量的减少,也会影响群体的产量。根据不同作物特点,生产上采用合理密植、间作套种等栽培措施都是有效的解决办法。

复习思考题

1. 什么是二十四节气?农业二十四节气是怎样划分的?
2. 列表说明二十四节气的气候特点和农事操作内容。
3. 什么叫农田小气候?包括哪些内容?有什么特征?
4. 举例说明生产上采取哪些栽培措施来改善农田小气候环境。
5. 农业生产作物垄作成行栽培,如何确定垄向?

实训　光照度的测定

一、技能要求

了解测定光照度的仪器及简单原理;掌握测定光照度的方法。

二、实验原理

照度表是测定光照度(简称照度)的仪器。它是利用光电效应的原理制成的。整个仪器由感光元件(即光电池)和电流表组成。感光元件是光敏半导体,通常用硒或硅制成。当光线照射到光电池后,光电池即将光能转换为电能,反映在电流表上。电流的强弱是和照射在光电池上的光照度成正相关的,因此,电流表上测得的电流值经过换算即为光照度。为了方便,把电流表的刻度直接标成照度值,单位是勒克斯(lx)。为了能适用于强光照,照度表的感应部分配有滤光罩。

相对照度表是用来测定作物群体内相对照度的仪器。相对照度表配有两个感光探头,一个置于植株外自然光照下称为强光探头,另一个置于植株丛间弱光照下称为弱光探头。感光探头的元件是光敏电阻,光敏电阻的电阻值随光照度的变化而变化,且二者有确定的关系。两个探头为电桥的两个桥臂,运用电桥平衡的原理,可测得株间光和自然光两个光照度的比例,即农田中的相对光照度。

$$相对光照度 = \frac{群体内的照度}{自然光照度} \times 100\%$$

三、仪器与场所

1. 仪器:ST-2 型照度计,ST-3 型照度表。

2. 场所:田间或日光温室。

四、技能训练

目前使用的照度表有 3 种型号,其量程各不相同。ST-2 型照度表有 4 个量程:0~500 lx,0~5 000 lx,0~50 000 lx,0~150 000 lx;ST-3 型照度表有 6 个量程:0~2 lx,0~20 lx,0~200 lx,0~2 000 lx,0~20 000 lx,0~200 000 lx。

将感应部分置于需要测光照的地方,开启仪器,即可取得读数。在测定强光照时,需加上滤光罩,读数盘上的读数要乘以滤光罩的倍数。一般将感应面水平放置,也可根据需要将感应面垂直于阳光放置。

使用照度表时要注意防止光电池的疲劳以及电流过大而打坏电流表。测量时,量程开关要从高值开始,如电流表指针不转动表明量程太大,再将量程开关顺次拨向低值,以选定适当量程,取得读数。

五、实验作业

1. 按要求撰写实验报告,准确记录操作步骤及测定结果。

2. 使用照度表应注意什么?

3. 连续观测 10 d 室外及温室内光照度;观测室外及温室在一天内早、中、晚的光照度;并列表记录。

实验视频　光照度的测定

任 务 小 结

大气与风:大气压力及变化,风的形成,海陆风,山谷风,焚风,风与农业生产。

天气气候:天气,气候,气团,气旋,灾害天气(寒潮、霜冻、倒春寒、低温冷害、连阴雨、洪涝、干旱、干热风、冰雹、台风)。

农田小气候:二十四节气,农田小气候特征,农田小气候改造(耕翻、镇压、垄作、灌溉、种植行向、种植密度)。

学习任务十二　植物生长与养分环境

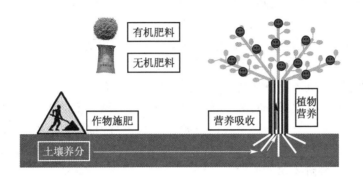

有机肥料
无机肥料
作物施肥
营养吸收
植物营养
土壤养分

知识目标

● 了解植物营养元素的种类及吸收机制,掌握各营养元素的生理作用。

● 认识土壤养分的特点和施肥规律,掌握各种化肥和有机肥的特性及使用方法。

● 掌握植物必需营养元素的种类、营养元素间的相互作用以及影响植物吸收养分的环境因素。

● 掌握作物营养连续性,作物营养阶段性,作物营养临界期,作物营养最大效率期,土壤中氮、磷、钾的含量、形态和转化,氮、磷、钾和各种微量元素的性质及其在土壤中的转化及施用方法,作物的施肥原理,肥料的施用方法,配方施肥的概念及应用。

能力目标

● 土壤碱解氮含量测定,土壤速效磷含量测定,土壤速效钾含量测定,常见化肥鉴定。

植物营养是施肥的理论基础,合理施肥应该按照植物的营养特征,结合气候、土壤和栽培技术等因素进行综合考虑。也就是说,施肥要把植物体内在的代谢作用和外界环境条件结合起来,运用现代科学辩证地研究它们之间的相互关系,从而找出合理施肥的理论依据及其技术措施,以便指导生产,发展生产。

内容一　植物生长与营养

植物不断地从土壤中吸收营养物质以满足其自身生长发育的需要,植物吸收的元素参与植物体结构和重要化合物的组成、参加酶促反应和能量代谢、缓冲或调节植物的生理代谢过程。养分充足,各种元素配比适当,植物生长发育良好,作物产量和品质提高。营养不良作物生产将会受到严重影响。

一、植物体内的化学元素

植物体内的元素组成十分复杂,一般新鲜植物体内含有 75%~95% 水分和 5%~25% 干物质。植物体内水分含量常因植物种类和组织器官的不同而有所差异。新鲜植物烘干后剩下的干物质中,绝大部分是有机化合物,约占 95%,其余的 5% 左右是无机化合物。干物质经燃烧后,有机物被氧化分解并以气体的形式逸出。据测定,以气体的形式逸出的主要是 C、H、O、N 4 种元素,残留下来的灰分的组成却相当复杂,包括 P、K、Ca、Mg、Cl、Si、Na、Co、Al、Ni、Mo 等 60 多种化学元素。这 60 多种化学元素并不都是植物生长发育所必需的,因为植物对化学元素的吸收,除决定于它的营养特征外,还与环境条件有关。如土壤溶液中含有高浓度的 Na^+ 时,植物将被动地吸收 Na^+,并在其体内积累,但 Na^+ 并不是所有高等植物生长发育所必需的,对于大多数高等植物来说,它只是被偶然吸收的。因此,只分析植物体的化学组成还是不够的,还必须分清哪些元素是植物必需的,哪些是偶然进入植物体的。

二、植物生长必需营养元素

(一) 判断植物必需营养元素的标准

判断某种元素是否为植物生长发育所必需,并不是根据它在植物体内含量的多少,而是根据它在植物体内所起的营养作用。必需营养元素应符合 3 个标准:这种元素是完成植物生活周期所不可缺少的,如果缺乏,植物不能正常生长发育;该元素缺乏时,植物将呈现专一的缺素症,其他化学元素不能代替其作用,只有补充后才能恢复或预防;在植物营养上具有直接作用的效果,而不是由于它改善了植物生活条件所产生的间接效果。

(二) 植物的必需营养元素

根据以上 3 个标准,通过营养液培养法,在营养液中系统地减去植物灰分中的某些元素,如植物不能正常生长发育,则证明减去的元素无疑是必需的。到目前为止,已经确定植物生长发育所必需的营养元素共有 16 种,它们是 C、H、O、N、P、K、Ca、Mg、S、B、Mn、Mo、Zn、Cu、Fe、Cl。除此之外,还有某些元素对某些植物的生长有良好的作用,甚至是不可缺少的,如 Si 对水稻是必需的,Na 对甜菜、Se 对紫云英是有益的。它们还没有被证明是所有高等植物生长发育的必需元素,因此称为有益元素。

16 种必需营养元素中,由于植物的需要量不同,又可分为大量元素和微量元素。大量营养元素一般占植物干物质量的百分之几十到千分之几,它们是 C、H、O、N、P、K、Ca、Mg、S;微量营养元素只占干物质量的千分之几以下,它们是 B、Mn、Mo、Zn、Cu、Fe、Cl。

从来源上看,C、H、O 3 种元素来自于空气和水,其余 13 种均来自土壤(豆类作物可固定一定数量的空气氮),因此,土壤养分状况对作物的生长和产量有着直接影响。其中,N、P、K 3 种营养元素由于植物的需要量大,土壤中含量低,常常需要施肥来加以补充,因此被称为植物营养三要素或肥料三要素。

三、植物营养元素的生理作用

植物体内必需的营养元素在植物体内不论数量的多少,都是同等重要的,任何一种营养元素的特殊功能都不能被其他元素所代替,这就是营养元素的同等重要律和不可代替律。各种营养元素在植物体内的生理功能有其独特性和专一性。

（一）氮的生理功能

氮是蛋白质和核酸的组成成分,蛋白质平均含氮量为 16%～18%,核酸中含氮 15%～16%,核酸与蛋白质构成核蛋白,共同影响植物的生理活动和生长发育。氮是叶绿素的组成成分,作物缺氮,叶绿素减少,光合作用减弱。植物体内的一些维生素,如 B_1、B_2、B_6 等,都含有氮素;生物碱,如烟碱、茶碱等,也含有氮素,它们参与多种生物转化过程。

（二）磷的生理功能

磷是核酸、核蛋白、磷脂、植素、ATP(高能磷酸化合物)等物质的组成成分。核酸与蛋白质是生命物质的主体,磷脂是膜的基本结构物质,植素是植物体内磷的贮藏形式,ATP 借助高能磷酸键储备大量的潜能。磷广泛存在于辅酶 I、辅酶 II、辅酶 A、黄素酶、氨基转移酶等各种酶中,影响植物体内的糖类、蛋白质、脂肪等多种代谢过程。磷能促进根系发育,增加吸收面积,提高植物抗旱性。磷能促进糖代谢,提高原生质中还原性糖的含量,增强植物的抗寒能力。磷能提高作物的缓冲能力,提高植物对外界酸碱变化的适应能力。磷还能改善作物产品的质量,提高大豆蛋白质含量,甜菜、葡萄的糖含量,马铃薯、甘薯的淀粉含量以及油料作物的脂肪含量等。

（三）钾的生理功能

钾是植物体内多种酶的活化剂,促进多种代谢反应,有利于作物的生长发育。钾供应充足,植物光合磷酸化作用效率提高,CO_2 进行同化作用加强。钾能促进糖、氨基酸、蛋白质和脂肪的代谢,影响植物体内有机物的代谢和运输。钾能通过提高作物体内糖的含量增强植物的抗寒性,通过调节气孔的开闭运动提高植物的抗旱性和细胞的持水能力,通过提高植物体内纤维素的含量增强细胞壁的机械组织强度,增强植物抗倒伏和抵抗病虫害的能力。

（四）Ca、Mg、S 的生理功能

Ca 是细胞壁的结构成分,对于提高植物保护组织的功能和植物产品的耐储性有积极的作用;Ca 与中胶层果胶质形成 Ca 盐而被固定下来,是新细胞形成的必要条件;Ca 能促进根系生长和根毛形成,增加根系对养分和水分的吸收。

动 脑 筋

土壤并不缺肥,作物却表现出明显的缺肥症状,为什么?

Mg 是叶绿素的构成元素,位于叶绿素分子结构的卟啉环中间;Mg 又是许多酶的活化剂,促进植物体内的新陈代谢。

S 是蛋白质和许多酶的组成成分,与呼吸作用、脂肪代谢和氮代谢有关,而且对淀粉合成也有一定的影响;S 还存在于一些如维生素 B_1、辅酶 A 和乙酰辅酶 A 等生理活性物质中。

（五）微量元素的生理功能

B 与糖形成 B-糖络合物,促进植物体内糖类的运输;缺 B 时花器官发育不健全;B 能抑制组织中酚类化合物的合成,保证植物分生组织细胞正常分化。

Fe 是吡咯形成时所需酶的活化剂,吡咯是叶绿素分子组成中卟啉的来源;Fe 是铁氧还蛋白的重要组成成分,在光合作用中起电子传递的作用;Fe 还是细胞色素氧化酶、过氧化氢酶、琥珀酸脱氢酶等许多氧化酶的组成成分,影响呼吸作用和 ATP 的形成。

　　Zn 是植物体内谷氨酸脱氢酶、苹果酸脱氢酶、磷脂酶、二肽酶、黄素酶和碳酸酐酶等多种酶的组成成分,对体内物质的水解、氧化还原反应和蛋白质合成及光合作用等起重要的作用;Zn 能促进吲哚和丝氨酸合成色氨酸,色氨酸是吲哚乙酸的前身。

　　Mn 是柠檬酸脱氧酶、草酰琥珀酸脱氢酶、α-酮戊二酸脱氢酶、柠檬酸合成酶等许多酶的活化剂,在三羧酸循环中起重要作用;Mn 是羟胺还原酶的组成成分,影响硝酸还原作用;Mn 通过 Mn^{2+} 和 Mn^{4+} 的变化影响 Fe^{3+} 和 Fe^{2+} 的转化,调整植物体内有效铁的含量;Mn 以结合态直接参与光合作用中水的光解反应,促进光合作用。

　　Mo 是植物体内硝酸还原酶的组成成分,促进植物体内硝态氮的还原;Mo 是固氮酶的成分,直接影响生物固氮;Mo 能抑制磷酸酯和磷酸酶的水解,影响无机磷向有机磷的转化。

　　Cu 是植物体内多酚氧化酶、抗坏血酸氧化酶、吲哚乙酸氧化酶等多种氧化酶的组成成分,影响植物体内的氧化还原过程和呼吸作用;Cu 是叶绿体中许多酶的成分,影响光合作用;脂肪酸的去饱和作用和羟基化作用,需要有含铜酶的催化。

复习思考题

1. 如何确定哪些元素是植物必需营养元素?
2. 植物必需营养元素的同等重要律和不可代替律的含义是什么?
3. 现已确定的植物必需营养元素有哪些? 什么是植物营养三要素?
4. 简要回答 N、P、K、B、Mn、Zn 等元素的生理功能。

内容二　植物对养分的吸收

　　养分是植物生长发育的基础,土壤是植物养分的主要来源,植物从土壤、水和大气中获取营养物质。植物根系是吸收营养物质的主要器官,其吸收的营养称为植物的根部营养。植物的叶和茎也可与外界环境进行物质和能量的交换,称植物的根外营养。

一、根对养分的吸收

(一) 根吸收养分的部位

　　通过对植物离体根的研究结果表明,根部吸收养分最多的部位是根尖的分生区。内皮层的凯氏带尚未分化出来,而韧皮部和木质部开始了分化,初步具有了输送养分和水分的能力。

动脑筋
农业生产要求将肥料施在作物根周围且有一定的深度,为什么?

生理活性上,根尖分生区也是根部组织生长最快、呼吸作用旺盛、质膜正急剧增加的地方。根部的另一个重要吸收部位是根毛,它是根系旺盛吸水的区域,根毛的出现,大大增加了根系的吸收面积。

(二) 根系吸收养分的特点

1. 根系吸收养分的形态

植物根系吸收养分的形态有气态、离子态和分子态。气态养分包括 CO_2、O_2 和水汽等,主要通过扩散作用进入植物体内,也可由叶片气孔经由细胞间隙进入叶内。水溶性离子态养分是植物根系吸收养分的主要形态,矿质养分和氮素几乎都是以离子态形式被吸收的,如 NH_4^+、Ca^{2+}、Mg^{2+}、Fe^{2+}、Cu^{2+}、Zn^{2+}、NO_3^-、$H_2PO_4^-$、SO_4^{2-}、Cl^-、MnO_4^{2-} 等。植物根系也吸收少量分子态有机养分,主要是一些小分子有机物,如尿素、氨基酸、酰胺、生长素、维生素和抗生素等。土壤中被吸收的有机分子种类不多,而且不如离子态养分易于进入植物体,大多有机物都必须经过微生物分解,转变为离子态养分后,才能大量被植物吸收利用。

2. 根系吸收水分和吸收养分是不同的过程

植物对矿质元素的吸收和根系吸水是同时进行的,但矿质元素并不是被动地随着水一起从土壤中被带入植物根内,二者没有直接相关关系。植物吸收矿质元素和吸收水的机制不同,吸水的动力是根压和蒸腾拉力,矿质元素的吸收则是一个复杂的主动吸收过程,需要能量消耗。化学分析已经证明,植物体内矿质元素的成分和含量与土壤中并不相同,细胞内矿质元素的含量可能高出土壤中几倍,吸收过程仍然进行。

3. 根系对养分的选择吸收

如果只用某种单一的盐溶液培养植物,不久植物便会呈现不正常状态,最后死亡。即使该单盐溶液是植物必需的营养元素,其浓度也适合,毒害也会发生。对一种离子吸收过多会导致植物死亡的现象称为单盐毒害。植物只能在含有适当比例的多种必需盐溶液中才能正常地生长发育,这种对植物生长良好而无毒害作用的溶液称为平衡溶液。

微课 无声的盛宴——
植物对养分的吸收

植物对同一种盐的阳离子和阴离子的吸收是不相等的,是有选择性的。通常条件下,植物对 N 的需要量远远多于 S,因此植物对 $(NH_4)_2SO_4$ 溶液中的阳离子(NH_4^+)吸收量多,而大量的阴离子(SO_4^{2-})则留在溶液中,增加了土壤溶液的酸性,土壤施用 $(NH_4)_2SO_4$ 的结果使土壤酸性增强,故称 $(NH_4)_2SO_4$ 为生理酸性盐。对 $NaNO_3$,植物吸收阴离子(NO_3^-)多于阳离子(Na^+),结果使土壤溶液中 Na^+ 增多而变碱,故 $NaNO_3$ 称为生理碱性盐。而对 NH_4NO_3,植物吸收其阳离子(NH_4^+)和阴离子(NO_3^-)的量相近,不改变介质pH,故称为生理中性盐。

动 脑 筋
为什么提倡多施有机肥?

(三)影响根系吸收养分的环境条件

1. 温度

根系吸收养分适宜的土壤温度为 $15 \sim 25 ℃$。在 $0 \sim 30 ℃$ 范围内,随着温度的升高,根系吸收养分的速度加快,吸收的数量也增加。低温时由于根部呼吸强度降低,代谢弱,供给能量少而影响主动吸收。高温时则由于酶的钝化以及根系的木栓化,同样影响根部代谢,使其吸收矿质养分的绝对数量减少。不同作物对温度上限的反应不尽相同,棉花、花生、水稻可达 $35 ℃$,有的可能还更高一些。

2. 通气

土壤通气性的好坏,直接影响根系的呼吸作用。根系对养分的主动吸收是以呼吸作用为其代谢基础的,通气性好,作物有氧呼吸旺盛,释放的能量多,吸收养分多;通气性不好,则作物有氧呼吸受抑制,释放的能量少,吸收的养分少。

3. 土壤酸碱反应

碱性条件下,土壤溶液渗透压高,影响根的吸收能力。过多的 Na^+ 会腐蚀根组织,使其变性。酸性条件下,土壤中有效养分含量减少,会引起 H^+、Al^{3+} 中毒,H^+ 过多使细胞变性。因此,绝大多数作物,只有在中性和微酸性条件下,才有利于养分的吸收和生长。土壤的酸碱反应,也影响植物吸收养分的形态,在酸性介质中,作物吸收阴离子的数量多于阳离子,而在碱性介质中,吸收阳离子多于阴离子。

4. 土壤水分

水分是化肥的溶剂和有机肥矿化的必要条件,养分的扩散和质流,根系对养分的吸收,都必须通过水分才能完成。土壤水分缺乏,引起土壤渗透压过高,水分过多,一方面使养分浓度过稀,另一方面造成土壤 O_2 供应不足,不利于养分的吸收。

5. 根的营养特性

不同类型作物的根系对不同离子的吸收能力是不同的。大豆属于直根系,阳离子代换量大,对 Ca^{2+}、Mg^{2+} 的吸收能力强,对 K^+ 的吸收能力差。麦类须根系,阳离子交换量小,对 Ca^{2+}、Mg^{2+} 吸收能力差,对 K^+ 的吸收能力强。根的营养特性不同,也影响对养分的吸收。

二、叶片对养分的吸收

除根部以外,植物还可以通过叶片或幼茎等器官吸收养分,称为根外营养或叶部营养。

(一) 根外营养的机制

叶片对有机及无机养分的吸收:叶片吸收养分的形态和机制与根部类似。影响外部溶液进入叶内的主要障碍是叶面具有一层均一的角质膜,而溶液通过角质膜的多少或快慢与角质膜蜡质的化学成分有关。蜡质是一类复杂的有机混合物,主要化学成分是高碳脂肪酸和高碳一元醇,这类化合物的分子间隙可让与水分子大小相近的物质通透。外部溶液通过这种空隙到达质膜,以后通过质膜进入叶细胞内的过程与根部类似。在这些空隙内,由于脂肪酸等羧基的解离带有负电荷,对阳离子的通透有利,因此,叶部吸收以阳离子养分较多。叶表面外部还有与内部亲脂性基相连的蜡状突起物,可使非极性的脂溶性物质进入表皮细胞。近来的研究表明,在表皮细胞的外壁、孔道细胞中以及叶基部周围、叶脉的上、下表皮细胞等处都呈现有较多的微细结构。外质连丝是一种不含原生质的纤维孔隙,能使细胞原生质与外界直接联系,这种外质连丝能作为角质膜到达表皮细胞原生质膜的一条通路。由于下表皮孔隙较多,所以比叶片的上表皮更容易通过溶液。

叶片对 CO_2 的吸收过程如下:叶片从空气中吸收 CO_2,主要经由气孔进入叶内,通过细胞间隙及叶肉细胞的表面,进入叶绿体。由于光合作用,CO_2 被固定,浓度降低,就产生了向叶绿体的 CO_2 流。

(二) 叶部营养的特点

1. 直接吸收

叶部营养直接供给作物养分,可防止养分在土壤中被固定。一些易被土壤固定的元素,如 Ca^{2+}、Fe^{2+}、Mn^{2+}、Zn^{2+} 等,通过叶部喷施能够避免其在土壤中的固定作用,直接供给作物需要。某些生理活性物质,如赤霉素、维生素 B_9 等,施入土壤易转化,采用叶部喷施能克服这种缺点。在寒冷或干旱的地区,土壤施肥不能取得良好效果时,采取叶部追肥能及时供给作物养分。

2. 吸收转化快

叶部对养分的吸收转化比根部快,能及时满足作物的需要。将 ^{32}P 涂于棉花叶部,5 min 后,该棉花的各器官已有相当数量的 ^{32}P,根、茎生长点和嫩叶中增加强烈;10 min 后, ^{32}P 积累达到最高点,而根部施肥 15 昼夜后, ^{32}P 的分布和强度,仅接近于叶部施用后 5 min 时的情况。由于叶部施肥的吸收和转化速度快,可作为及时防治某些缺素症和作物因遭受自然灾害而需要迅速供给养分时的补救措施。

3. 直接影响体内代谢

叶部营养直接影响作物的体内代谢,有促进根部营养、提高作物产量和改善作物品质的作用。叶部追肥能提高光合作用和呼吸强度,显著地促进酶促反应,直接影响作物体内一系列重要的生理活动,同时也改善了作物对根部有机养分的供应,增强根系吸收养分和水分的能力。

4. 经济有效

作物对微量元素的需要量少,微肥的施用量也少,通过叶面喷肥就可以。微量元素大多在土壤中易被固定,用量少又很难施得均匀,通过叶面喷肥就可以克服土壤施用微肥的这些缺点。对大量元素而言,叶面施肥仅能作为解决特殊问题时的辅助性措施。

微课　叶面肥的
功能特点

(三) 影响叶部营养的条件

1. 溶液的组成

溶液的组成决定于叶部追肥的目的,同时也要考虑到各种成分的特性。P、K 对糖类的合成和运转有密切的关系,故喷 P、K 能提高马铃薯、甘薯、甜菜的产量,后期喷 P 能使禾谷类作物早熟。棉花苗期因受低温的影响,根系吸收能力弱,喷施尿素可增大叶面积,加强光合作用。在选用具体肥料时,还要考虑到肥料的各种成分和吸收速率,就 N 肥来说,尿素>硝酸盐>铵盐;就钾肥来说,$KCl>KNO_3>KH_2PO_4$。

2. 溶液浓度及反应

在一定浓度范围内,营养物质进入叶片的速度和数量,随浓度的增加而增加,在叶片不受肥害的前提下,要适当提高浓度。需要说明的是,尿素的吸收速度与浓度无关,并比其他离子快 10 倍甚至 20 倍。在喷施生理活性物质和微量元素时,在溶液中加配尿素,会加速叶片对生理活性物质和微量元素的吸收;喷施大量元素时加配尿素,也具有同样的效果。调节溶液的 pH,可提高叶部营养的效果,如果主要供给阳离子,溶液调至微碱性;如果主要供给阴离子,溶液则应调至微酸性。

3. 溶液湿润叶片时间

试验表明,喷肥后保持叶片湿润的时间在 0.5~1 h,养分吸收的速度快,吸收量大,余下未被吸收的部分,还可逐步被吸收利用。因此,要求喷肥时间以傍晚和清晨为最好,可防止叶面很快变干。同时,使用"湿润剂"可降低表面张力,延长溶液湿润叶片的时间。

4. 叶片类型

双子叶植物,如棉花、油菜、豆类、薯类等,叶面积大,角质膜薄,对溶液中的养分易被吸收。单子叶植物,如水稻、小麦、玉米等,叶面积小,角质膜厚,对溶液中的养分吸收困难,这类作物根外追肥应加大浓度。从叶片结构来看,上表皮组织下是栅栏组织,细胞排列紧密,孔道细胞少;下表皮组织内是海绵组织,细胞排列疏松,间隙大,孔道细胞多,故喷施叶的背面较好。

5. 喷施部位和次数

各种营养元素进入植物体后,移动性是不同的。移动性强的元素,如 N、P、K、S、Cl 等,根外追肥时对喷施部位的要求不很严格。但在喷施不易移动的元素时,如 Fe、Zn、Mn、Cu、Ca、B、Mo 等,对喷施部位的要求比较严格,一般只有喷在新叶上才有较好的效果,并且必须增加喷施次数。通常每隔一定时间连续喷洒的效果,优于一次喷洒的效果,但也不宜喷施次数过多,以免增加劳力,增大成本。

三、营养元素间的相互关系

植物对某离子的吸收,除了受环境因素的影响之外,还要受其他离子作用的影响。营养离子间的相互关系可分为两种类型,即离子间的拮抗作用和协助作用。

(一) 离子间的拮抗作用

溶液中一种离子的存在抑制作物对另一种离子的吸收称为离子间的拮抗作用。离子间的拮抗作用主要表现在阳离子与阳离子之间或者阴离子与阴离子之间,产生拮抗作用的原因是多方面的,水合半径相似的离子往往因竞争载体上专一的结合位置而拮抗。K^+、Rb^+、Cs^+;Ca^{2+}、Ba^{2+};Cl^-、I^-、Br^-;$H_2PO_4^-$、OH^-、NO_3^- 等相互间的拮抗作用即是因为这一原因。任意提高膜外某一种阳离子的浓度,如提高 Ca^{2+} 的浓度,就会有更多的 Ca^{2+} 进入细胞内,这必然会影响细胞对其他阳离子的吸收。

实践证明,Ca-Mg 拮抗。P-Zn 拮抗,多施 P 肥诱发缺 Zn。K-Fe 拮抗,水田施 K 肥明显影响 Fe^{2+} 的吸收,因此 K 可以防止水稻黑根。Ca-B 拮抗,施 Ca 可以防止 B 的毒害作用。K-Ca拮抗,当苹果皮中 K/Ca 或(K+Mg)/Ca>10 时,可能发生水心病,喷施 $CaCl_2$ 可减轻病害,施 K 肥后却加重病情。K-Mg 拮抗,K^+ 多影响对 Mg^{2+} 的吸收,但 Mg^{2+} 对 K^+ 的吸收无拮抗作用。

(二) 离子间的协助作用

溶液中一种离子的存在促进植物对另一种离子的吸收作用,称为离子间的协助作用。根据维茨的研究,溶液中 Ca^{2+}、Mg^{2+}、Al^{3+} 等 2、3 价离子,特别是 Ca^{2+} 能促进 K^+、Br^-、Rb^+ 的吸收,通常把这一作用称为“维茨效应”。值得注意的是,吸收到根内的 Ca^{2+} 并无此促进作用,说明 Ca^{2+} 的作用是影响质膜而并非影响代谢。实验证明,Ca^{2+} 能影响质膜的性质,降低质膜的透性,影响水合半径大的离子如 Na^+ 的吸收,而水合半径较小的 NH_4^+、K^+ 就容易透过。另外,N 能促进 P 的吸收,阴离子如 NO_3^-、$H_2PO_4^-$、SO_4^{2-} 等均能促进阳离子的吸收。此外,还有 K-Zn 协助,施 K 肥后,有助于减轻 P-Zn 拮抗现象;K-B 协助;P-Mo 协助等。

这里需要说明的是,离子间的相互作用是复杂的,在某一浓度下是拮抗,在另一浓度下又可能是协助。不同作物反应也不相同,这是因为不同植物对营养元素的需求量是有一定的比例关系的,如果破坏这种比例关系,就会影响作物的正常生长发育,影响产量和品质。

四、作物各生长期的营养特性

(一) 作物营养连续性和作物营养阶段性

作物从种子萌发到种子形成的整个生长周期内,要经历许多不同的生长发育阶段。在这些阶段中,除前期种子营养阶段和后期根系停止吸收养分以外,其他阶段都要通过根系从土壤中吸收养分。植物通过根系从土壤中吸收养分的整个时期,就称为植物的营养期。在此时期内,植物需要根系不间断地从土壤中吸收养分,称为植物营养的连续性。植物的整个营养期内,包括各个营养阶段,这些不同的营养阶段对营养条件,如营养元素的种类、数量和比例等,都有不同的要求,这就是植物营养的阶段性。

施肥时,既要满足作物营养连续性的要求,又要满足作物营养阶段性的要求。也就是说,在施肥时既要使植物在整个营养期内都能够吸收到足够的养分,同时还要考虑到各营养阶段

动　脑　筋

什么阶段是作物追肥的最佳时期?

的不同特点,做到基肥、种肥、追肥相结合,以满足植物的营养要求,从而达到优质、高产、低成本、高效的目的。

植物在不同生育期,其营养要求是不同的。某种营养条件在植物某个生育期内可能是正常的,但在另一个生育期内可能是不正常的。一般作物吸收三要素的规律是:生长初期吸收的数量和强度都较低,随着生长期的推移,对营养物质的吸收逐渐增加,到成熟阶段,又趋于减少。不仅各种作物吸收养分的具体数量不同,而且养分的种类和比例也有区别。冬小麦吸收 N、P、K 的比例为 $3:1:3$,棉花为 $1:0.4:0.93$。不同作物吸收养分高峰也是有差别的,小麦在拔节期、棉花在现蕾开花期为 N 素吸收高峰。

在作物营养期间,对养分的要求有两个极其重要的时期,一是作物营养临界期,另一个是作物营养最大效率期。

(二) 作物营养临界期

在作物生育过程中,常有一个时期,对某种养分的要求在绝对数量上虽不多,但很敏感,需要迫切,此时如缺乏这种养分,对植物生育的影响极其明显,并由此而造成的损失,即使以后补施该种养分也很难纠正和补充,这一时期称为作物营养临界期。

大多数植物的 P 素营养临界期都在幼苗期,棉花在出苗后 10~20 d,玉米在出苗后一周左右(3 叶期)。作物 N 素营养临界期则常比 P 稍向后移,通常在营养生长转向生殖生长的时期,冬小麦在分蘖和幼穗分化期,棉花在现蕾初期,玉米在幼穗分化期。

(三) 作物营养最大效率期

在植物生长发育过程中,还有一个时期,植物需要养分的绝对数量最多,吸收速率最快,所吸收的养分能最大限度地发挥其生产潜能,增产效率最高,这就是植物营养最大效率期。此时期往往在作物生长的中期。此时作物生长旺盛,从外部形态上看,生长迅速,作物对施肥的反应最为明显。玉米 N 素最大效率期在大喇叭口期到抽雄初期,小麦在拔节期到抽穗期,棉花在开花结铃期,苹果结果树在花芽分化期,大白菜在结球期,甘蓝在莲座期等。

作物营养临界期和最大效率期是作物营养和施肥的两个关键时期,在这两个阶段内,必须根据作物本身的营养特点,满足作物养分状况的要求,同时还必须要注意作物吸收养分的连续性,才能合理地满足作物的营养要求。

复习思考题

1. 植物吸收养分的形态有哪些?
2. 养分在土壤中如何迁移?

3. 影响植物根系吸收养分的因素有哪些?

4. 叶部营养有何特点?

5. 农业生产为什么要在种肥的基础上,先施底肥,保证追肥?

内容三　土　壤　养　分

土壤是植物养分的主要来源,并且常常是限制植物产量的主要因素。土壤养分是否能满足植物生长的需要,取决于土壤中各种养分的含量、存在形态和影响养分转化的土壤环境条件,以及土壤保持有效养分的能力。下面在论述土壤中养分的含量、形态及转化规律时,侧重于氮(N)、磷(P)、钾(K)三要素。

一、土壤中的氮

(一) 土壤中氮的含量

作物体内氮的含量约占植株干重的 1.5%,土壤中氮的含量一般只有 0.1%~0.3%,甚至更少。土壤中氮素含量与土壤有机质含量成正相关,一般土壤的全氮量为有机质含量的 1/20~1/10,土壤全氮量反映出土壤氮素的潜在供应力。一般情况下,土壤氮素普遍缺乏,生产上施用氮肥普遍有增产效果。

(二) 土壤中氮的形态

土壤中氮的形态可分无机态和有机态两大类(图 12-3-1)。

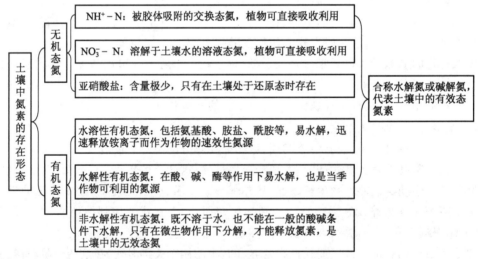

图 12-3-1　土壤中氮素的存在形态

氮除了无机态和有机态两大类外,还有存在于土壤空气中游离的分子氮,虽然植物不能直接吸收,但却是土壤固氮微生物的直接氮源。

(三) 土壤中的氮素转化

1. 有机态氮的矿化过程

详见土壤有机质的矿质化作用。

2. 铵态氮的硝化作用

土壤中由氨化作用释放出来的氨或其他铵盐,在通气良好的条件下被硝化细菌氧化成硝酸的过程称硝化作用。硝化过程一般是由两个连续阶段构成的,首先是由亚硝酸细菌把氨或铵盐氧化成亚硝酸,然后由硝酸细菌把亚硝酸进一步氧化成硝酸。

$$2NH_3 + 3O_2 \longrightarrow 2HNO_2 + 2H_2O + 719.65 \text{ kJ}$$
$$2HNO_2 + O_2 \longrightarrow 2HNO_3 + 83.68 \text{ kJ}$$

进行硝化作用的土壤,除了需要通气良好外,土壤酸碱反应以中性(pH 6.5~7.5)为最好,温度在 25~30℃,相对湿度 60% 左右为宜。此外,需足够数量的钙盐和铵态氮。因此,在生产中通过中耕松土,排水烤田,创造和保持良好的土壤结构状况等措施均能促进硝化作用的进行。硝态氮不易被土壤胶体吸附,在土壤里活性很大,容易和作物根系接触,被作物吸收,但在雨季或灌水不当时易引起流失。所以,对过旺的硝化作用也应采取适当的抑制措施。

3. 硝态氮的反硝化作用

反硝化作用是一种生物还原反应。在土壤通气不良和有机质含量较多的情况下,反硝化细菌把硝态氮还原成分子态氮(N_2)或氧化氮(N_2O、NO)等气体而逸失的过程称反硝化作用。反硝化作用实质上是一种有效氮的损失过程,生产上应尽量减少这一过程的进行。故水田不宜施用硝态氮肥,旱田亦要经常保持良好的通气状况,以防止土壤发生反硝化作用。

4. 铵态氮的晶格固定和生物固定

2:1 型黏土矿物的晶层表面存在有由 6 个氧构成的六方孔洞,大小与 NH_4^+ 的大小相近。当黏土矿物吸水膨胀后,晶层间距离加大,NH_4^+ 进入晶层间。以后黏土矿物失水收缩,晶层间距离缩小,NH_4^+ 便被卡在六方孔洞中,这个过程就是铵态氮的晶格固定。很明显,2:1 型黏土矿物含量高和干湿交替频繁的土壤这种固定作用强烈。

土壤微生物吸收土壤中的硝态氮和铵态氮,这种作用称有效氮的生物固定。随着微生物死亡、分解,仍将氮素释放出来,氮素仍旧保留在土壤中,不会导致氮素损失,这种固定是暂时的。还有的微生物,如根瘤菌,能直接固定土壤空气中游离的分子态氮,这种固定称无效氮素的生物固定。无效氮素的生物固定是提高土壤氮素含量的重要途径。

二、土壤中的磷

（一）土壤中磷的含量

磷在土壤中的含量(以 P_2O_5 计)占土壤干重的 0.03%~0.35%,而能被植物利用的速效磷含量则更少,多者也不过 20~30 mg/kg。

（二）土壤中磷的形态

土壤中的含磷物质可分为无机态磷和有机态磷两大类。土壤中的无机态磷种类很多,但依其溶解的难易和对作物的有效程度可分为3种(图 12-3-2)。有机态磷占全磷量的 10%~50%,当有机质含量小于 1% 时,有机磷占全磷含量的 10% 以下;有机质为 2%~3% 时,有机磷占全磷的 25%~50%。

（三）土壤中磷的转化

1. 含磷有机化合物的矿质化

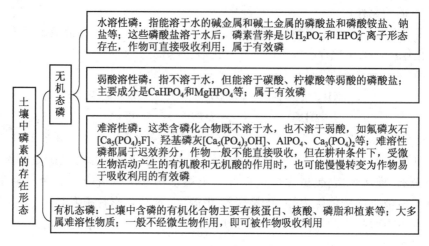

图 12-3-2　土壤中磷的存在形态

存在于土壤中的含磷有机化合物,在适宜的条件下通过磷细菌的作用,可逐步水解释放出游离的磷酸,故属于磷素有效化过程。土壤有机质是土壤有效性磷补给的重要来源。

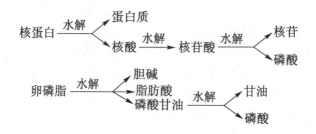

2. 难溶性无机磷酸盐的有效化

难溶性无机磷酸盐的有效化过程通常称为磷的释放。在中性和酸性土壤中,难溶性磷酸盐可借助于作物呼吸作用释放出来的 CO_2 和有机质分解所产生的有机酸,使之逐步转变为弱酸溶性或水溶性磷酸盐。

$$Ca_3(PO_4)_2 + H_2O + CO_2 \longrightarrow 2CaHPO_4 + CaCO_3$$
$$2CaHPO_4 + H_2O + CO_2 \longrightarrow Ca(H_2PO_4)_2 + CaCO_3$$
$$Ca_3(PO_4)_2 + 2CH_3COOH \longrightarrow 2CaHPO_4 + Ca(CH_3COO)_2$$

3. 有效性无机磷的无效化

有效性无机磷无效化过程通常称为磷的固定,包括胶体代换吸附固定、化学固定和生物固定。弱酸性土壤中,水溶性磷酸根离子与 1∶1 型黏土矿物晶层间的氢氧离子发生阴离子交换而被吸附固定;酸性土壤中,磷酸根离子与铁、铝离子作用生成磷酸铁、铝沉淀而被固定;石灰性土壤中,磷酸根离子则与钙离子作用生成磷酸三钙并可进一步转化为磷酸八钙、磷酸十钙等而被固定下来。土壤中的磷在中性条件下有效性最高。土壤中的微生物也吸收有效磷,称生物固定,这种固定对磷素营养是有利的,微生物死亡后磷又被释放出来。

三、土壤中的钾

（一）土壤中钾的含量

土壤中钾的含量比氮、磷含量丰富得多，通常为土壤干重的 $0.5\% \sim 2.5\%$（以 K_2O 计）。速效钾含量较高，$100 \sim 150$ mg/kg 的土壤占 50.5%，90 mg/kg（为钾临界值）以下的土壤占总耕地的 20%。

（二）土壤中钾的形态

土壤中钾的主要形态为无机化合物，一般可以分为以下 3 种形态。

1. 土壤速效钾

土壤速效钾也称有效钾，其含量一般只占全钾量的 $1\% \sim 2\%$，它是作物能够直接吸收利用的钾素营养，它包括土壤溶液中游离态钾和土壤胶体上的吸附态钾，二者可因土壤环境条件的改变而发生相互转化，但始终保持着动态平衡。据研究，胶体上吸附态钾构成了有效钾的主体，占总量的 90% 以上。

2. 土壤缓效钾

土壤缓效钾也称为非交换性钾，主要存在于黏土矿物的晶层间，有的矿物本身就含有钾，如水化云母和黑云母，也有的是后来固定的。缓效钾含量占土壤全钾量的 $2\% \sim 8\%$，一般不能直接吸收利用，但与水溶性钾和交换性钾保持一定的动态平衡。当季作物可以利用一部分，特别是禾本科作物对缓效钾利用能力较强。

3. 矿物态钾

矿物态钾也称难溶性钾，主要存在于难溶于水的含钾矿物中。它是土壤钾素的主体，未经转化时作物不能直接利用，属于迟效养分。

（三）土壤中钾的转化

1. 矿物态钾的有效化

土壤中含钾的矿物，如正长石、斜长石、白云母等，在生物气候等外力因素的长期作用下缓慢水解并释放钾离子。

2. 游离态钾的固定

（1）胶体吸附固定：溶液中的 K^+ 通过离子交换被胶体吸附。

（2）生物固定：被微生物吸收固定在细胞内部，微生物死亡后再释放出来。

（3）晶格固定：主要发生在 $2:1$ 型次生黏土矿物的晶层间，其上的网状孔穴的孔径与 K^+ 大小相当，土壤湿润时，黏土矿物层组间距离加大，矿物膨胀，K^+ 和其他阳离子进入层组间的空间，水分蒸发后，层组间距离缩短，K^+ 就被卡在硅氧片上的六方孔洞中被固定下来，因而干湿交替有利于黏土矿物的晶格固定。

复习思考题

1. 简述氮在土壤中的存在形态。

2. 简述土壤中氮的转化特点。

3. 无机磷在土壤中的存在形态有哪些？

4. 影响土壤中磷转化的因素是什么？

5. 根据土壤中钾的固定机制，说明钾肥深施的原因。

实训 1 土壤水解氮的测定

一、技能要求

土壤水解性氮又称土壤有效氮，包括无机的矿质态氮和部分有机物质中易分解的、比较简单的有机态氮，主要有氨态氮、硝态氮、氨基酸、酰胺和易水解的蛋白质，这部分氮素较能反映出近期内土壤氮素的供应状况。掌握土壤水解氮测定方法，能够独立完成土壤水解氮的测定工作，为土壤供氮量的确定和土壤施肥提供参考依据。

二、实验原理

用 1.2 mol/L NaOH 碱解土壤样品，使有效态氮碱解转化为氨气状态，并不断地扩散逸出，由 H_3BO_3 吸收，再用标准酸滴定，计算出水解性氮的含量。因旱地土壤中硝态氮较高，需加 $FeSO_4$ 还原为铵态氮。由于 $FeSO_4$ 本身会中和部分 NaOH，故需要提高碱的浓度，使加入后的碱度保持在 1.2 mol/L，本实验选用 1.8 mol/L NaOH（旱田土壤）。水田土壤中硝态氮极微，故可省去加入 $FeSO_4$，而直接用 1.2 mol/L NaOH 碱解。

三、药品与器材

1. 药品

（1）1.8 mol/L NaOH：称取分析纯 NaOH 72 g，用水溶解后，冷却定容到 1 000 mL（适用于旱地土壤）。

（2）1.2 mol/L NaOH：称取分析纯 NaOH 48 g，用水溶解定容到 1 000 mL（适用于水田土壤）。

（3）2% H_3BO_3 溶液：称取 20 g H_3BO_3（三级），用热蒸馏水（约 60℃）溶解，冷却后稀释至 1 000 mL，用稀酸或稀碱调节 pH 4.5。

（4）0.01 mol/L HCl 标准溶液：取 1 : 9 HCl 8.35 mL，用蒸馏水稀释至 1 000 mL，然后用标准碱或硼砂标定。

（5）定氮混合指示剂：分别称取甲基红 0.1 g 和溴甲酚绿指示剂 0.5 g，放入玛瑙研钵中，并用 95% 乙醇 100 mL 研磨溶解，此溶液应用稀酸或稀碱调节 pH 4.5。

（6）特制胶水：阿拉伯胶（称取 10 g 粉状阿拉伯胶，溶于 15 mL 蒸馏水中）10 份，甘油 10 份，饱和 K_2CO_3 10 份，混合即成。

（7）$FeSO_4$（粉剂）：将分析纯 $FeSO_4$ 磨细，装入棕色瓶中放阴凉干燥处储存。

2. 仪器：半微量滴定管（1~2 mL 或 5 mL），扩散皿，恒温箱，滴定台，白瓷板，玻璃棒。

四、技能训练

1. 称取通过 1 mm 筛风干土样 2 g（精确到 0.01 g）和 $FeSO_4$ 粉剂 1 g，均匀铺在扩散皿的外室内，轻轻地水平旋转扩散皿，使样品铺平。

2. 在扩散皿的内室加入 2% H_3BO_3 溶液 2 mL，并滴加 1 滴定氮混合指示剂，然后在扩散皿的外室边缘涂上特制胶水，盖上皿盖，并使皿盖上的孔与皿壁上的槽对准，而后用注射器迅速加入 1.8 mol/L NaOH 10 mL 于皿的外室中，立即错动皿盖，以防逸失。

3. 沿水平方向轻轻旋转扩散皿,使溶液与土壤充分混匀,随后放入40℃恒温箱中。

4. 24 h后取出扩散皿去盖,再以0.01 mol/L HCl标准液用半微量滴定管滴定内室H_3BO_3中所吸收的氨量(由蓝色滴到微红色)。

5. 按下式计算结果:

$$氮含量(mg/100\ g) = \frac{c \times V \times M_N \times 100}{样品质量} \times (1 + 含水率)$$

式中,c为标准HCl的浓度,单位mol/L;V为滴定样品时用去HCl体积(mL);M_N为氮的摩尔质量,14 mg/mmol;100为换算成每100 g样品中氮的mg数;含水率为该土壤样品的吸湿水含量。

实验视频 土壤
水解氮的测定

五、实验作业

按要求撰写实验报告,并依据实验结果对测定土样进行氮供肥能力分析。

实训2 土壤速效磷的测定

一、技能要求

磷素是作物营养生理的重要元素,土壤速效磷是指土壤中能被作物在短期内所吸收利用的那一部分磷。不同作物,不同土壤性质,特别是不同土壤反应,其速效磷的变化很大。测定土壤速效磷含量,了解土壤速效磷供应状况,正确指导土壤合理施肥。

二、实验原理

针对土壤质地和性质,采用不同的方法提取土壤中的速效磷,提取液用钼锑抗混合显色剂在常温下进行还原,使黄色的锑磷钼杂多酸还原成为磷钼蓝,通过比色计算得到土壤中的速效磷含量。

一般情况下,酸性土采用酸性氟化铵或氢氧化钠-草酸钠提取剂测定;中性和石灰性土壤采用碳酸氢钠提取剂;石灰性土壤可用碳酸盐的碱溶液。由于碳酸根的同离子效应,碳酸盐的碱溶液降低碳酸钙的溶解度,也就降低了溶液中钙的浓度,这样就有利于磷酸钙盐的提取。同时,碳酸盐的碱溶液也降低了铝离子和铁离子的活性,有利于磷酸铝和磷酸铁的提取。碳酸氢钠碱溶液中存在着OH^-、HCO_3^-、CO_3^{2-}等阴离子,有利于吸附态磷的交换,碳酸氢钠不仅适用石灰性土壤,也适用于中性和酸性土壤中速效磷的提取。

三、药品与器材

1. 药品

(1)0.5 mol/L碳酸氢钠溶液:称取化学纯碳酸氢钠42 g溶于800 mL蒸馏水中,冷却后,以0.5 mol/L氢氧化钠调节pH 8.5,洗入1 000 mL容量瓶中,定容至刻度,储存于试剂瓶中。

(2)硫酸钼锑储存液:取蒸馏水约400 mL,放入1 000 mL烧杯中,将烧杯浸在冷水内,然后缓缓注入分析纯浓硫酸208.3 mL并不断搅拌,冷却至室温。另称取分析纯钼酸铵20 g,溶于200 mL 60℃的蒸馏水中,冷却。将硫酸溶液徐徐倒入钼酸铵溶液中,不断搅拌,再加入0.5%酒石酸锑钾溶液100 mL,用蒸馏水稀释至1 000 mL,摇匀,储于试剂瓶中。

(3)钼锑抗混合显色剂:于100 mL钼锑储存液中,加入1.5 g左旋抗坏血酸。此试剂有效期24 h,必须用前配制。

(4)磷标准溶液:准确称取45℃烘干4~8 h的分析纯磷酸二氢钾0.219 7 g于小烧杯中,以少量蒸馏水溶解,将溶液全部洗入1 000 mL容量瓶中,用蒸馏水定容至刻度,充分摇匀,此溶液即 50 mg/kg 的磷标准溶液。吸取 50 mL 此溶液稀释至 500 mL,即为 5 mg/kg 的磷标准溶液(此溶液不能长期保存)。比色时按标准曲线系列配制。

（5）无磷活性炭:为了除去活性炭中的磷,先用 0.5 mol/L 碳酸氢钠浸泡过夜,然后在平板瓷漏斗上抽气过滤,再用 0.5 mol/L 碳酸氢钠溶液洗 2~3 次,最后用蒸馏水洗去碳酸氢钠并检查到无磷为止,烘干备用。

2. 器材:天平,分光光度计、振荡机、50 mL 容量瓶,100 mL 三角瓶,250 mL 细口瓶,移液管(5 mL、10 mL、100 mL)。

四、技能训练

1. 磷标准曲线的绘制:分别吸取 5 mg/kg 磷标准溶液 0、1、2、3、4、5 mL 于 50 mL 容量瓶中,再逐个加入 0.5 mol/L 碳酸氢钠溶液至 10 mL,并沿容量瓶壁慢慢加入硫酸钼锑抗混合显色剂 5 mL,充分摇匀,排出二氧化碳后加蒸馏水定容至刻度,充分摇匀,此系列溶液磷的浓度分别为 0、0.1、0.2、0.3、0.4、0.5 mg/kg。静置 30 min,然后同待测液一样进行比色。以溶液浓度作横坐标,以消光值作纵坐标,在方格坐标纸上绘制标准曲线。

2. 土壤浸提:称取通过 1 mm 筛孔的风干土壤样品 5 g(精确到 0.01 g),置于 250 mL 细口瓶中,用 100 mL 移液管准确加入 0.5 mol/L 碳酸氢钠溶液 100 mL,再加一小勺无磷活性炭,用橡皮塞塞紧瓶口,在振荡机上振荡 15 min,然后用干燥无磷滤纸过滤,滤液承接于 100 mL 干燥的三角瓶中。若滤液不清,重新过滤。

3. 待测液中磷的测定:吸取滤液 10 mL 于 50 mL 容量瓶中(含磷量高时吸取 2.5~5 mL,同时补加 0.5 mol/L 碳酸氢钠溶液至 10 mL),然后沿容量瓶壁慢慢加入硫酸钼锑抗混合显色剂 5 mL,利用其中多余的硫酸来中和碳酸氢钠,充分摇匀,排出二氧化碳后加蒸馏水至刻度,再充分摇匀(最后的硫酸浓度为 0.325 mol/L)。放置 30 min 后在 722 型分光光度计上比色,波长 660 nm,比色时需同时作空白(即用 0.5 mol/L 碳酸氢钠代替待测液,其他步骤同上)测定。根据测得的消光度,对照标准曲线,查出待测液中磷的含量,然后计算出土壤中速效磷的含量。

4. 结果计算:从标准曲线查得待测液的浓度后,可按下式计算,并对照表 12-3-1,分析判断土壤是否缺磷。

$$土壤速效磷(P)含量(mg/kg) = \rho \times \frac{50 \times 100}{10 \times m}$$

式中,ρ 为从标准曲线上查得的待测液磷的含量;50 为显色溶液的总体积(mL);100 为提取液总体积(mL);10 为吸取滤液体积(mL);m 为风干土壤质量(kg)。

表 12-3-1　土壤速效磷含量与磷肥肥效

土壤速效磷(P)含量/(mg·kg^{-1})	等级	作物对磷肥反应
5	低	明显
5~10	中等	有增产作用
>10	足够	不明显
10~25	肥沃	不明显

5. 注意事项

（1）活性炭一定要洗到无磷反应，否则不能应用。

（2）显色时，加入硫酸钼锑抗混合显色剂 5 mL 取量要准确，除中和 10 mL 0.5 mol/L 碳酸氢钠溶液外，最后酸度为 0.65 mol/L。

（3）室温低于 20℃时，若测定液中磷的含量大于 0.4 mg/kg，显色后的磷钼蓝则有沉淀产生，此时可将容量瓶放入 40~50℃恒温箱或热水中保温 20 min，稍冷却至 30 min 后比色。

实验视频　土壤有
效磷的测定

五、实验作业

按要求撰写实验报告，并依据试验结果对测定土样进行磷供肥能力分析。

实训 3　土壤速效钾的测定

一、技能要求

钾是作物生长发育过程中所必需的营养元素。土壤中的钾主要呈无机形态存在，主要分为 4 个部分：土壤含钾矿物（难溶性钾）、非交换性钾（缓效性钾）、交换性钾（速效性钾）和水溶性钾（速效性钾）。速效性钾可以被植物直接吸收利用，仅占土壤全钾的 1%~2%。测定土壤中速效性钾含量，判断土壤肥力，指导合理施肥，满足作物丰产的营养要求。

二、实验原理

通过阳离子置换吸附，用 1 mol/L 醋酸铵作为土壤提取剂，制作土壤样品速效性钾待测液，1 mol/L 醋酸铵溶液配制标准钾溶液作为对照，用火焰光度计测定待测液中速效性钾的含量。

三、药品与器材

1. 药品

（1）1 mol/L 中性醋酸铵溶液：称取 77.09 g 化学纯醋酸铵（CH_3COONH_4）加水溶解，用蒸馏水定容到 1 000 mL。取出 50 mL 溶液，用溴百里酚蓝作指示剂，以 1∶1 氢氧化铵与稀醋酸调节至溶液呈绿色。根据 50 mL 所用的氢氧化铵或醋酸量（mL），算出所配溶液氢氧化铵或醋酸的用量，此溶液 pH 7.0。

（2）钾标准溶液：准确称取烘干（105℃烘干 4~6 h）的分析纯氯化钾（KCl）1.906 8 g，溶于少量蒸馏水中，然后定容至 1 000 mL，摇匀，此溶液含钾量为 1 000 mg/kg（K）。再以此溶液用 1 mol/L 醋酸铵稀释成含钾量 100 mg/kg（K）的溶液。最后用 1 mol/L 醋酸铵溶液配成含钾量 1、3、5、10、15、20、30、50 mg/kg 的钾标准系列溶液。

2. 器材：百分之一天平，万分之一分析天平，振荡机，火焰光度计，50 mL 容量瓶，100 mL 三角瓶，250 mL 细口瓶。

四、技能训练

1. 土样测定：称取通过 1 mm 筛孔的风干土样 5 g（精确到 0.01 g），置于 250 mL 细口瓶中，加入 1 mol/L 中性醋酸铵溶液 50 mL，用橡皮塞塞紧瓶口，在振荡机上振荡 15 min 后立即过滤。滤液盛于小三角瓶中，同钾标准系列溶液一起在火焰光度计上进行测定。依据钾标准系列溶液的测定值在方格纸上绘制成标准曲线，依据待测液测定值在标准曲线查出相对应的 mg/kg 数，计算土壤中速效性钾的含量。

2. 结果计算：从标准曲线查得待测液的浓度后，按下式计算土壤速效钾含量，并对照表 12-3-2，分析判断土壤是否缺钾。

$$土壤速效钾(10^{-2}\ mg/g) = \frac{\rho \times 浸提液总体积}{样品质量 \times 1\,000} \times 100$$

式中，ρ 为从标准曲线上查得待测液中钾的含量（mg/kg）；1 000 为将 μg 换算成 mg；100 为换算成每 100 g 样品中钾含量（mg）；浸提液总体积为 50 mL。

表 12-3-2　土壤速效性钾水平与钾肥肥效的关系

100 g 土壤速效性钾（K）含量/mg	等级	作物对钾肥的反应
<3	极低	钾肥反应极明显
3~6	低	施钾肥一般有效
6~10	中	在一定条件下钾肥有效，但肥效大小因作物、肥料配合、耕作制度和缓效性钾量不同而异
10~16	高	施用钾肥一般无效
>16	极高	不需要施用钾肥

五、实验作业

按要求撰写实验报告，并依据实验结果分析测定土样的钾供肥能力。

实验视频　土壤
速效钾的测定

内容四　化学肥料

凡施入土壤或通过其他途径能够为植物提供营养成分，或改良土壤理化性质，为植物提供良好生活环境的物质统称为肥料。肥料是作物的粮食，是增产的物质基础，我国农谚有"种地不上粪，等于瞎胡混"之说。据联合国粮农组织统计，化肥在粮食增产中的作用，包括当季肥效和后效，平均增产效果为50%。我国近年来的土壤肥力监测结果表明，肥料对农产品产量的贡献率，全国平均为57.8%。

目前，我国在肥料施用方面还存在许多问题：重化肥，轻有机肥；重氮肥，轻磷、钾肥；忽视微肥；重产量，轻质量；施用方法陈旧落后等。由此带来了许多不良的后果：一是地力下降，影响农业的可持续发展；二是肥料利用率低，浪费严重，污染环境和地下水；三是成本高，效益低，农业收入增加缓慢甚至停滞不前；四是高产低质，直接影响农产品的销售。面对发展"三高一优"和提倡农业可持续发展的新形势，引导广大农村干部、农户更新观念，扭转"三重三轻"等倾向，调整肥料结构，实施测、配、产、供、施一体化，已成为当前肥料工作的重点。

化学肥料是指用化学方法制造或者开采矿石，经过加工制成的肥料，也称为无机肥料，包括氮肥、磷肥、钾肥、微肥、复合肥料等，它们具有以下共同特点：成分单纯，养分含量高；肥效快，肥劲猛；某些肥料有酸碱反应；一般不含有机质，无改土培肥的作用等。化学肥料种类多，性质和施用方法差异较大。

一、氮肥

（一）氮肥的种类和性质

氮肥可分为铵态氮肥、硝态氮肥和酰胺态氮肥 3 大类，包括氨水、碳铵、硫铵、氯化铵（铵态氮肥）、硝酸铵、硝酸钠、硝酸钙（硝态氮肥）和尿素、石灰氮（酰胺态氮肥）等，生产上常用氮肥的种类和性质见表 12-4-1。

表 12-4-1　常见氮肥的种类及性质

肥料名称		结构简式	含氮/%	性质
铵态氮肥	硫铵	$(NH_4)_2SO_4$	20~30	白色晶体，含有杂质呈灰白、淡黄或棕色，易溶于水，吸湿性小，生理酸性肥料。碱性条件易分解生成氨气，不能与草木灰等碱性物质混合储存或施用
	氯化铵	NH_4Cl	24~25	白色或淡黄色晶体，不易吸湿结块，易溶于水，生理酸性肥料，遇碱性物质分解生成氨气
	碳铵	NH_4HCO_3	16~18	白色或淡黄色结晶，易溶于水，有很强的吸湿性，在常温下能自行分解，释放出 NH_3，存放时必须保持干燥。为化学碱性肥料，其水溶液 pH 8.2~8.4
硝态氮肥	硝铵	NH_4NO_3	33~34	白色晶体，易溶于水，吸湿性极强，具易燃易爆性，储存过程中应注意安全。硝酸根离子不能被土壤胶体吸附，在土壤中移动性大；容易通过淋失和反硝化作用损失氮素
酰胺态氮肥	尿素	$CO(NH_2)_2$	42~46	白色晶体，吸湿性强，易溶于水，水溶性为中性。含有一种缩二脲的物质，我国规定农业用尿素中缩二脲含量为 0.5%~1.5%。适合于作根外追肥

（二）氮肥在土壤中的转化

氮肥的种类不同，在土壤中的转化特点不同。

硫铵、碳铵和氯化铵中 NH_4^+ 的转化相同，除被植物吸收外，一部分被土壤胶体吸附，另一部分通过硝化作用将转化为 NO_3^-。硫铵和氯化铵中阴离子的转化相似，只是生成物不同，在酸性土壤中二者都分别生成硫酸和盐酸，增加土壤酸度；在石灰性土壤中则分别生成硫酸钙和氯化钙，使土壤孔隙堵塞或造成钙的流失，使土壤板结，结构破坏。另外，二者在水田中的转化亦有所不同，氯化铵的硝化作用明显低于硫铵，且不会像硫铵一样产生水稻黑根，因此，在水田中往往氯化铵的肥效高于硫铵。碳铵中的碳酸氢根离子则除了作为植物的碳素营养之外，大部可分解为

CO_2 和 H_2O，因此，碳铵在土壤中无任何残留，对土壤无不良影响。

硝态氮肥（如硝酸铵）施入土壤后，NH_4^+ 和 NO_3^- 均可被植物吸收，对土壤无不良影响。NH_4^+ 除被植物吸收外，还可被胶体吸附；NO_3^- 则易随水淋失，在还原条件下还会发生反硝化作用而脱氮。

酰胺态氮肥（如尿素）施入土壤后，首先以分子的形式存在，在土壤中有较大的流动性，且植物根系不能直接大量吸收，以后尿素分子在微生物分泌的脲酶的作用下转化为碳酸铵，碳酸铵可进一步水解为碳酸氢铵和氢氧化铵：

$$CO(NH_2)_2 + H_2O \longrightarrow (NH_4)_2CO_3$$
$$(NH_4)_2CO_3 + H_2O \longrightarrow NH_4HCO_3 + NH_4OH$$

尿素施在土壤的表层会有氨的挥发损失，特别在石灰性土壤和碱性土壤上损失更为严重。尿素的转化速度主要取决于脲酶的活性，而脲酶活性受土壤温度的影响最大，通常 10℃时尿素转化需 7~10 d，20℃时需 4~5 d，30℃时只需 2 d。尿素作追肥时，要比其他铵态氮肥早几天施用，具体早几天为宜，应视温度状况而定。

（三）氮肥的合理分配和施用

研究氮肥合理施用的基本目的在于减少氮肥损失，提高氮肥利用率，充分发挥肥料的最大增产效益。由于氮肥在土壤中有氨的挥发、硝态氮的淋失和硝态氮的反硝化作用 3 条非生产性损失途径，所以氮肥的利用率是不高的。据统计，我国氮肥利用率在水田为 35%~60%，旱田为 45%~47%，平均为 50%，约有一半损失掉了，浪费了资源，又污染了环境。所以合理施用氮肥，提高其利用率，是生产上亟待解决的一个问题。

1. 氮肥的合理分配

氮肥的合理分配应根据土壤条件、作物的氮素营养特点和肥料本身的特性来进行。

（1）土壤条件：土壤条件是进行肥料区划和分配的必要前提，也是确定氮肥品种及其施用技术的依据。首选，必须将氮肥重点分配在中、低等肥力的地区，碱性土壤可选用酸性或生理酸性肥料，如硫铵、氯化铵等；酸性土壤上应选用碱性或生理碱性肥料，如硝酸钠、硝酸钙等。盐碱土不宜分配氯化铵，尿素适宜于一切土壤。铵态氮肥宜分配在水稻地区，并深施在还原层；硝态氮肥宜施在旱地上，不宜分配在雨量偏多的地区或水稻区。"早发田"要掌握前轻后重、少量多次的原则，以防作物后期脱肥，"晚发田"要注意前期提早发苗，又要防止后期氮肥过多，造成植株贪青倒伏。质地黏重的土壤上氮肥可一次多施，砂质土壤上宜少量多次。

（2）营养特点：作物的氮素营养特点是决定氮肥合理分配的内在因素，首选要考虑作物的种类，应将氮肥重点分配在经济作物和粮食作物上。其次，要考虑不同作物对氮素形态的要求。水稻宜施用铵态氮肥，尤以氯化铵和氨水效果较好；马铃薯最好施用硫铵；大麻喜硝态氮；甜菜以硝酸钠最好；番茄幼苗期喜铵态氮，到结果期则以硝态氮为好；一般禾谷类作物硝态氮和铵态氮均可，叶菜类多喜硝态氮等。作物不同生育时期施用氮肥的效果也不一样，一般在保证苗期营养的基础上，玉米要重施穗肥，早稻则要蘖肥重、穗肥稳、粒肥补，果树重施腊肥，这样都是经济有效施用氮肥的措施。

（3）肥料特性：肥料本身的特性也和氮肥的合理分配密切相关。铵态氮肥表施易挥发，宜作基肥深施覆土；硝态氮肥移动性强，不宜作基肥，更不宜施在水田；碳铵、氨水、尿素、硝铵一般不宜用作种肥;氯化铵不宜施在盐碱土和低洼地,也不宜施在棉花、烟草、甘蔗、马铃薯、葡萄、甜菜等忌氯作物上。干旱地区宜分配硝态氮肥,多雨地区或多雨的季节宜分配铵态氮肥。

2. 氮肥的有效施用

(1)氮肥深施:氮肥深施不仅能减少氮素的挥发、淋失和反硝化损失,还可以减少杂草和稻田藻类对氮素的消耗,从而提高氮肥的利用率。据测定,与表面撒施相比,氮肥深施利用率可提高 20%~30%,且延长肥料的作用时间。

(2)氮肥与有机肥及磷、钾肥配合施用:作物的高产、稳产,需要多种养分均衡供应,单施氮肥,特别是在缺磷少钾的地块上,很难获得满意的效果。氮肥与其他肥料特别是磷、钾肥的有效配合对提高氮肥利用率和增产作用均很显著。氮肥与有机肥配合施用,可以取长补短,缓急相济,互相促进,既能及时满足作物营养关键时期对氮素的需要,同时有机肥还具有改土培肥的作用,做到用地养地相结合。

微课　植物的
粮食之氮肥

二、磷肥

(一)磷肥的种类和性质

根据溶解度的大小和作物吸收的难易,通常将磷肥分为水溶性磷肥、弱酸溶性磷肥和难溶性磷肥 3 大类。凡能溶于水(指其中含磷成分)的磷肥,称为水溶性磷肥,如过磷酸钙、重过磷酸钙等;凡能溶于 2%柠檬酸或中性柠檬酸铵或微碱性柠檬酸铵的磷肥,称为弱酸溶性磷肥或枸溶性磷肥,如钙镁磷肥、钢渣磷肥、偏磷酸钙等;既不溶于水,也不溶于弱酸,而只能溶于强酸的磷肥,称为难溶性磷肥,如磷矿粉、骨粉等。生产上常用磷肥和种类和性质见表 12-4-2。

表 12-4-2　常见磷肥的种类和性质

名称	主要成分	颜色	反应	吸湿性	养分含量(P_2O_5)	溶解性
过磷酸钙	磷酸-钙石膏	灰白色粉末	化学酸性	具吸湿性,吸湿后易使磷退化	14%~20%	易溶于水
钙镁磷肥	α-磷酸三钙	灰白色或黑绿色、灰绿(棕)色粉末	碱性	无吸湿性,无腐蚀性	14%~20%	溶于弱酸
磷矿粉	磷酸十钙	灰褐色粉末	中性至微碱性	—	全磷:10%~36%;枸溶性磷:1%~5%	不溶水和弱酸

(二)磷肥在土壤中的转化

1. 过磷酸钙在土壤中的转化

过磷酸钙施入土壤后,最主要的反应是含磷成分溶解。即在施肥以后,水分向施肥点汇集,使磷酸一钙溶解和水解,形成一种磷酸一钙、磷酸和含水磷酸二钙的饱和溶液,其反应如下:

$$Ca(H_2PO_4)_2 \cdot H_2O + H_2O \longleftrightarrow CaHPO_4 \cdot 2H_2O + H_3PO_4$$

这时,施肥点周围土壤溶液中磷的浓度可高达 $10 \sim 20$ mg/kg,使磷酸不断向外扩散。在施肥点,其微域土壤范围内饱和溶液的 pH 可达 $1 \sim 1.5$。在向外扩散过程中能把土壤中的铁、铝、钙、镁等溶解出来,与磷酸根离子作用,形成不同溶解度的磷酸盐。在石灰性土壤中,磷与钙作用生成磷酸二钙和磷酸八钙,最后大部分形成稳定的羟基磷灰石。在酸性土壤中,磷酸一钙常与铁、铝作用形成磷酸铁、铝沉淀,而后进一步水解为盐基性磷酸铁铝。在弱酸性土壤中,磷酸一钙易被黏土矿物吸附固定。在中性土壤中,过磷酸钙主要是转化为 $CaHPO_4 \cdot 2H_2O$ 及溶解的 $Ca(H_2PO_4)_2$,是对作物供磷能力的最佳状态。$CaHPO_4 \cdot 2H_2O$ 是弱酸溶性的,残留在施肥点位置,故过磷酸钙在土壤中移动性很小,水平范围不超过 0.5 cm,纵深不过 5 cm,其当年利用率很低,通常为 $10\% \sim 25\%$。

2. 钙镁磷肥在土壤中的转化

钙镁磷肥可在作物根系及微生物分泌的酸的作用下溶解,供作物吸收利用。

$$Ca_3(PO_4)_2 + 2CO_2 + 2H_2O \longrightarrow 2CaHPO_4 + Ca(HCO_3)_2$$
$$2CaHPO_4 + 2CO_2 + 2H_2O \longrightarrow Ca(H_2PO_4)_2 + Ca(HCO_3)_2$$

3. 磷矿粉在土壤中的转化

磷矿粉施入土壤后,在化学、生物化学和生物因素的作用下逐渐分解,改变原有状态而转化为新的磷化合物,其转化过程可用下式表示:

$$Ca_5(PO_4)_3F + 2Ca(H_2PO_4)_2 \longrightarrow 7Ca^{2+} + 7HPO_4^{2-} + HF$$
$$Ca_5(PO_4)_3F + 3Fe^{3+} + H^+ \longrightarrow 3FePO_4 + 5Ca^{2+} + HF$$
$$Ca_5(PO_4)_3F + 3Al^{3+} + H^+ \longrightarrow 3AlPO_4 + 5Ca^{2+} + HF$$
$$Fe^{3+} + H_2PO_4^- + 2H_2O \longrightarrow 2H^+ + Fe(OH)_2 \cdot H_2PO_4$$

影响这种转化的因素主要是土壤 pH、Ca^{2+} 浓度和 $H_2PO_4^-$ 的浓度。很明显,在酸性条件下有利于磷矿粉的这种转化,因此,磷矿粉以施在酸性土壤肥效较高。

(三) 磷肥的合理分配和有效施用

磷肥是所有化学肥料中利用率最低的,当季作物一般只能利用 $10\% \sim 25\%$。原因主要是磷在土壤中易被固定。同时,磷在土壤中的移动性又很小,而根与土壤接触的体积一般仅占耕层体积的 $4\% \sim 10\%$。因此,尽量减少磷的固定,防止磷的退化,增加磷与根系的接触面积,提高磷肥利用率,是合理施用磷肥,充分发挥单位磷肥最大效益的关键。

1. 根据土壤条件合理分配和施用磷肥

在土壤条件中,土壤的供磷水平、土壤 N/P_2O_5、有机质含量、土壤熟化程度以及土壤酸碱度等因素,与磷肥的合理分配和施用关系最为密切。

(1) 土壤供磷水平及 N/P_2O_5:土壤全磷含量与磷肥肥效相关性不大,而速效磷(P_2O_5)含量与磷肥肥效却有很好的相关性。一般认为速效磷在 $10 \sim 20$ mg/kg(Olsen 法)时为中等含量,施磷肥增产;速效磷 > 25 mg/kg,施磷肥无效;速效磷 < 10 mg/kg 时,施磷肥增产显著。蔬菜地磷的临界范围较高,速效磷达 57 mg/kg 时,施磷肥仍有效。"国光"苹果叶片含磷量小于 0.14% 为磷不足。磷肥肥效还与 N/P_2O_5 密切相关。在供磷水平较低,N/P_2O_5 大的土壤上,施用磷肥增产显著;在供磷水平较高,N/P_2O_5 小的土壤上,施用磷肥效果较小;在氮、磷供应水平都很高的土壤

上,施用磷肥增产不稳定;在氮、磷供应水平均低的土壤上,只有提高施氮水平,才有利于发挥磷肥的肥效。

(2)土壤有机质含量与磷肥肥效:一般来说,在有机质含量>2.5%的土壤,施用磷肥增产不显著;在有机质含量<2.5%的土壤才有显著的增产效果。这是因为土壤有机质含量与有效磷含量呈正相关,因此,磷肥最好施在有机质含量低的土壤上。

(3)土壤酸碱度与磷肥肥效:土壤酸碱度对不同品种磷肥的作用不同,通常弱酸溶性磷肥和难溶性磷肥应分配在酸性土壤上,而水溶性磷肥则应分配在中性及石灰性土壤上。

在没有具体评价土壤供磷水平的数量指针之前,也可以根据土壤的熟化程度对具体田块分配磷肥。一般应优先分配在瘠薄的瘦田、旱田、冷浸田、新垦地和新平整的土地,以及有机肥不足、酸性土壤或施氮肥量较高的土壤上,因为这些田块通常缺磷,施磷肥效果显著,经济效益高。

2. 根据作物需磷特性和轮作换茬制度合理分配和施用磷肥

作物种类不同,对磷的吸收能力和吸收数量不同。同一土壤上,凡对磷反应敏感的喜磷作物,如豆科作物、甘蔗、甜菜、油菜、萝卜、荞麦、玉米、番茄、甘薯、马铃薯、瓜类和果树等,应优先分配磷肥。其中,豆科作物、油菜、荞麦和果树,吸磷能力强,可施一些难溶性磷肥。而薯类虽对磷反应敏感,但吸收能力差,以施水溶性磷为好。某些对磷反应较差的作物,如冬小麦等,由于冬季土温低,供磷能力差,分蘖阶段又需磷较多,所以也要施磷肥。

在有轮作制度的地区施用磷肥时,还应考虑到轮作特点。在水旱轮作中应掌握“旱重水轻”的原则,即在同一轮作周期中把磷肥重点施于旱作上;在旱地轮作中,磷肥应优先施于需磷多、吸磷能力强的豆科作物上;轮作中作物对磷具有相似的营养特性时,磷肥应重点分配在越冬作物上。

3. 根据肥料性质合理分配和施用

水溶性磷肥适于大多数作物和土壤,但以中性和石灰性土壤更为适宜。一般可作基肥、追肥和种肥集中施用。弱酸溶性磷肥和难溶性磷肥最好分配在酸性土壤上,作基肥施用,施在吸磷能力强的喜磷作物上效果更好。同时,弱酸溶性磷肥和难溶性磷肥的粉碎细度也与其肥效密切相关,磷矿粉细度以90%通过100目筛孔,即最大粒径为0.149 mm为宜。钙镁磷肥的粒径范围在40~100目,其枸溶性磷的含量随粒径变细而增加,超过100目时其枸溶率变化不大。不同土壤对钙镁磷肥的溶解能力不同及不同种类的作物利用枸溶性磷的能力不同,所以对肥料细度的要求也不同。在种植旱作物的酸性土壤上施用,细度不宜小于40目;在中性缺磷土壤以及种植水稻时,不应小于60目;在缺磷的石灰性土壤上,以100目左右为宜。

4. 以种肥、基肥为主,根外追肥为辅

从作物不同生育期来看,作物磷素营养临界期一般都在早期,如水稻、小麦在3叶期,棉花在2~3叶期,玉米在5叶期等,都是作物生长前期。如施足种肥,就可以满足这一时期对磷的需求,否则,磷素营养在磷素营养临界期供应不足,至少减产15%。在作物生长旺期,对磷的需要量很大,但此时根系发达,吸磷能力强,一般可利用基肥中的磷。因此,在条件允许时,1/3作种肥,2/3作基肥,是最适宜的磷肥分配方案。如磷肥不足,则首先作种肥,既可在苗期利用,又可在生长旺期利用。在生长后期,作物主要通过体内磷的再分配和再利用来满足后期各器官的需要。

多数作物只要在前期能充分满足其磷素营养的需要,在后期对磷的反应就差一些。但有些作物如棉花在结铃开花期、大豆在结荚开花期、甘薯在块根膨大期均需较多的磷,这时我们就以根外追肥的方式来满足它们的需要。根外追肥的浓度,单子叶植物如水稻和小麦以及果树等的喷施浓度为 1%~3%;双子叶植物如棉花、油菜、番茄、黄瓜等则以 0.5%~1% 为宜(过磷酸钙)。

5. 磷肥深施、集中施用

针对磷肥在土壤中移动性小且易被固定的特点,在施用磷肥时,必须减少其与土壤的接触面积,增加与作物根群的接触机会,以提高磷肥的利用率。磷肥集中施用是最经济有效的方法,因集中施用在作物根群附近,既可减少与土壤的接触面积而减少固定,同时还提高施肥点与根系土壤之间磷的浓度梯度,有利于磷的扩散,便于根系吸收。

6. 氮、磷肥配合施用

氮、磷配合施用,能显著地提高作物产量和磷肥的利用率。在一般不缺钾的情况下,作物对氮和磷的需求有一定的比例。如禾本科作物的氮、磷比例为(2~3)∶1,苹果的氮、磷比例为2∶1。而我国大多数土壤都缺氮素,所以单施磷肥,不会获得较高的肥效,只有当氮、磷营养保持一定的平衡关系时,作物才能高产。

7. 与有机肥料配合施用

首先,有机肥料中的粗腐殖质能保护水溶性磷,减少其与 Fe、Al、Ca 的接触而减少固定。其次,有机肥料在分解过程中产生多种有机酸,如柠檬酸、苹果酸、草酸、酒石酸等。这些有机酸与 Fe、Al、Ca 形成络合物,防止了 Fe、Al、Ca 对磷的固定,同时,这些有机酸也有利于弱酸溶性磷肥和难溶性磷肥的溶解。第三,上述有机酸还可络合原土壤中磷酸铁、磷酸铝、磷酸钙中的 Fe、Al、Ca,提高土壤中有效磷的含量。

8. 磷肥的后效

磷肥的当年利用率为 10%~25%,大部分的磷都残留在土壤中,因此磷肥后效很长。据研究,磷肥的年累加表现利用率连续 5~10 年,可达 50% 左右,所以在磷肥不足时,连续施用几年以后,可以隔 2~3 年再施用,利用以前所施磷肥的后效,就可以满足作物对磷肥的需求。

总之,磷肥的合理施用,既要考虑到土壤条件、磷肥品种特性、作物的营养特性、施肥方法,还要考虑到与氮肥的合理配比及磷肥后效。当土壤中钾和微量元素不足时,还要充分考虑到这些元素,使其不成为最小限制因子,这样,才能提高磷肥的肥效。

微课　植物的
粮食之磷肥

三、钾肥

(一) 钾肥的种类和性质

生产上常用的钾肥有硫酸钾、氯化钾和草木灰等,它们的主要性质见表 12-4-3。

表 12-4-3　常见钾肥的种类和性质

名称	分子式	颜色	含钾量(K_2O)	溶解性	酸碱性	吸湿性
硫酸钾	K_2SO_4	白色或淡黄色晶体	50%~52%	易溶于水	化学中性、生理酸性肥料	吸湿性差,物理性状好
氯化钾	KCl	白色或淡黄色晶体	50%~60%	易溶于水	化学中性、生理酸性肥料	吸湿性差,物理性状好

植物残体燃烧后剩余的灰,称为草木灰。长期以来,我国广大农村大多数以秸秆、落叶、枯枝等为燃料,所以草木灰在农业生产中是一项重要肥源。草木灰的成分极为复杂,含有植物体内的各种灰分元素,其中含钾、钙较多,磷次之,所以通常将它看作钾肥,实际上,它起着多种元素的营养作用。草木灰中钾的主要存在形态是碳酸钾,其次是硫酸钾,氯化钾最少。草木灰中的钾约有90%可溶于水,有效性高,是速效性钾肥。草木灰中含有 K_2CO_3,水溶液呈碱性,是一种碱性肥料。草木灰因燃烧温度不同,其颜色和钾的有效性也有差异,燃烧温度过高,钾与硅酸形成溶解度较低的 K_2SiO_3,灰白色,肥效较差。低温燃烧的草木灰,一般呈黑灰色,肥效较高。

（二）钾肥在土壤中的转化

硫酸钾和氯化钾施入土壤后,钾呈离子状态,一部分被植物吸收利用,另一部分则被胶体吸附。在中性和石灰性土壤中代换出 Ca^{2+},分别生成 $CaSO_4$ 和 $CaCl_2$。$CaSO_4$ 属微溶性物质,随水向下淋失一段距离后沉积下来,能堵塞孔隙,造成土壤板结。$CaCl_2$ 则为水溶性,易随水淋失,造成 Ca^{2+} 的损失,同样使土壤板结。在干旱和半干旱地区,则会增加土壤水溶性盐的含量。因此,在中性和石灰性土壤上长期施用硫酸钾和氯化钾,应配合施用有机肥。在酸性土壤中,二者都代换出 H^+,生成 H_2SO_4 和 HCl,使酸性土壤的酸度增加,应配合施用石灰和有机肥料。

（三）钾肥的合理分配和有效施用

钾肥肥效的高低取决于土壤性质、作物种类、肥料配合、气候条件等。要经济合理地分配和施用钾肥,就必须了解影响钾肥肥效的有关条件。

1. 土壤条件与钾肥的有效施用

土壤钾素供应水平、土壤的机械组成和土壤通气性是影响钾肥肥效的主要土壤条件。

（1）土壤钾素供应水平:土壤速效钾水平是决定钾肥肥效的一个重要因素。速效钾的指针数值因各地土壤、气候和作物等条件的不同而略有差异。辽宁省通过多点试验,把速效钾（K）90 mg/kg（折合 108 mg/kg K_2O）作为土壤钾素丰缺的临界值。速效钾含量<90 mg/kg,施钾肥效果显著;速效钾含量在 91~150 mg/kg 时,施钾肥效果不稳定,视作物种类、土壤缓效钾含量以及与其他肥料配合情况而定;速效钾含量>150 mg/kg 时,施钾肥无效。这里需要指出的是,对于速效钾同样较低,而缓效钾数量很不相同的土壤,单从速效钾来判断钾的供应水平是不够的,必须同时考虑缓效钾的储量,方能较准确地估计钾的供应水平。

（2）土壤的机械组成:土壤的机械组成与含钾量有关。一般机械组成越细,含钾量越高,反之则越低。土壤质地不同,也影响土壤的供钾能力。有人提出不同土壤质地的缺钾临界指针数值:砂土—砂壤土为 85 mg/kg K_2O,砂壤土—壤土为 100 mg/kg,黏土为 120 mg/kg。质地较粗的砂质土壤上施用钾肥的效果比黏土高,钾肥最好优先分配在缺钾的砂质土壤上。

（3）土壤通气性:土壤通气性主要是通过影响植物根系的呼吸作用而影响钾的吸收,甚至于土壤本身不缺钾,但作物却表现出缺钾的症状。生产实践中,要对作物的缺钾情况进行具体的分析,针对存在的问题,采取相应的措施,才能提高作物对钾的吸收。

2. 作物条件与钾肥的有效施用

各类作物生物学特点不同,对钾的需要量和吸钾能力也不同,对钾肥的反应也各异。凡含糖类较多的作物,如马铃薯、甘薯、甘蔗、甜菜、西瓜、果树、烟草等需钾量大,对这些喜钾作物应多施钾肥,既提高产量,又改善品质,在同样的土壤条件下应优先安排钾肥于喜钾作物上。另外,对豆科作物和油料作物施用钾肥,也具有明显而稳定的增产效果。当然,在缺钾的土壤上,钾肥对多种作物均有良好的效果,但在钾肥中等偏上或较为丰富的土壤中,只有喜钾作物的肥效较好。

3. 肥料性质与钾肥的有效施用

肥料的种类和性质不同,其施用方法也存在差异。

硫酸钾用作基肥、追肥、种肥和根外追肥均可,适用于各种土壤和作物,特别是施用在喜钾而忌氯的作物和十字花科等喜硫的作物上效果更佳。氯化钾则不能用作种肥,适用于麻类、棉花等纤维作物,可提高纤维的含量和质量,在水田上施用时还可防止水稻黑根,不宜用在忌氯作物和排水不良的低洼地和盐碱地上。

草木灰适合于作基肥、追肥和盖种肥。作基肥时,可沟施或穴施,深度约 10 cm,施后覆土。作追肥时,可叶面撒施,既能供给养分,也能在一定程度上减轻或防止病虫害的发生和危害。草木灰颜色深且含一定的碳素,吸热增温快,质地轻松,最适宜用作水稻和蔬菜育苗时的盖种肥,既供给养分,又有利于提高地温,防止烂秧。草木灰也可用作根外追肥,一般作物用 1% 水浸液;果树可喷 2%~3% 水浸液;小麦生长后期,可喷 5%~10% 水浸液。草木灰是一种碱性肥料,因此不能与铵态氮肥、腐熟的有机肥料混合施用,也不能倒在猪圈、厕所中储存,以免造成氨的挥发损失。草木灰在各种土壤上对多种作物均有良好的反应,特别是酸性土壤上施于豆科作物,增产效果十分明显。

4. 钾肥与氮、磷肥配合施用

作物对氮、磷、钾的需要有一定的比例,因而钾肥肥效与氮、磷肥的供应水平有关。当土壤中氮、磷含量较低时,单施钾肥效果往往不明显;随着氮、磷用量的增加,施用钾肥才能获得增产;而氮、磷、钾的交互效应(作用)也能使氮、磷促进作物对钾的吸收,提高钾肥的利用率。

5. 钾肥的施用技术

(1) 钾肥应深施、集中施:钾在土壤中易于被黏土矿物,特别是 2∶1 型黏土矿物所固定,将钾肥深施可减少因表层土壤干、湿交替频繁所引起的晶格固定,提高钾肥的利用率。钾也是一种在土壤中移动性小的元素,因此,将钾肥集中施用可减少钾与土壤的接触面积而减少固定,提高钾的扩散速率,有利于作物对钾的吸收。

(2) 钾肥应早施:通常钾肥作基肥、种肥的比例较大。若将钾肥用作追肥,应以早施为宜,因为多数作物的钾素营养临界期都在作物生育的早期,作物吸钾也是在生长前、中期猛烈,后期显著减少,甚至在成熟期部分钾从根部溢出。禾谷类作物在分蘖—拔节期需钾较大,占总需钾量的60%~70%;棉花在现蕾—成铃阶段需钾量最大;蔬菜的茄果类在花蕾期、萝卜在肉质根膨大期为需钾量最大时期等。至于多年生果树,则应根据果树特点,选择适宜的施肥时期,如梨在果实发育期、葡萄在浆果着色初期是需钾量最大时期。砂质土壤上,钾肥不宜一次施用量过大,应分次施用,即应遵循少量多次的原则,以防止钾的淋失。黏土上则可一次作基肥施用或每次的施用量大些。

(3) 钾肥的施用量:钾肥的施用量要根据土壤有效钾含量、作物需钾量和各营养元素间的相互平衡而定。一般以每 667 m² 施氧化钾(K_2O)计,玉米为 6~9 kg,水稻为 5~8 kg 为宜。对于喜钾作物可适量增加。

四、微量元素肥料

微量元素肥料是指含有 B、Mn、Mo、Zn、Cu、Fe 等微量元素的化学肥料。近年来,在农业生产上,微量元素的缺乏日趋严重,在许多作物上都出现了微量元素的缺乏症,如玉米、水稻缺 Zn,果树缺 Fe、缺 B,油菜缺 B 等。施用微量元素肥料,已经获得了明显的增产效果和经济效益,因此,全国各地的农业部门都相继将微肥的施用纳入了议事日程。

（一）硼肥

1. 硼肥的主要种类和性质

目前,生产上常用的硼肥种类有硼砂、硼酸、含硼过磷酸钙、硼镁肥等,其中最常用的是硼酸和硼砂,它们的主要成分和性质见表 12-4-4。

表 12-4-4　常见硼肥的成分和性质

名称	主要成分	含硼量/%	溶解性
硼砂	$Na_2B_4O_7 \cdot 10H_2O$	11	易溶于水
硼酸	H_3BO_3	17	易溶于水
含硼过磷酸钙	—	0.6	部分溶
硼镁肥	—	1.5	部分溶

2. 硼肥的施用

（1）作物种类与硼肥施用:作物种类不同,对硼的需要量不同。我国目前表现出缺硼明显的作物有油菜、甜菜、棉花、白菜、甘蓝、萝卜、芹菜、大棚黄瓜、大豆、苹果、梨、桃等;需硼中等的作物有玉米、谷子、马铃薯、胡萝卜、洋葱、辣椒、花生、番茄等,同等土壤条件下应将硼肥优先施用于这些需硼量较大的作物上。

（2）土壤条件与硼肥施用:土壤水溶性硼含量的高低与硼肥肥效关系密切,是决定是否施硼的重要依据。中国农业科学院油料作物研究所、上海农业科学院、浙江农业科学院等研究结果表明,土壤水溶性硼含量在低于 0.3 mg/kg 时为严重缺硼,低于 0.5 mg/kg 时为缺硼,施硼肥都有显著的增产效果。硼肥应优先分配于水溶性硼含量低的土壤上。土壤硼含量也与硼肥的施用方法有关,当土壤严重缺硼时以基肥为好,轻度缺硼的土壤通常采用根外追肥的方法。

（3）硼肥的施用技术:硼肥可用作基肥、追肥和种肥。作基肥时可与氮、磷肥配合使用,也可单独施用。一般每 667 m² 施用 0.25~0.5 kg 硼酸或硼砂,一定要施得均匀,防止浓度过高而引起中毒。追肥通常采用根外追肥的方法,喷施浓度为 0.1%~0.2% 硼砂或硼酸溶液,用量每 667 m² 为 50~75 kg,在作物苗期和由营养生长转入生殖生长时各喷 1 次。种肥常采用浸种和拌种的方法,浸种用浓度为 0.01%~0.1% 硼酸或硼砂溶液,浸泡 6~12 h,阴干后播种;谷类和蔬菜类可用 0.01%~0.03% 的溶液,水稻可用 0.1% 的溶液。拌种时每 kg 种子用硼砂或硼酸 0.2~0.5 g。

（二）锌肥

1. 锌肥的主要种类和性质

目前生产上常用的锌肥为硫酸锌、氯化锌、碳酸锌、螯合态锌、氧化锌等,其主要成分和性质见表 12-4-5。

表 12-4-5　常见锌肥的成分和性质

名称	主要成分	含锌/%	溶解性
硫酸锌	$ZnSO_4 \cdot H_2O$	35	易溶
7 水硫酸锌	$ZnSO_4 \cdot 7H_2O$	23	易溶
碱式硫酸锌	$ZnSO_4 \cdot 4Zn(OH)_2$	55	易溶
氯化锌	$ZnCl_2$	40~48	易溶
碳酸锌	$ZnCO_3$	52	难溶
螯合态锌	Zn-EDTA	14	易溶
含锌工业废渣	—	不定	难溶
氧化锌	ZnO	70~80	难溶

2. 锌肥的施用

（1）作物种类与锌肥施用：对锌敏感的作物有玉米、水稻、甜菜、亚麻、棉花、苹果、梨等。这些作物施用锌肥通常都具有良好的肥效。

（2）土壤条件与锌肥施用：土壤有效锌含量与锌肥肥效关系密切，据河南省土肥站试验，土壤有效锌含量小于 0.5 mg/kg 时，在小麦、玉米、水稻上施用锌肥均有显著的增产效果。当土壤有效锌含量为 0.5~1.0 mg/kg 时，在石灰性土壤和高产田施用锌肥仍有增产效果，并能改善作物的品质。

（3）锌肥的施用技术：锌肥可用作基肥、追肥和种肥。通常将难溶性锌肥用作基肥，作基肥时每 667 m² 施用 1~2 kg 硫酸锌，可与生理酸性肥料混合施用。轻度缺锌地块隔 1~2 年再行施用，中度缺锌地块隔年或于次年减量施用。作追肥时常用作根外追肥，一般作物喷施 0.02%~0.1% 硫酸锌溶液，玉米、水稻用 0.1%~0.5%。水稻在分蘖、孕穗、开花期各喷 1 次浓度为 0.2% 的硫酸锌溶液；果树可在萌发前一个月喷施 5% 的硫酸锌溶液，萌发后果树用 3%~4% 的硫酸锌溶液涂刷，一年生枝条涂刷 2~3 次或在初夏时喷施 0.2% 的硫酸锌溶液。种肥常采用浸种或拌种的方法，浸种用 0.02%~0.1% 的硫酸锌溶液，浸种 12 h，阴干后播种。拌种每 kg 种子用 2~6 g 硫酸锌，玉米可用 4~8 g。氧化锌还可用作水稻蘸秧根，每 667 m² 用量 200 g，配成 1% 的悬浊液。

（4）锌肥肥效与磷肥的关系：在有效磷含量高的土壤中，往往会产生诱发性缺锌，比如某些水稻土中锌的缺乏就是由于有效磷含量高造成的。其原因，一是 P-Zn 拮抗，二是提高了植物体内的 P_2O_5/Zn。为了保持正常的 P_2O_5/Zn，使得作物需要吸收更多的锌。在施用磷肥时，必须要注意锌肥的供应情况，防止因磷多造成诱发性缺锌。

（三）锰肥

1. 锰肥的主要种类和性质

生产上常用的锰肥是硫酸锰、氯化锰等，其主要成分和性质见表 12-4-6。

表 12-4-6　常见锰肥的成分和性质

名称	结构简式	含锰/%	溶解性
硫酸锰	$MnSO_4 \cdot 7H_2O$	24~28	易溶
碳酸锰	$MnCO_3$	31	难溶
氯化锰	$MnCl_2$	17	易溶
螯合态锰	Mn-EDTA	12	易溶
含锰玻璃肥料	—	10~25	难溶
锰矿泥	—	6~22	难溶
炉渣	—	2~6	难溶
氧化锰	MnO	41~68	难溶

2. 锰肥的施用

（1）作物种类与锰肥肥效：对锰敏感的作物有豆科作物、小麦、马铃薯、洋葱、菠菜、苹果、桃、草莓等，其次是大麦、甜菜、三叶草、芹菜、萝卜、番茄等，而对锰不敏感的作物有玉米、黑麦、牧草等。

（2）土壤条件与锰肥施用：一般将活性锰含量作为诊断土壤供锰能力的主要指针数值，土壤中活性锰含量小于 50 mg/kg 为极低水平，50~100 mg/kg 为低，100~200 mg/kg 为中等，200~300 mg/kg 为丰富，大于 300 mg/kg 为很丰富。在缺锰的土壤上施用锰肥，一般作物都有很好的增产效果。

（3）锰肥的施用技术：生产上常用的锰肥是硫酸锰，一般用作根外追肥，浸种、拌种及土壤种肥，难溶性锰肥一般用作基肥。根外追肥喷施一般以 0.05%~0.1% 为宜，果树用 0.3%~0.4%，豆科作物以 0.03% 为好，水稻以 0.1% 为好。拌种：禾本科作物每 kg 种子用4 g硫酸锰，豆科作物 8~12 g，甜菜 16 g；硫酸锰用作土壤种肥效果大致与拌种相当，一般用量为 2~4 kg/667 m²。

（四）铁肥

1. 铁肥的主要种类和性质

生产上常用铁肥的种类、成分和性质详见表 12-4-7。

表 12-4-7　常用铁肥的成分和性质

名称	结构简式	含铁量/%	溶解性
硫酸亚铁	$FeSO_4 \cdot 7H_2O$	20	易溶
硫酸亚铁	$(NH_4)_2SO_4 \cdot FeSO_4 \cdot 6H_2O$	14	易溶
螯合态铁	如 Fe-EDTA	5~14	易溶

2. 铁肥的施用

（1）作物种类与铁肥肥效：对铁敏感的作物有大豆、高粱、甜菜、菠菜、番茄、苹果等。一般情况下，禾本科和其他农作物很少见到缺铁现象，而果树缺铁较为普遍。除此之外，南方的某些酸性花卉，如栀子、山茶等在北方驯养时，铁的缺乏也相当普遍。

（2）铁肥的施用技术：生产上最常用的铁肥是硫酸亚铁，目前多采用根外追肥的方法施用，喷施质量分数为 0.2%～1%。果树多在萌芽前喷施 0.75%～1%的硫酸亚铁或在见黄叶后连喷 3 次 0.5%硫酸亚铁+0.5%尿素,也可以把硫酸亚铁与有机肥按 1∶（10～20）比例混合后施到果树下,每株 50 kg,肥效可达 1 年,使 70%缺铁症复绿。高压注射法也是果树的一种有效施铁方法,即将 0.3%～0.5%的硫酸亚铁溶液直接注射到树干木质部内,再随液流运输到需要的部位。另外,据河北农业大学刘藏珍的研究结果表明,果树缺铁黄化时,单独喷施铁肥,病叶只呈斑点状复绿,新生叶仍然黄化,效果不良;若在铁肥溶液中加配尿素和柠檬酸,则会取得良好的效果。该复合肥溶液的配制方法是先在 50 kg 水中加入 25 g 柠檬酸,溶解后加入 125 g 硫酸亚铁,待硫酸亚铁溶解后再加入 50 g 尿素,即配成 0.25%硫酸亚铁+0.05%柠檬酸+0.1%尿素的复合铁肥。

（五）钼肥

1. 钼肥的主要种类和性质

生产上常用的钼肥有钼酸铵、钼酸钠、三氧化钼、钼渣、含钼玻璃肥料等,其主要成分和性质见表 12-4-8。

表 12-4-8　常用钼肥的成分和性质

名称	结构简式	含钼/%	溶解性
钼酸铵	$(NH_4)_2MoO_4$	49	易溶
钼酸钠	Na_2MoO_4	39.6	易溶
三氧化钼	MoO_3	66	难溶
钼渣	—	5～15	难溶
含钼玻璃肥料	—	2～3	难溶

2. 钼肥的施用

（1）作物种类对钼肥的反应:缺钼多的是豆科作物,苜蓿最突出,此外,油菜、花椰菜、玉米、高粱、谷子、棉花、甜菜等对钼肥也有良好的反应。

（2）土壤条件与钼肥施用:钼肥的施用效果,与土壤中钼的含量、形态及分布区域有关。中国科学院南京土壤研究所刘铮等将我国土壤中钼含量及肥效分为 3 个区,即钼肥显著区、钼肥有效区和钼肥可能有效区。在北方土壤的钼肥显著区需施钼肥的作物为大豆、花生,在南方土壤的钼肥显著区需施钼肥的作物为花生、大豆、柑橘等。在钼肥有效区需施钼肥的作物为花生、大豆等。钼肥可能有效区的钼肥施用情况还需进一步的试验研究。

（3）钼肥的施用技术:钼肥多用作拌种、浸种或根外追肥。拌种时,每 kg 种子用钼酸铵 2～6 g,先用热水溶解,再用冷水稀释成 2%～3%的溶液,用喷雾器喷在种子上,边喷边拌,拌好后将种子阴干,即可播种。浸种时,可用 0.05%～0.1%的钼酸铵溶液浸泡种子 12 h。叶面喷肥一般用于叶面积较大的作物,在苗期和蕾期用 0.01%～0.1%的钼酸铵溶液,喷 1～2 次,每 667 m^2 每次喷液 50 kg。

（六）铜肥

1. 铜肥的主要种类和性质

生产上常见铜肥有硫酸铜、炼铜矿渣、螯合态铜和氧化铜,主要成分和性质见表 12-4-9。

表 12-4-9　常用铜肥的成分和性质

名称	结构简式	含铜/%	溶解性
硫酸铜	$CuSO_4 \cdot 5H_2O$	$24\sim25$	易溶
氧化亚铜	Cu_2O	89	难溶
氧化铜	CuO	75	难溶
螯合态铜	$Cu-EDTA$	13	易溶
含铜矿渣	—	$0.3\sim1$	难溶

2. 铜肥的施用

（1）作物种类与铜肥肥效：作物的种类不同,对铜的反应也不同。研究表明,需铜较多的作物有小麦、洋葱、菠菜、苜蓿、向日葵、胡萝卜、大麦、燕麦等;需铜中等的有甜菜、亚麻、黄瓜、萝卜、番茄等;需铜较少的有豆类、牧草、油菜等。果树中的苹果、桃、草莓等也有过缺铜的报道。

（2）土壤条件与铜肥施用：我国土壤铜含量比较丰富,一般都在 1 mg/kg 以上。在华中丘陵区发育在红砂岩上的红壤中、江苏徐淮地区的砂质黄潮土中、西北地区的风沙土及黄绵土中有效铜含量较低,施用铜肥有较好的效果。

（3）铜肥的施用方法：铜肥可用作基肥、追肥及种子处理等。作基肥每 667 m^2 用量为 1~1.5 kg 硫酸铜。由于铜肥的有效期长,为防止铜的毒害作用,以每 3~5 年施用 1 次为宜。作追肥通常以根外追肥为主,喷施用 0.02%~0.04%,果树用 0.2%~0.4%,并加配硫酸铜用量 10%~20% 的熟石灰,以防药害。硫酸铜拌种用量为 0.3~0.6 g/kg 种子,浸种用 0.01%~0.05% 的硫酸铜溶液。

（七）施用微量元素肥料的注意事项

1. 注意施用量及浓度

作物对微量元素的需要量很少,而且从适量到过量的范围很窄,因此要防止微肥用量过大。土壤施用时还必须施得均匀,浓度要保证适宜,否则会引起植物中毒,污染土壤与环境,甚至进入食物链,有碍人畜健康。

2. 注意改善土壤环境条件

微量元素的缺乏,往往不是因为土壤中微量元素含量低,而是其有效性低。通过调节土壤条件,如土壤酸碱度、氧化还原性、土壤质地、有机质含量、土壤含水量等,可以有效地改善土壤的微量元素营养条件。

3. 注意与大量元素肥料配合施用

微量元素和 N、P、K 等营养元素,都是同等重要不可代替的,只有在满足了植物对大量元素需要的前提下,施用微量元素肥料才能充分发挥肥效,才能表现出明显的增产效果。

微课　微肥施用

五、复合肥料

(一)复合肥料的概念和特点

1. 复合肥料的概念

在 1 种化学肥料中,同时含有 N、P、K 等主要营养元素中的 2 种或 2 种以上成分的肥料,称为复合肥料。含 2 种主要营养元素的称为二元复合肥料,含 3 种主要营养元素的称为三元复合肥料,含 3 种以上营养元素的称为多元复合肥料。

复合肥料习惯上用 $N-P_2O_5-K_2O$ 相应的质量分数来表示其成分。例如,某种复合肥料中含 N 10%,含 P_2O_5 20%,含 K_2O 10%,则该复合肥料表示为 10-20-10。有的在 K_2O 含量数后还标有 S,如 12-24-12(S),即表示其中含有 K_2SO_4。

复合肥料按其制造工艺可分为化成复合肥料、配成复合肥和混成复合肥料 3 大类。化成复合肥料是通过化学方法制成的复合肥料,如磷酸二氢钾。配成复合肥是采用 2 种或多种单质肥料在化肥生产厂家经过一定的加工工艺重新造粒而成的含有多种元素的复合肥料,在加工过程中发生部分化学反应,通常所说的复混肥多指这种配成复合肥料。混成复合肥料是将几种肥料通过机械混合制成的复合肥料,在加工过程中只是简单的机械混合,而不发生化学反应,如氯磷铵是由氯化铵和磷酸-铵混合而成。

2. 复合肥料的特点

(1)复合肥料的优点:有效成分高,养分种类多;副成分少,对土壤的不良影响小;生产成本低;物理性状好。

(2)复合肥料的缺点:养分比例固定,很难适于各种土壤和作物的需要,常要用单质肥料补充调节。难以满足施肥技术的要求,各种养分在土壤中的运动规律及对施肥技术的要求各不相同,如 N 肥移动性大,P、K 肥移动性小,而后效却是 P、K 肥长。在施用上,N 肥通常作追肥,P、K 肥通常作基肥和种肥,而复合肥料是把各种养分施在同一位置、同一时期,这样,就很难符合作物某一时期对养分的要求。因此,必须摸清各地土壤情况和各种作物的生长特点、需肥规律,施用适宜的复合肥料。

(二)复合肥料的主要种类、性质和施用

1. 磷酸铵

磷酸铵简称磷铵,是用氨中和磷酸制成的,由于氨中和的程度不同,可分别生成磷酸一铵、磷酸二铵和磷酸三铵。目前,我国生产的磷酸铵实际上是磷酸一铵和磷酸二铵的混合物,含 N 14%~18%,含 P_2O_5 46%~50%。纯净的磷酸铵为灰白色,因带有杂质,故为深灰色。磷酸铵易溶于水,具有一定的吸湿性,通常加入防湿剂,制成颗粒状,以利储存、运输和施用。

磷酸铵适用于各种作物和土壤,特别适用于需磷较多的作物和缺磷土壤。施用磷酸铵应先考虑磷的用量,不足的氮可用单质氮肥补充。磷酸铵可作基肥、追肥和种肥。作基肥和追肥,每 667 m^2 以 10~15 kg 为宜,可以沟施或穴施;作种肥每 667 m^2 以 2~3 kg 为宜,不宜与种子直接接触,以防影响发芽和引起烧苗。果树成树作基肥以每株 2.5 kg 为宜,追肥可采用根外追肥的方式,喷施浓度为 0.5%~1%。磷酸铵不能与草木灰、石灰等碱性物质混合施用或储存,酸性土壤上施用石灰后必须相隔 4~5 d 才能施磷铵,以免引起氮素的挥发损失和降低磷的有效性。

2. 氨化过磷酸钙

为了清除过磷酸钙中游离酸的不良影响,通常在过磷酸钙中通入一定量的氨制成氨化过磷酸钙,其主要成分为 $NH_4H_2PO_4$、$CaHPO_4$ 和 $(NH_4)_2SO_4$,含 N 2%~3%,P_2O_5 13%~15%。氨化过磷酸钙干燥、疏松,能溶于水(磷为弱酸溶性),不含游离酸,没有腐蚀性,吸湿性和结块性都弱,物理性状好,性质比较稳定。

氨化过磷酸钙的肥效稍好于过磷酸钙,适合于各类作物,在酸性土壤上施用的效果最好。注意不得与碱性物质混合,以防氨的挥发和磷的退化。因含氮量低,应配施其他氮肥,其施用方法同过磷酸钙。

3. 磷酸二氢钾

磷酸二氢钾是一种高浓度的磷钾二元复合肥,纯品为白色或灰白色结晶,养分为0-52-34,吸湿性小,物理性状好,易溶于水,水溶液 pH 3~4,价格昂贵。

磷酸二氢钾适作浸种、拌种与根外追肥。浸种浓度0.2%,时间为12 h,每100 kg 溶液浸大豆30 kg,小麦50 kg。拌种用1%浓度喷施,当天拌种下地。田间喷施质量分数为0.2%~0.5%,每667 m^2 用量50~75 kg 溶液,选择在晴天的下午,以叶面喷施不滴到地上为度。小麦在拔节孕穗期、棉花在开花前后,连续喷施3次。果树在果实膨大至着色期喷施0.5%磷酸二氢钾溶液,对于提高产品质量有良好的效果。

4. 硝酸钾

硝酸钾俗称火硝,由硝酸钠和氯化钾一同溶解后重新结晶或从硝土中提取制成,其分子式为 KNO_3,含 N 13%,含 K_2O 46%。纯净的硝酸钾为白色结晶,粗制品略带黄色,有吸湿性,易溶于水,为化学中性、生理中性肥料。在高温下易爆炸,属于易燃易爆物质,在储运、施用时要注意安全。

硝酸钾适作旱地追肥,用量一般5~10 kg/667 m^2,对马铃薯、烟草、甜菜、葡萄、甘薯等喜钾而忌氯的作物具有良好的肥效,在豆科作物上反应也比较好,如用于其他作物则应配合单质氮肥以提高肥效。硝酸钾也可作根外追肥,适宜质量分数为0.6%~1%。在干旱地区还可以与有机肥混合作基肥施用,用量约为10 kg/667 m^2。

由于硝酸钾的 N:K_2O 为 1:3.5,含钾量高,因此在肥料计算时应以含钾量为计算依据,氮素不足可用单质氮肥补充。

5. 尿素磷铵

尿素磷铵的组成为 $CO(NH_2)_2 \cdot (NH_4)_2HPO_4$,是以尿素加磷铵制成的。其养分含量有37-17-0、29-29-0、25-25-0 等几种,是一种高浓度的氮、磷复合肥,其中的氮、磷养分均是水溶性的,N:P_2O_5 为 1:1 或 2:1,易于被作物吸收利用。

尿素磷铵适用于各类型的土壤和各种作物,其肥效优于等氮、磷量的单质肥料,其施用方法与磷酸铵相同。

6. 铵磷钾肥

铵磷钾肥是由硫铵、硫酸钾和磷酸盐按不同比例混合而成的三元复合肥料,或者由磷酸铵加钾盐而制成。由于配制比例不同,养分比例分别为12-24-12、10-20-15、10-30-10。铵磷钾肥中磷的比例比较大,可适当配合施用单质氮、钾肥以调整比例,更好地发挥肥效。铵磷钾肥是高浓度复合肥料,它和硝酸钾常作为烟草地区的专用肥。

除上述之外,我国生产的复合(混)肥料还有很多种类,有些在生产上已广泛应用且效果良好。各地区应根据不同的土壤、气候、作物及生产条件,选用合适的复合肥料。

复习思考题

1. 生产上氮肥利用率低的原因是什么?
2. 为什么尿素作追肥时应提前几天施用?
3. 施用过磷酸钙时配合施用有机肥有何作用?
4. 磷肥为什么要早施、集中施?
5. 微量元素肥料为什么最好用作根外追肥?
6. 复合肥料有何特点?
7. 结合本地实际,说明目前生产上在化肥施用方面还存在的问题和解决办法。

实训 4 常用化肥的系统鉴定

一、技能要求

当前农业使用的化学肥料不仅数量大,同时品种日益增加。很多化学肥料的外形极其相似,人们的感官难以分辨,如果使用不当或错用,则不仅达不到施肥的目的,反而会带来损失和浪费。借少数试剂和简单的仪器工具,准确而又迅速地对各种主要化学肥料的特性及其他学组成进行鉴定,以达到识别常用化学肥料的目的,为准确无误地使用化肥提供依据。

二、实验原理

化学肥料的鉴定,主要是根据其物理性状(如颜色、气味、结晶形状、溶解度、吸湿性等)、灼烧反应、火焰颜色以及某些特征特性的化学反应来进行。

三、药品与器材

1. 药品:10 种常见化肥(碳酸氢铵、氨水、硝酸铵、尿素、硫酸铵、氯化铵、磷肥、钾肥、过磷酸钙),石灰,酸液,二苯胺试剂,硫酸铜,硝酸银,氯化钡,硫酸钼酸铵溶液,氯化亚锡。

2. 仪器:小试管,酒精灯,小铝盒(盖),白瓷盘。

四、技能训练

(一) 鉴别物理性状

取小试管 10 支,分别装入拟测 1~10 号未知化肥样品各 1 小勺(约豆粒大),仔细观察其颜色、形态、吸湿性并闻其气味,逐项填入作业表格。

在常温常压下,能闻到氨味者有:

1. 白色结晶为碳酸氢铵(NH_4HCO_3)

$$NH_4HCO_3 \xrightarrow{20 \sim 30℃} NH_3 \uparrow + H_2O + CO_2 \uparrow$$

$$2NH_4HCO_3 + H_2SO_4 \longrightarrow (NH_4)_2SO_4 + 2H_2O + 2CO_2 \uparrow$$

验证:加酸后如有气泡发生,即证明是碳酸氢铵。

2. 无色溶液为氨水(NH_4OH)

$$NH_4OH \longrightarrow NH_3 \uparrow + H_2O$$

无氨味放出者,留作下项处理。

（二）测试溶解度

将无氨放出的未知化肥,各加水 2 mL,摇动并观察溶解情况,根据溶解与否可把未知化肥分为两类:

1. 溶于水者为结晶或粒状的氮肥和钾肥。

2. 不溶或微溶于水者为无定形的磷肥。

（三）灼烧试验

取由上述处理(二)所分出的第 1 类即可溶性化肥 1 小勺,分次置于烧热至微显红的铝盒中灼烧,并仔细观察所发生的现象。

1. 迅速熔化、冒白烟、发亮光、放出氨味,最终无残渣遗留者为硝酸铵(NH_4NO_3)。

$$2NH_4NO_3 \xrightarrow[\triangle]{400℃} 2NH_3 \uparrow + H_2O + 2NO_2 + 1/2O_2$$

验证:取上述处理(二)所分出的第 1 类可溶性化肥 1 小粒(比小米粒还小),放入双孔白瓷盘的凹穴中,加蒸馏水 5 滴使其溶解,然后加二苯胺试剂 2~3 滴,如有蓝色出现则表明有 NO_3^- 存在。

2. 迅速或缓慢熔化且冒白烟者有尿素、硫酸铵、氯化铵。

3. 不冒烟亦不熔化只有爆裂声响者为钾肥。

（四）加石灰或碱性物质处理

将由灼烧试验所分出的第 2 类化肥,分别取 1 小勺置于手掌上,加少量石灰揉搓混合并闻其味,无氨味放出者为尿素。

验证:取由灼烧试验所分出的第 2 类未知化肥少许于小试管内,加热熔化保持 1 min 后,冷却加入 1%NaOH 2 mL,再缓慢加入 0.5%硫酸铜溶液 2~3 滴,勿摇动,如液面呈现紫色环即表明是尿素。这是由于尿素中的缩二脲在碱性条件下与硫酸铜作用,生成紫色的铜络合盐。

（五）加用化学试剂

1. 取小试管 2 支,分别装入经加石灰处理后放出氨味的化肥 1 小勺,加水约 2 mL,摇动使其溶解,再各加 1 滴 $BaCl_2$ 试剂,有白色絮状沉淀者为硫酸铵。

$$(NH_4)_2SO_4 + BaCl_2 \longrightarrow BaSO_4 \downarrow + 2NH_4Cl$$

无白色絮状沉淀者为氯化铵。

验证:另取加 $BaCl_2$ 试剂无白色絮状沉淀的化肥 1 小勺放入试管中,加水约 2 mL,再加 1 滴 $AgNO_3$ 试剂,如发生白色絮状沉淀即属氯化铵。

$$NH_4Cl + AgNO_3 \longrightarrow AgCl \downarrow + NH_4NO_3$$

2. 另取小试管 2 支,分别放入由灼烧试验所分出的第 3 类(不溶化)化肥各 1 小勺,加水 2 mL,摇动使其溶解,再各加 1 滴 $BaCl_2$,有白色絮状沉淀发生者为硫酸钾。

$$K_2SO_4 + BaCl_2 \longrightarrow BaSO_4 \downarrow + 2KCl$$

不发生白色絮状沉淀者为氯化钾。

验证:另取加 $BaCl_2$ 不发生白色絮状沉淀的化肥 1 小勺放入试管中,加水 2 mL,再加 1 滴 $AgNO_3$ 试剂,如发生白色絮状沉淀即属氯化钾。

$$KCl + AgNO_3 \longrightarrow AgCl \downarrow + KNO_3$$

（六）测试酸碱度

取双孔白瓷盘两块,取无定形粉状不溶性化肥各 1 小勺,分别放入瓷盘的凹穴中,加水 3~5

滴,用玻璃棒搅匀,而后用广泛试纸测其酸碱度。

1. 显酸性:白色或灰白色粉末为过磷酸钙 $Ca(H_2PO_4)_2 \cdot H_2O + CaSO_4$。

验证:取上项化肥 1 小勺放入小试管中,加水 2 mL,摇动静止,取其上清液 4 滴,放入白瓷盘凹穴中,加硫酸钼酸铵溶液 1 滴,再加氯化亚锡 1 滴(或用锡棒)搅匀,如有蓝色出现,即表示有磷酸根存在。

$$H_2PO_4^- + 3NH_4^+ + 12MoO_4^- + 22H^+ \longrightarrow$$
$$(NH_4)_3PO_4 \cdot 12MoO_3 \cdot 6H_2O(黄色)\downarrow + 6H_2O$$
$$(NH_4)_3PO_4 \cdot 12MoO_3 \cdot 6H_2O + 4Sn^{2+} + 11H^+ \longrightarrow$$
$$(MoO_2 \cdot 4MoO_3)_2 \cdot H_3PO_4 \cdot 4H_2O + 2MoO_2 + 3NH_4^+ + 4Sn^{4+} + 6H_2O$$
$$磷钼蓝$$

2. 显微碱性或近中性:深灰色粉末为钙镁磷肥 $Ca_3(PO_4)_2 + Na_2CO_3$ 或 $Ca_3Na_2P_2O_9$。

五、实验作业

根据试验结果,认真填写肥料系统鉴定表,并掌握其主要内容。

肥料系统鉴定填表

肥料试样编号	气味	颜色	形态	吸湿情况	溶解情况	灼烧反应	与碱作用	化学试剂		酸碱性	肥料名称	化学分子式
								$BaCl_2$	$AgNO_3$			
1												
2												
3												
4												
5												
6												
7												
8												
9												

实验视频　肥料的系统鉴定

内容五　有机肥和生物肥

施用有机肥料是我国农业生产的优良传统。在化肥出现之前,有机肥料为农业生产的发展做出了卓越的贡献。即使在化肥工业高度发展的今天,有机肥料仍具有化肥不可代替的方面:有机肥料含有丰富的有机质和各种养分,是养分最全的天然复合肥,它不仅可以直接为作物提供养分,而且还可以活化土壤中的潜在养分,提高土壤有效养分的含量;有机肥料中含有多种有益微生物,能增强土壤微生物活性,促进土壤中的物质转化;有机肥料在改土培肥方面具有重要作用,施用有机肥料,能够提高土壤的保水保肥能力,促进土壤中团粒的形成,从而改善土壤的理化性质,提高土壤肥力,同时有机肥料还能预防和减轻农药及重金属对土壤的污染。这些都是化肥所不具备的特点。如今,人们对食品质量的要求越来越高,绿色食品、无公害食品备受青睐,农业可持续发展的提出、土壤资源的保护,所有这些都在呼唤着有机肥料重新走回田间。调整肥料结构,充分利用有机肥源,科学积制、合理利用,能使农业废弃物再利用,减少化肥投入,保护农村环境,创造良好的农业生态系统,又可以达到培肥土壤、稳产高产、增产增收的目的。

有机肥料也有缺点,主要是养分含量低、肥效缓慢;施肥数量大,运输和施用不便;在作物生长旺盛、需肥较多的时期,往往不能及时满足作物对养分的需要。

在农业生产实践中,将具有多种功能的有机肥料与养分含量高、肥效快、肥劲猛的化肥配合施用,可以收到取长补短之效。既满足了植物营养连续性的要求,又满足了植物营养阶段性的要求;既能为作物高产稳产提供充足的养分,又能培肥地力,为作物生长创造良好的环境条件;同时还能节省农业投资,取得较好的社会和经济效益。

我国资源丰富,有机肥种类繁多,如粪尿肥、堆沤肥、秸秆肥、绿肥、土杂肥、泥炭、沼气肥等,都是我国农村经常使用的有机肥料。

一、粪尿肥

(一) 人粪尿

1. 人粪尿的成分和性质

人粪是食物经消化后未被吸收而排出体外的残渣。人粪是由 70% 以上的水和 20% 左右的有机物质组成的,其中有机物质主要包括纤维素、半纤维素、脂肪、脂肪酸、蛋白质及其分解产物、氨基酸、酶、粪胆质、色素等。此外,人粪中还含有硫化氢、吲哚、丁酸等臭味物质和 5% 左右的硅酸盐、磷酸盐、氯化物等矿物质,以及病菌和虫卵等物质。新鲜人粪一般呈中性反应,按全国有机肥品质标准,人粪属于一级。

人尿含水 95% 以上,余者为水溶性有机物和无机盐,尿素约 2%,氯化钠 1%,尚有尿酸、马尿酸、肌酐酸、磷酸盐、铵盐、氨基酸,各种微量元素、生长素等少许。新鲜人尿由于磷酸盐的作用,呈酸性反应,腐熟后由于尿素水解为碳酸铵,呈碱性反应。

人粪尿是人粪和人尿的混合物,分布广,数量大,养分含量高,所含有机物碳氮比小,有机质分解快,易于供应养分,是粗肥中的细肥,含氮量高,含磷钾少,常把人粪尿当作高氮速效性有机肥料来施用。人粪尿腐殖质积累少,对改土培肥无太大意义。人粪尿中的养分含量详见表 12-5-1。

表 12-5-1　人粪尿的养分含量

项目	主要养分占鲜物含量/%						成年人年排泄量/kg		
	水分	有机物	N	P	K	C/N	鲜物量	N	P_2O_5
人粪	>70	15.2	1.16	0.26	0.30	8.06	90	0.90	0.46
人尿	>90	1.12	0.53	0.04	0.14		700	3.50	0.91
人粪尿	>80	4.80	0.64	0.11	0.19	3.43	790	4.40	1.36

2. 人粪尿在储存中的变化

人粪尿的储存过程,实际上是发酵腐熟的过程。经过微生物的作用,将复杂的有机物分解成简单的化合物。人粪尿中的尿素在脲酶的作用下,分解成碳酸铵,尿酸和马尿酸等含氮物质逐渐分解成 NH_3、CO_2 和 H_2O,分解过程如下:

$$CO(NH_2)_2 + 2H_2O \longrightarrow (NH_4)_2CO_3$$

$$C_5H_4N_4O_3 + H_2O + 1/2\ O_2 \longrightarrow C_4H_6N_4O_3 + CO_2$$

尿酸　　　　　　　　　　　　尿囊素

$$C_4H_6N_4O_3 + 2H_2O \longrightarrow 2CO(NH_2)_2 + CHOCOOH$$

乙醛酸

人粪中的含氮有机物以蛋白质为主,蛋白质在微生物作用下分解成各种氨基酸,再进一步分解为 NH_3、CO_2 和 H_2O。含硫氨基酸在厌氧条件下释放出 H_2S,不含氮有机物分解成各种有机酸、碳酸、甲烷和水等。

腐熟后的人粪尿在形态上发生明显的变化,这些变化可作为人粪尿腐熟的外观标志。人尿由澄清变为混浊,人粪由原来的黄色或褐色变为绿色或暗绿色。此外,腐熟后的人粪尿完全变为液体或半流体,用水稀释后施用很方便。

3. 人粪尿的储存方法

人粪尿是一种半流体肥料,在储存过程中有氨的生成且含有病菌和虫卵。人粪尿储存的原则和关键就是减少氨的挥发、防止渗漏、提高肥料质量以及减少病菌虫卵的传播。北方气候干燥、年蒸发量大,多采用拌土制成土粪或堆制成堆肥;南方高温多雨,多采用粪尿混存的方法制成水粪。

生产中常见的储存方法有:

(1) 改建厕所:首先,是厕所和贮粪池的位置,应选择地势较高、避风阴凉的地方。其次,粪池四周反低部应砌实捶紧,上面要搭棚加盖,避免风吹日晒、雨淋和渗漏,在这种条件下储存,既能减少氮素损失,又能改善环境卫生。

(2) 粪尿分存:人尿不经储存可直接施用。

(3) 加保氮剂:常用保氮物质有两类,一类为吸附性强的物质,另一类为化学保氮物质,如干细土、草炭、落叶、秸秆、过磷酸钙、石膏、硫酸亚铁等。其用量如下:干细土为粪液的 2~3 倍,草炭为 20%,落叶、秸秆为粪液的 3~4 倍,过磷酸钙、石膏为 3%~5%,硫酸亚铁为 0.5%。另外,也可以把少量的锰盐加到新鲜人粪尿中,因锰可抑制脲酶活性,使尿素不能分解成碳酸铵,减少氨的挥发损失。

（4）制成堆肥：将人粪尿与细土、草炭、秸秆、垃圾、落叶等混合堆制成堆肥，促进秸秆腐熟，又有利于保肥。

4. 人粪尿的无害化处理

人粪尿中常含有传染病菌和寄生虫卵，若不注意卫生管理和无害化处理，则易污染环境并传染疾病，危害人畜健康。无害化处理的基本要求是既要杀死病菌、虫卵，防止蚊蝇孳生繁殖，避免污染环境，又要防止养分损失，以利保肥。处理方法如下：

（1）高温堆肥处理：将人粪尿与厩肥、垃圾、秸秆等混合堆积，利用肥堆内持续 $5 \sim 7 d$ 的高温（$60 \sim 70℃$），即可杀死病菌和虫卵。

（2）粪池密封发酵和沼气发酵：利用严格的厌氧条件，抑制病菌和虫卵的呼吸作用，杀死病菌和虫卵。在发酵过程中还会产生有毒物质，如 CO、H_2S、丁酸等，均能杀死一般微生物，而高浓度的 NH_3 则可渗入病菌和虫卵体内起到毒杀的作用。

（3）药物处理：粪尿中按一定比例加入化学药物、农药、草药等毒杀病菌和虫卵。常用的有美曲膦酯、尿素、氨水、辣椒秆、烟草梗、芥子饼、大麻叶、枫杨、鬼柳叶和闹羊花等。

5. 人粪尿储存中的注意事项

（1）不晒粪干：有人为储运方便，常将粪尿与少量泥土或炉灰混合制成粪干，既传播疾病、污染环境，又损失氮素达 40.1% 之多。

（2）不掺草木灰：防止氨的挥发。

（3）厕所与猪圈分开：利用人粪喂猪，很容易传染人猪共患的疾病，于人的身体健康不利。

6. 人粪尿的施用方法

（1）作物的营养特性与人粪尿的施用：人粪尿对一般作物都有良好的效果，特别是叶菜类作物、纤维类作物和桑茶的效果更显著，禾谷类作物效果也很好，不适于忌氯的作物，因含有 Cl^- 会降低忌氯作物的品质。

（2）土壤特性与人粪尿的施用：除低洼地和盐碱地外，人粪尿适于各种土壤，在砂土上应分次施用。

（3）要与磷、钾肥和其他有机肥料配合施用：人粪尿是含 N 较多的速效性有机肥料，磷、钾含量少，应根据土壤条件和作物营养特点配施磷、钾肥。人粪尿有机质含量低，还需要配施其他有机肥料，尤其是轻质土壤、缺乏有机质的土壤、长期大量施用人粪尿的菜园和果园等，更应重视同其他有机肥料配合施用的问题。

（4）人粪尿的施用方法：人粪尿一般情况下要用腐熟的，可用作基肥、追肥和种肥，一般用作追肥，制成堆肥的多作基肥施用。作追肥要兑水 $3 \sim 5$ 倍，土干时可兑水 10 倍，否则浓度大、易烧苗，水田泼施、旱田条施或穴施，施后覆土。作种肥时宜用鲜尿浸种，浸种时间以 $2 \sim 3 h$ 为宜。

（二）家畜粪尿和厩肥

家畜粪尿，包括猪、马、牛、羊的粪尿，是我国农村中的一项重要肥源。厩肥是家畜粪尿和各种垫圈材料混合积制的肥料，在有机肥料中占有重要的位置。

1. 家畜粪尿的成分和性质

家畜粪是饲料经消化后没有被吸收而排出体外的固体废物，成分非常复杂，主要有纤维素、半纤维素、木质素、蛋白质及其分解产物，脂肪、有机酸、酶和各种无机盐类。

家畜尿是饲料经消化吸收后，参与体内代谢，以液体排出体外的部分，其成分比较简单，全是水溶性物质，主要有尿素、尿酸、马尿酸以及钾、钠、钙、镁等的无机盐类。

不同家畜粪尿的性质有较大的差异。猪粪质地较细，C/N 小，腐熟后形成大量腐殖质，阳离子交换量大，积制过程中发热量少，温度低，为温性或冷性肥料；马粪质地粗，分解快，发热量大，属热性肥料，多作温床或堆肥时的发热材料；羊粪质地细密而干燥，养分浓厚，积制过程中发热量低于马粪而高于牛粪，亦属热性肥料；牛粪质地细密，但含水量高，有机质分解慢，发酵温度低，是典型的冷性肥料。

2. 家畜粪尿的养分含量

家畜的种类、年龄、饲料和饲养管理方法不同，粪尿中养分的含量差异很大，家畜粪尿中养分的平均含量见表 12-5-2。家畜粪是富含有机质和氮、磷的肥料，畜尿是富含磷、钾的肥料。其中，羊粪中氮、磷、钾含量最高，猪、马次之，牛粪最少。按国家有机肥品质分级标准，猪粪属二级、马粪属三级、羊粪属二级、牛粪属三级。

表 12-5-2　新鲜家畜粪尿的平均养分含量　　　　　　　　　　%

家畜种类	水分	有机质	N	P	K	灰分	C/N
猪粪	70.00	18.00	0.55	0.24	0.29	9.80	21.00
猪尿	97.00	0.97	0.17	0.02	0.16	—	—
马粪	70.00	21.00	0.44	0.13	0.38	8.48	25.60
马尿	93.00	2.12	0.69	0.06	0.68	—	—
牛粪	83.00	15.00	0.38	0.10	0.23	7.14	23.20
牛尿	94.00	2.86	0.50	0.02	0.91	—	—
羊粪	65.00	32.30	1.01	0.22	0.53	12.70	16.60
羊尿	87.00	2.59	0.59	0.02	0.70	—	—

3. 厩肥的成分和性质

厩肥的成分随家畜种类、饲料优劣、垫圈材料和用量以及其他条件的不同而异。新鲜厩肥的平均养分含量见表 12-5-3。

表 12-5-3　新鲜厩肥的平均养分含量　　　　　　　　　　%

厩肥种类	水分	有机质	N	P	K	CaO	MgO	C/N
猪厩	72.40	16.99	0.38	0.16	0.30	0.08	0.08	19.57
牛厩	77.50	16.22	0.50	0.13	0.72	0.31	0.11	19.18
马厩	71.30	21.21	0.45	0.14	0.50	0.21	0.14	26.07
羊厩	64.60	27.94	0.78	0.15	0.74	0.33	0.28	14.38

新鲜厩肥中的养料以有机态为主，作物大多数不能直接利用，一般不宜直接施用。厩肥中含有作物所需的全部养分，还含硼、胡敏酸、维生素、生长素、抗生素等有机活性物质。厩肥中氮素

的当季利用率一般为 20% ~ 30%,磷素为 30% ~ 40%,钾素为 60% ~ 70%。按国家有机肥品质分级标准,以上 3 种厩肥均为三级。

4. 厩肥的积制方法

厩肥的积制方法有圈内堆积法和圈外堆积法两种,还可以二者兼用,即在圈舍内堆积一段时间后,再在圈外堆一段时间,具体方法可视各地的情况而定。厩肥的各种积制方法总结如下:

$$\text{厩肥的积制方法}\begin{cases}\text{圈内堆积法}\begin{cases}\text{深坑圈:粪尿、垫料等随时积于坑内}\\\text{浅坑圈:需结合圈外堆积}\\\text{平底圈:需结合圈外堆积}\end{cases}\\\text{圈外堆积法}\begin{cases}\text{紧密堆积法:堆积时层层压紧,保持嫌气状态}\\\text{疏松堆积法:堆积时始终不压紧,好气下腐熟}\\\text{疏松紧密堆积法:先疏松堆积,2~3 d 后压紧}\end{cases}\end{cases}$$

5. 厩肥腐熟的特征

粪肥的腐熟过程通常要经过生粪、半腐熟、腐熟和过劲 4 个阶段,它们之间常常随着堆内条件而改变,并呈现不同的外部特征。生粪是未分解的粪尿及垫料的混合物,呈现原粪尿及垫料的外部特征。半腐熟厩肥的外部特征可概括为“棕、软、霉”,棕指棕色,软指组织状态变软,霉指霉烂的气味。腐熟阶段厩肥的外部特征可概括为“黑、烂、臭”,黑指黑色,烂指黑泥状,臭指氨的臭味。半腐熟阶段的厩肥在高温、通气、缺水等条件下可向过劲阶段发展,其外部特征可概括为“白、粉、土”,白指白色,是放线菌菌落的颜色,粉指呈粉末状,土是说有特殊的泥土味。在厩肥的积制过程中,应避免肥料向过劲阶段发展,若出现过劲的迹象,应及时翻捣和加水压紧。

6. 家畜粪尿和厩肥的施用

家畜尿可作追肥,粪可作基肥,马粪和羊粪一般在早春作苗床的发热材料。肥料的腐熟程度是影响家畜粪尿和厩肥的主要因素,原则是没有腐熟好的粪肥不能用作追肥和种肥,只能用在生育期长的作物上作基肥施用。完全腐熟的粪肥基本上是速效性的,可作基肥,也可用作种肥和追肥。就土壤条件而言,家畜粪尿与厩肥首先分配在肥力较低的土壤上,质地黏重的土壤用腐熟的厩肥,且不宜耕翻过深,砂质土通透性好,肥力低,可施腐熟稍差的厩肥,且耕翻可以深一些。为了充分发挥厩肥和畜粪的增产效果,应提倡厩肥或畜粪与化肥配合或混合施用,二者取长补短,互相促进,是合理施肥的一项重要措施。另外,厩肥在施用后立即耕埋,有灌溉条件的结合灌水,效果更好。

二、堆肥

堆肥是利用秸秆、落叶、山青野草、水草、绿肥、垃圾等为主要原料,再混合不同数量的粪尿和泥炭、塘泥等堆制而成的肥料。堆肥实质是秸秆还田的一种方式。

(一)堆肥材料

堆肥的材料大致可分为 3 类:一是不易分解的物质,为堆肥原料的主体,它们大多是 C/N = (600~100):1 的物质,如稻草、落叶、杂草等;二是促进分解的物质,一般为含氮较多的物质,如人粪尿、家畜粪尿和化学氮肥以及能中和酸度的物质,如石灰、草木灰等;三是吸收性能强的物质,如泥炭、泥土等,用于吸收肥分。

在这些堆肥材料中虽有一定量的养分,但大都不能直接被作物吸收利用,同时体积庞大,有时还会有杂草种子、病菌、虫卵等。堆肥通过堆制,既能释放出有效养分,又能利用腐熟过程中产生的高温杀死杂草种子、病菌和虫卵,同时又缩小体积。在堆制前,不同的材料要加以处理(为了加速腐熟):粗大的(玉米秸秆等)应切碎至 10~15 cm,含水多的应晒一下,老熟的野草可进行假堆积或先用水浸泡,使之初步吸水软化等。

（二）堆制条件

堆肥腐熟是粗有机质在好气性微生物的作用下进行的矿化和腐殖化的过程。矿化是营养元素有效化的过程,腐殖化则是营养元素的保蓄过程,也就是说,堆肥的腐熟过程是微生物对粗有机质进行的分解和再合成的过程。堆肥的腐熟过程,取决于肥堆内微生物的活动,影响微生物活动的因素也就是影响堆肥腐熟的因素,即堆制条件。

1. 水分

水分有多方面的作用。首先,水是微生物生存的必要前提,干燥的环境不利于微生物的生存和繁殖。其次,吸水软化后的堆肥材料易被分解。水分在堆肥中移动时,可使菌体和养分向各处移动,有利于腐熟均匀。水还有调节堆内通气性的作用。一般堆肥要求含水量占原材料最大持水量的 60%~75%,也就是用手紧握堆肥材料,微有液体挤出的时候。夏季堆肥和高温阶段应经常补充水分。

2. 通气

通气状况直接影响肥堆内微生物学过程,通气不良会使好气性微生物的活动受到抑制,从而影响堆肥的腐熟和质量。通气过旺,又会使有机质剧烈分解,养分损失多。适宜的通气性可以通过控制材料的粗细和长短、水分含量、紧实度、覆土厚度、设置通气沟和通气塔以及翻堆等方法调节。一般来说,堆制初期要创造良好的通气条件,以加速分解和产生高温;后期要创造较好的嫌气条件,以利腐殖质的形成,减少养分损失。

3. 温度

各种微生物都有适于活动的温度范围,嫌气微生物为 25~35℃,好气微生物为 40~50℃,高温性微生物的适宜温度为 60~65℃。控制好堆温是获得优质堆肥的条件之一。通常采用接种高温纤维分解菌(加入骡、马粪)以利升温,调节堆的大小以利保温,控制水分和通气条件以调温。

4. C/N

通常堆肥主体材料的 C/N 大都为(60~100):1,不利于微生物分解,因此,堆制堆肥时,常加入适量含 N 物质以降低 C/N。但 C/N 如果过小(<30:1),则矿化速度快,腐殖化系数低。为兼顾矿化与腐殖化,堆肥材料的 C/N 以调节至 40:1 左右为宜。

5. pH

各种微生物对酸碱度都有一定的适应范围,全面衡量中性和微碱性条件,有利于堆肥中的微生物活动,能加速腐熟,减少养分损失。在堆制腐解过程中,有机质分解产生有机酸,使 pH 降低,从而在一定程度上抑制了后期微生物的活动。为此在高温堆肥时,要加 2%~3%的石灰或 5%的草木灰,以中和酸度。普通堆肥由于有土壤的缓冲作用,可以不加。

微课　变废为
宝—堆肥

（三）堆肥的种类和施用

堆肥的主要原料是植物秸秆。根据秸秆的种类不同,堆肥分为玉米秆堆肥、麦秆堆肥、水稻秆堆肥和野生植物堆肥等品种,它们的养分含量见表12-5-4。

表12-5-4　堆肥的养分含量　　　　　　　　　　　　　%

堆肥种类	有机质	全N	全P	全K
玉米秆堆肥	25.32	0.48	0.10	0.28
麦秆堆肥	10.85	0.18	0.04	0.16
水稻秆堆肥	16.38	0.46	0.08	0.43
野生植物堆肥	16.55	0.63	0.14	0.45

按国家有机肥品质分级标准,玉米秆堆肥和麦秆堆肥属四级,水稻秆堆肥和野生植物堆肥属三级。

堆肥的施用与厩肥相似,一般适于作基肥。在砂质土壤上、高温多雨的季节和地区、生长期长的作物,如玉米、水稻、果树等,可用半腐熟的堆肥;反之,质地黏重、低温干燥的季节和地区、生长期短的作物如蔬菜等,宜施用腐熟的堆肥。腐熟的优质堆肥也可作追肥和种肥,但半腐熟的堆肥不能与根或种子直接接触。堆肥施用后立即耕翻并配合施用速效氮、磷肥。施用量各地差异较大,一般每667 m² 用量500~1 000 kg。

三、沤肥

沤肥是利用秸秆、落叶、山青野草、水草、绿肥、垃圾等为主要原料,再混合不同数量的粪尿和泥炭、塘泥等,在常温、淹水条件下沤制而成的肥料。沤肥也是秸秆还田的一种方式,是我国南方水网地区广泛施用的一种有机肥源。与堆肥相比,沤肥在沤制过程中,有机质和氮素的损失较少,腐殖质积累较多,肥料的质量比较高。

（一）沤肥沤制的注意事项

1. 要浸水淹泡

沤制时保持4~6 cm的浅水层,既造成嫌气条件,又有利于提高坑内温度(经常维持在12~20℃),这样腐熟快,对保肥有利。

2. 注意原料的配合

沤肥材料的C/N要小,以利腐解。以秸秆、杂草等沤制时,要加入适量的人畜粪尿或污水。在配料中加入一定量的石灰或草木灰,也能加速腐解,提高肥效。

翻捣使物料上下受热一致,调整过强的还原条件,以利微生物活动,使微生物数量显著增加,从而加速分解。

（二）沤肥的成分和施用

沤肥主要有两种形式,即凼肥和草塘泥,它们的平均养分含量见表12-5-5。按全国有机肥品质分级标准,凼肥和草塘泥属四级。沤肥一般作基肥,多数用在稻田,亦可用于旱田。一般每667 m² 施用量4 000 kg左右,随施随翻,防止养分损失。沤肥的肥效一般与牛粪、猪粪相近,为了提高肥效,施用时应配合速效N、P肥。

表 12-5-5　沤肥的平均养分含量　　　　　　　　　　　%

沤肥种类	有机质	全 N	全 P	全 K
凼肥	4.96	0.23	0.10	0.77
草塘泥	4.96	0.23	0.08	0.33

四、沼气肥

（一）沼气发酵的意义

沼气是指各种有机物质在厌氧条件下经发酵产生的一种无色无味的气体,主要成分是 CH_4,其次是 CO_2,还有少量的 CO 和 H_2S。有机物质经沼气池发酵产气后剩余的残渣、残液可作肥料施用,即为沼气发酵肥料。

沼气发酵缓解或解决了我国广大农村普遍存在的三料矛盾问题,即燃料、饲料和肥料相争的矛盾问题。据统计,直接燃烧秸秆,热能利用率仅达 30%,N、P 大部分损失了。而用沼气发酵,热能利用率提高到 80%,N 利用率提高到 90%,P 利用率增加 1 倍,有机质残留 60%~65%。因此,利用沼气作燃料,可节省接近 3 倍的秸秆,而制作沼气的残液、残渣又扩大了肥源,节省下来的柴草可用作饲料。这样,既提供了生物能源,又扩大了肥源,提高了肥效,并且由于饲料的增加而促进了以养猪为中心的畜牧业的发展。

（二）沼气发酵的机制

1. 沼气发酵的原理

沼气的产生是有机物在严格的厌氧条件下,经嫌气微生物,并最终在甲烷细菌的作用下完成的生物化学反应。一般分为两个阶段,第 1 阶段是秸秆等原料中的纤维素、半纤维素、蛋白质等有机物,被嫌气性纤维分解菌、果胶分解菌、丁酸分解菌等嫌气性微生物分解为有机酸、氨基酸、醛和酮、CO_2 等物质;参与第 2 阶段的微生物是严格专一的厌氧微生物,即甲烷细菌,它们是产生沼气的主力军,利用第 1 阶段产生的中间产物合成甲烷。

2. 沼气发酵的条件

（1）嫌气:甲烷细菌属厌氧细菌,在空气中几分钟就会死亡,因此沼气池要保持严格的嫌气条件,池中的氧化还原电位在 -4 ~ -410 mV。

（2）营养:应将有机物料的 C/N 调至（25~30）∶1。根据群众的经验,在下料时按秸秆、青草和人畜粪尿各 15% 配料,即可满足微生物对养分的要求。

（3）温度:甲烷菌在 8~70℃ 时都能生长,但温度低于 15℃ 时产气就很差了,一般在 50~55℃ 时产气较好。

（4）水分:发酵池中要有足够的水分,为甲烷细菌的活动创造严格的厌氧条件,但水分也不宜过多,否则发酵液中干物质少,产气量低。发酵池中最适的水、料比与季节有关,夏季为 90∶10,冬季为 85∶10。

（5）酸碱度:甲烷细菌对 pH 要求较为严格,以 pH 6.7~7.6 最佳。在沼气发酵过程中,pH 的变化有一个自然的平衡过程,即初期有一个由高到低又升高的变化,15 天后趋于稳定。配料时一般不需调节,如有酸度不适而影响发酵时,加适量草木灰即可。

（6）接种沼气细菌：污泥中含甲烷细菌多，因此，可向池中加点污水、污泥以接种甲烷细菌，有利于沼气的产生。

（三）沼气发酵时需注意的几个问题

严禁在池内沤制菜籽饼等物，以防发酵过程中产生大量的 H_2S、H_3P 等有毒气体。进、出料口和导气管不能有明火，以防爆炸。若需入池清理残渣或维修，要提前打开进、出料口，导入新鲜空气。在池内不能有明火或抽烟。新建池投料后不久，不能在导气管口作点火试验，因这时甲烷不多，压力小，若点火有可能发生回火而引起爆炸。

（四）沼气肥的施用技术

沼气残液含多种水溶性养分，N 素以 NH_4^+-N 为主，是一种速效肥料。一般用作追肥，每 667 m^2 用量 1 500~2 500 kg，深施 10 cm 左右，若施在作物根部需兑部分清水。发酵液还可用作根外追肥，方法是将残液用麻布过滤，滤液稀释 2~4 倍，喷施量 50 kg/667 m^2。

发酵残渣含有丰富的有机质，速效 N 占全 N 的 19.2%~52%，平均为 35.6%，是一种缓、速兼备而又具有改良土壤功能的优质肥料，一般用作基肥，每 667 m^2 用量 2 500 kg。

五、秸秆还田

秸秆是农作物的副产品，含有各种营养元素。将秸秆直接还田，有供给作物养分、增加土壤有机质、改善土壤理化性质、增加作物产量的作用，同时还减少运输，节省劳动力。据辽宁省统计数据表明，1999 年，全省有机肥示范区利用秸秆直接翻压还田，消耗秸秆 30.8 万 m^3，占秸秆还田总量的 11%。

（一）秸秆还田的方式

秸秆直接还田有翻压还田和覆盖还田两种方式。在作物收获后，将秸秆在下茬作物播种或移栽前耕翻入土的还田方式为秸秆翻压还田；将秸秆或残茬铺盖于土壤表面的还田方式为秸秆覆盖还田。

（二）秸秆还田时的注意事项

（1）秸秆处理：秸秆经机械切碎后应翻压至 15 cm 以下，翻压后要及时耙压保墒，以利腐解，旱地墒情不好，还要先灌水，后翻压。

（2）补充 N、P 化肥：秸秆中 C/N 较高，翻压时，每 667 m^2 应施 NH_4HCO_3 15 kg（或相当的 N 素），过石 30~50 kg。

（3）翻压时间：旱地在晚秋进行，争取边收获边耕埋，以避免秸秆中水分的散失，水田易在插秧前 7~15 d 施用，或在翻耙地以前施用。

（4）秸秆翻压量：一般来说，秸秆可全部还田，在薄地，N 肥不足的情况下，秸秆还田又距播期近，用量则不宜过多。

微课 秸秆还田

六、绿肥

（一）绿肥在农业生产上的作用

凡利用植物绿色体做肥料的均称为绿肥，专作绿肥栽培的作物称为绿肥作物，它在农业生产上的作用大致归纳为如下几个方面：

1. 增加土壤 N 素和有机质

绿肥作物鲜草含有机质 12%~15%，含 N 量 0.3%~0.6%，如果以每 667 m^2 生产 1 000 kg 计算，这些绿肥作物翻埋到土壤中以后，相当于施入新鲜有机质 120~150 kg，N 素 3~6 kg。

2. 富集与转化土壤养分

绿肥作物根系发达，吸收利用土壤中难溶性矿质养分的能力很强，豆科绿肥作物主根入土很深，通过绿肥作物的吸收利用，将土壤耕层甚至深层中不易为其他作物吸收利用的养分集中起来，待绿肥翻耕腐解后，大部分重新以有效态留在耕层中，供下茬作物吸收利用。

3. 改善土壤理化性状，加速土壤熟化，改良低产土壤

绿肥能提供较大量的新鲜有机物质和钙等养分，绿肥作物的根系又有较强的穿透能力与团聚作用。施用绿肥能促进土壤水稳性团粒结构的形成，改善土壤的理化性状，从而使土壤的保水、透水性、保肥、供肥性都得到加强，耕性变好，有利于土壤熟化和低产土壤改良。

4. 减少水、土、肥的流失和固沙护坡

绿肥作物茎叶茂盛，能很好地覆盖地面，对缓和暴风雨对土壤的直接侵蚀，减少地面径流，防止冲刷，减少水、土、肥流失，培养山岭薄地、山区果园等土壤肥力有良好效果。在风沙区种植绿肥，增加土壤植物覆盖度、土壤有机质含量和养分含量，具有固沙改沙作用。

（二）常见的绿肥作物及其应用

我国是利用绿肥最早的国家，绿肥资源十分丰富。据全国绿肥试验网调查数据表明，我国共有绿肥资源 10 科 24 属 60 多种，1 000 多个品种。生产上应用较多的有田菁、沙打旺、苜蓿、草木樨、紫穗槐、苕子等。我国主要绿肥的养分含量见表 12-5-6。按全国有机肥品质分级标准，田菁属三级，其他几种均属二级。

表 12-5-6　我国主要绿肥种类及其养分含量　　　　　　　　　　　%

绿肥种类	有机质	全 N	全 P	全 K	C/N
田菁	27.5	0.67	0.06	0.43	17.9
沙打旺	15.7	0.47	0.04	0.46	14.1
草木樨	20.3	0.54	0.04	0.29	13.8
黄花苜蓿	19.6	0.67	0.08	0.40	14.2
紫花苜蓿	34.6	0.61	0.07	0.69	—
紫穗槐	31.5	0.91	0.10	0.45	15.4
苕子	17.5	0.62	0.06	0.45	13.5
箭舌豌豆	21.0	0.56	0.05	0.41	15.2
肥田萝卜	12.1	0.36	0.06	0.37	19.8

除上述绿肥品种之外，我国在生产上还有很多应用广泛的绿肥品种，如紫云英、豇豆、绿豆、细绿萍、水葫芦等。

绿肥的利用大体上有 3 种方式，一是直接翻压还田，二是收割后作为堆沤肥的材料，三是作为饲料过腹还田。各地可根据具体情况，因地制宜地选择绿肥品种及利用方式。

七、生物菌肥

（一）菌肥的概念和种类

菌肥是微生物肥料的俗称，它是一种带活菌体的辅助性肥料。菌肥本身并不直接为作物提供养分，而是以微生物生命活动的产物来改善植物的营养条件，发挥土壤潜在肥力，刺激植物生长发育，抵抗病菌为害，从而提高农作物的产量和品质，与有机肥、化肥互为补充。

目前，我国生产和应用的菌肥主要有根瘤菌、固氮菌、磷细菌、钾细菌、抗生菌肥料等。

（二）菌肥的作用和施用

菌肥是通过有益微生物的生命活动，拮抗有害微生物，促进土壤中养分的转化，提高土壤养分有效性，改善作物营养条件，增加土壤肥力。

菌肥的施用方法有菌液叶面喷施、菌液种子喷施、拌种和固体菌剂与种子拌和作为菌肥等。由于菌肥本身不能为作物提供养分，也不能增加土壤中养分的数量，只是将土壤原无效或缓效养分有效化，作物因施用菌肥而多吸收的养分实质也是土壤养分。从某种程度上说，菌肥加剧了土壤养分的消耗，因此，在施用菌肥时，应注意与化肥和有机肥配合，既为作物提供养分，又补充土壤养分的消耗。

微课　生物菌肥

复习思考题

1. 人粪尿的无害化处理有哪些途径？
2. 厩肥腐熟的外部特征是什么？
3. 为什么没有腐熟的有机肥料不能用作种肥和追肥？
4. 简述堆肥腐熟的原理。
5. 简述厩肥的积制方法。
6. 影响堆肥腐熟的条件有哪些？
7. 为什么在化肥工业高度发达的今天，还要提倡有机肥料的施用？

内容六　作　物　施　肥

施肥能提高作物的产量和品质，有利于培肥地力。如果施肥不合理，造成的负面影响也是非常严重的，如品质降低、地力下降、经济效益降低等，更为严重的是将对环境特别是农村生态环境造成恶劣影响，这对农业的发展甚至是人类的发展都是不利的。无论是化肥还是有机肥，在施用上都必须做到有效、合理。所谓合理施肥，是指在一定的气候和土壤条件下，为了栽培某一种作物或某一系列作物所采用的正确的施肥措施。它包括有机肥料和化学肥料的配合，各种营养元素之间的比例，化肥品种的选择，经济的施肥量，适宜的施肥时期和方法等。这一整套正确的施肥措施，也可简称为施肥制度，它可以是对某一季作物而言，也可以是对一定的轮、间、套的种植体系而言。施肥是否合理主要看两项指标，一是看能否提高肥料利用率，二是看能否提高经济效益，增产增收。施肥后达不到这两项指标，就不能算合理施肥。

一、施肥原理

施肥是农业生产中最古老的技术措施之一,古今中外许多学者通过反复的生产实践和科学试验,探索和总结出指导施肥的基本原理,至今仍有指导意义。

(一) 养分归还学说

1840 年,德国化学家、现代农业化学的奠基人李比希在英国有机化学学会上发表了《化学在农业和生理学上的应用》一书,否定了腐殖质营养学说,创立了矿质营养理论。他指出,腐殖质出现于地球上有了植物以后而不是以前,因此植物的原始养分只能是矿物质,而不是腐殖质,这就是他的矿质营养学说的核心内容。植物以不同的方式从土壤中吸收矿质养分和氮素,为了保持土壤肥沃,就必须把作物收获物所带走的矿质养分和氮素,以肥料的形式归还给土壤,才不致使土壤贫瘠。这就是李比希创立的养分归还学说。

李比希的养分归还学说,作为施肥的基本原理是正确的,但有些论断不免有片面性和不足之处,甚至是错误的。他主张作物从土壤中取走的东西一定要全部归还,实际这样做是不经济也是不必要的。例如,在石灰性土壤上,即使是喜钙的豆科作物也不必归还钙质。氮素的来源是大气中的碳酸铵,氨是靠雨水来解决的,厩肥的作用只是提供灰分元素。他甚至否定了根系利用腐殖质的可能性,他认为腐殖质是土壤中 H_2CO_3 的供给源,可加速硅酸盐的同化等,任何植物也不能为其他植物增多养分元素。很显然,这样的提法是不对的。运用这一学说指导施肥实践时应该加以注意和纠正。

(二) 最小养分律

李比希根据自己创立的矿质营养学说,成功地制造了一些化学肥料以后,为了保证最有效地利用这些肥料,他在实验的基础上,又进一步提出了最小养分律:植物为了生长必须要吸收各种养分,但是决定作物产量的却是土壤中那个相对含量最小的有效植物生长因子,产量在一定限度内随着这个因素的增减而相对变化,因而无视这个限制因素的存在,即使继续增加其他营养成分也难以再提高作物的产量。最小养分律可以形象地用养分桶(木桶原理)来说明(图 12-6-1),组成桶的最短的木条(代表最小养分)决定了桶中所能容纳的水量(代表产量)。

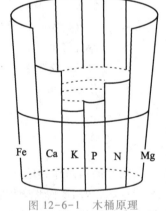

图 12-6-1　木桶原理

应用最小养分律指导施肥时应注意的是,最小养分律中所说的最小养分,并不是土壤中绝对数量最少的那种养分,而是指相对于作物的需要来说最少的那种养分。作物需要的最小养分也不是固定不变的,当一种最小养分得到补充和改善以后,另一种原来不是最小养分的营养元素可能会成为限制作物产量的新的最小养分,继续增加最小养分以外的其他养分,难以提高产量,降低施肥的经济效益。

(三) 报酬递减律和米采利希学说

1. 报酬递减律

18 世纪后期,法国古典经济学家杜尔格在对大量科学实验进行归纳总结的基础上提出了报酬递减律:从一定的土壤所获得的报酬随着向该土地投入的劳动力和资本数量的增加而有所增加,但随着投入的单位劳力和资本的增加,报酬的增加量却在逐渐减少。

　　报酬递减律是以科学技术不变和其他资源投入保持在某个水平为前提的,如果技术进步了,并由此改变了其他资源的投入水平,形成了新的协调关系,肥料报酬必然会提高。在一定的时间内,农业科学技术水平总是相对稳定的。与之相对应,包括其他肥料投入在内的多种资源投入总要保持在一个相对不变的协调水平上。在这种情况卜,就不能期望随着一种肥料投入量的增加,作物产量也无限制地增加,而应依据当时的技术水平和其他资源的投入情况,确定能够获得最佳经济效益的某种肥料投入水平,实现肥料的最佳产投效果。

　　2. 米采利希学说

　　米采利希学说是在最小养分律的基础上发展起来的,其基本内容可表述为:增加一单位某一生长因子所引起的作物产量的增长率,和该因子所能达到的最高产量与现有产量之差呈正比。即:

$$\frac{\mathrm{d}Y}{\mathrm{d}X} = C(A - Y)$$

式中,X 为施肥量;Y 为产量;A 为某种肥料所能达到的最高产量;C 为比例常数,又称为效应常数。

　　米氏学说只反映在其他技术条件现对稳定的情况下,某一限制因子投入(施肥)和产出(产量)的关系。若限制因子的施用超过最适数量就会成为毒害因素,不仅不能增产,反而会减产。在施肥中要避免盲目性,以提高肥料利用率和发挥肥料的最大经济效益为终极目标。

二、施肥方法

　　施用的目的是营养作物、培肥地力、提高产量和经济效益,生产上应根据作物的营养特点、土壤的供肥能力、肥料性质和气候特点等,因地制宜地采用不同的施肥方法,以获得肥料的最大效应,达到施肥的目的。我国农民有着丰富的施肥经验,总结出了看天、看地、看庄稼的施肥技术,现代农业则要求更高,特别是在施肥量和养分配比上要求的更严格,而在施肥环节上一般仍可分为基肥、追肥和种肥。

　　(一)基肥

　　基肥是在作物播种或移栽前施入土壤的肥料,群众称之为底肥。基肥的用量较大,通常以有机肥为主,化肥为辅。化肥中大部分以磷肥和钾肥作基肥,部分以氮肥作基肥。基肥具有培肥和改良土壤及在整个生育期内为植物提供养分的作用,遵循肥土、肥苗和土肥相融的原则。基肥的施用方法有:

　　1. 撒施

　　撒施是在耕地前将肥料均匀地撒于地表,再结合耕地将肥料翻于土中,这是最简单和最常用的一种方法。

　　2. 条施和穴施

　　条施是结合犁地做垄,在行间开沟,将肥料施于沟内,覆土后播种的施肥方法,一般适用于单行距作物或单株种植的作物。条施比撒施肥料集中,有利于提高肥效。

　　穴施是在预定种植作物的位置开穴施肥或将肥料施于种植穴内,是一种比条施肥料更集中的施肥方法,适用于单株种植的作物。

3. 环状沟施和放射状沟施

这两种方法适用于多年生木本植物,尤其是果树。环状沟施是在垂直于树冠外围的地方,开一环状沟,沟深、宽各 30~60 cm,将肥料施于沟内,施后覆土。第 2 年再施肥时,在第 1 年施肥沟的外侧再开沟施肥,以后逐年扩大施肥范围。

放射状沟施是在距树一定距离处,以树干为中心,向树冠外围开 4~8 条放射状直沟。沟深、宽各 50 cm,沟长与树冠相齐,肥料施在沟内,施后覆土,以后每年交错位置开沟施肥。

4. 分层施肥

通常在有粗、细肥搭配或施用磷肥时采用此法。将有机肥或磷肥翻入下层土壤,少量细肥及磷肥在耕地或耙地时混在上层土壤中,作物生长早期可利用上层的肥料,中后期则利用下层的肥料。这种方法一次施肥量较大,施肥次数少,肥效长,对于有地膜覆盖的作物尤其适用。

(二) 种肥

种肥是播种或定植时施在种或苗附近的肥料,其作用是为种子萌发或幼苗生长提供良好的营养条件和环境条件。化肥、有机肥、微生物肥料等均可用作种肥。中凡浓度过大、过酸或过碱、吸湿性强及含有毒副成分的化肥均不宜作种肥。有机肥必须是腐熟的。

种肥的施用方法有以下 4 种:

(1) 拌种:少量化肥或微生物肥料与种子拌匀后一起播入土壤,肥料用量视种子和肥料种类而定。

(2) 蘸秧根:将化肥或微生物肥料配成一定浓度的溶液或悬浊液浸蘸根系,然后定植。

(3) 盖种肥:先播种,后将肥料盖于种子之上,如草木灰适合于作盖种肥用。

(4) 条施和穴施:在行间或播种穴中施肥,方法同基肥的条施或穴施。

(三) 追肥

追肥是在作物生长发育期间施用的肥料,其作用是及时补充作物在生育过程中,尤其是作物营养临界期和最大效率期所需的养分,以促进生长、提高产量的品质。追肥时期视作物种类而不同,如水稻、小麦等作物一般在分蘖期、拔节期、孕穗期追肥,棉花、番茄一般在开花期、坐果期追肥等。

追肥的施用方法有:

(1) 撒施:将肥料撒施地表,再结合中耕耕翻入土,适用于水稻、小麦等密植作物。

(2) 条施:适用于中耕作物,在作物行间开沟,将肥料施于沟内,施后覆土。

(3) 结合灌水施肥:将肥料溶于灌溉水中,使肥料随水渗入耕层。这种方法水、肥利用率较高,在开沟条施或穴施困难的情况下更加适合。在有喷灌或滴灌的地块最好结合灌溉进行喷、滴灌施肥,具有省肥、渗透快、肥效高等优点。

(4) 根外追肥:将肥料配成一定浓度的溶液,喷在作物的叶面,通过叶部营养直接供给作物养分。这种施肥方法最适合于微量元素肥料的施用或在作物出现缺素症时施肥。对于大量元素肥料,根外追肥作为一辅助性手段,在作物发育的中、后期应用效果较好。根外追肥的关键是浓度,肥料的种类不同、作物不同或同一作物的不同生育时期,根外追肥的浓度均不同,生产上应根据实际情况,选用合适的肥料和适当的喷施浓度。

微课　施肥方式

三、配方施肥

(一) 配方施肥的概念和内容

配方施肥是我国于 20 世纪 80 年代形成的,建立在田间试验、土壤测定和植物营养诊断 3 大分支学科基础上的农业新技术。这一技术的推广应用,标志着我国农业生产中科学计量施肥的开始。

专家将配方施肥定义为“根据作物的需肥规律、土壤的供肥性能与肥料性质,在施用有机肥的基础上,提出 N、P、K 及微肥的适宜用量和比例以及相应的施肥技术。”由此可见,配方施肥的内容,包括配方和施肥两个程序。配方的核心是肥料的计量,在农作物播种以前,通过各种手段确定达到一定目标产量的肥料用量,回答获得多少粮、棉、油,该施多少 N、P、K 等问题。施肥的任务是肥料配方在生产中的执行,保证目标产量的实现。根据配方确定的肥料用量、品种和土壤、作物、肥料特性,合理安排基肥、种肥和追肥的比例以及施用追肥的次数、时期和用量等。

(二) 养分平衡法配方施肥

养分平衡法是国内外配方施肥中最基本和最重要的方法。此法根据农作物需肥量与土壤供肥量之差来计算实现目标产量的施肥量。由农作物目标产量、农作物需肥量、土壤供肥量、肥料利用率和肥料中有效养分含量 5 大参数构成的平衡法计量施肥公式,可告诉人们该施多少肥料。

$$计划产量施肥量(kg) = \frac{作物计划产量需肥量 - 土壤供肥量}{肥料利用率(\%) \times 肥料中养分含量}$$

1. 目标产量指标

目标产量是决定肥料施用量的原始依据,是以产定肥的重要参数,通常用下列方法确定:

(1) 平均产量确定目标产量:采用当地前 3 年平均产量为基数,再增加 10% ~ 15% 作为目标产量。如某地前 3 年作物的平均产量为玉米 500 kg,则目标产量可定为 550 ~ 575 kg。

(2) 土壤肥力确定目标产量:根据农田土壤肥力水平确定目标产量,称以地定产。在正常栽培和施肥条件下,农作物吸收的全部营养成分中有 55% ~ 80% 来自土壤,余者来自肥料,即使任凭人们高肥大水,也改变不了这种状态。就不同肥力而言,肥地上农作物吸收土壤养分的份额多,瘦地上农作物吸收肥料中养分的份额相应较多。我们把土壤基础肥力对农作物产量的效应称为农作物对土壤肥力的依存率,也是通常所说的相对产量。即:

$$农作物对土壤肥力的依存率 = \frac{无肥区农作物产量}{完全肥区农作物产量} \times 100\%$$

掌握了一个地区某种农作物对土壤肥力的依存率后,即可根据无肥区单产来推算目标产量,这就是以地定产的基本原理和方法。目前,我国的以地定产的数学模型皆为指数式,也有不少地区以直线回归方程描述,但直线回归方程有一定条件,即在某一产量范围内,Y 与 X 呈直线关系。

要建立一个地区某种农作物无肥区单产与目标产量之间的数学式,就要进行田间试验,最简单的试验方案是设置无肥区和完全肥区两个处理,布点合理并有足够的数量,一般不少于 20 个点,小区面积 33 m²,农作物生育期正常管理,成熟后单打单收。例如:某地农田地力测定,将其中各点的无肥区玉米单产和完全肥区玉米的产量数据换算成依存率(表 12-6-1),再以依存率为

纵坐标,无肥区单产为横坐标,进行回归统计,得知依存率与无肥区产量之间呈显著的线性正相关。即:

$$\frac{X}{Y} = 16.53 + 0.13X \quad 转换得 \ Y = \frac{100X}{16.53 + 0.13X}$$

表 12-6-1　某地玉米对土壤肥力的依存率

地号	无肥区产量/ (kg·667 m^{-2})	完全肥区产量/ (kg·667 m^{-2})	依存率/%	地号	无肥区产量/ (kg·667 m^{-2})	完全肥区产量/ (kg·667 m^{-2})	依存率/%
1	351	529	66	15	386	579	67
2	341	571	60	16	303	560	54
3	484	618	78	17	239	466	51
4	478	595	80	18	212	489	43
5	440	601	73	19	305	478	64
6	362	519	70	20	391	649	60
7	352	498	71	21	257	452	57
8	369	482	77	22	231	436	53
9	319	483	66	23	275	457	60
10	372	553	67	24	323	639	51
11	398	505	79	25	382	677	56
12	306	611	50	26	289	710	41
13	485	642	76	27	252	551	46
14	200	654	31	28	169	424	40

根据上式,即可确定该地玉米的目标产量应为 470~610 kg 比较合适,超此范围就难以准确估算目标产量(表 12-6-2)。

表 12-6-2　沈阳某地区根据无肥区产量推算目标产量　　　　　　　　　　　　　kg

无肥区	200	250	300	350	400	450	500
目标产量	470	510	540	564	584	600	613

也许有人会说,基础肥力 200 kg/667 m^2 的地块,通过大量施肥后可获得远高于 454 kg/667 m^2 的产量。事实也存在这种情况,但是这种不考虑成本的肥料投资是现代农业生产所不能接受的,这方面,我们已有不少教训。不考虑农田基础地力,主观确定一个过高的目标产量而进行不计成本、盲目大量投肥的做法,高产指标虽能达到,然而却无推广价值。

以地定产式的建立,为配方施肥确定目标产量提供了一个较为精确的算式,把经验性估产提高到计量水平,可以说是我国肥料工作者的一大贡献。应当指出,以地定产式的建立是以农作物对土壤肥力的依存率为其理论基础,就是说基础地力确定目标产量,对土壤无障碍因子、气候、雨量正常的广大地区具有普遍的指导意义,若土壤水分不能保证,或有其他障碍因子存在,确定目标产量需另觅其他途径。

2. 农作物的需肥量

农作物从种子萌发到种子形成的 1 个世代中，需要吸收一定数量的养分以构成自体完整的组织。对正常成熟的农作物全株养分进行化学分析，测定出 100 kg 经济产量所需养分量，即形成 100 kg 农产品时该作物需吸收的养分量。这些养分包括了 100 kg 产品及相应的茎叶所需的养分在内，不包括地下部分。依据 100 kg 产量所需养分量，可以计算出作物目标产量所需养分量（表 12-6-3）。

表 12-6-3　作物形成 100 kg 经济产量所需吸收 N、P、K 的量　　　　　　　kg

作物	收获物	N	P_2O_5	K_2O
水稻	籽粒	2.10~2.40	0.90~1.30	2.10~3.30
玉米	籽粒	2.57	0.86	2.14
谷子	籽粒	2.50	1.25	1.75
高粱	籽粒	2.60	1.30	3.00
马铃薯	块茎	0.50	0.20	1.06
大豆	豆粒	7.20	1.80	4.00
花生	荚果	6.80	1.30	3.80
棉花	籽棉	5.00	1.80	4.00
油菜	菜籽	5.80	2.50	4.30
烟草	叶片	4.10	0.70	1.10
甜菜	块根	0.40	0.15	0.60
芝麻	籽粒	8.23	2.07	4.41
黄瓜	果实	0.40	0.35	0.55
芸豆	果实	0.81	0.23	0.68
茄子	果实	0.30	0.10	0.40
番茄	果实	0.45	0.50	0.50
胡萝卜	块根	0.31	0.10	0.50
萝卜	块根	0.60	0.31	0.50
洋葱	鳞茎	0.27	0.12	0.23
芹菜	全株	0.16	0.08	0.42
菠菜	全株	0.36	0.18	0.52
大葱	全株	0.30	0.12	0.40
梨"二十世纪"	果实	0.47	0.23	0.48
葡萄"玫瑰"	果实	0.60	0.30	0.72
苹果	果实	0.48	0.20	0.76
甘薯	块根	0.35	0.18	0.55

$$作物目标产量所需养分量 = \frac{目标产量}{100} \times 100 \text{ kg 产量所需养分量}$$

3. 土壤供肥量

土壤供肥量是百余年来国内外学者最为关注的重要议题,目前测定土壤供肥量最经典的方法是在有代表性的土壤上设置肥料 5 项处理的田间试验,分别测出供 N、供 P_2O_5、供 K_2O 量。

例如,某水稻三要素 5 项处理产量结果如下:

处理	CK	PK	NK	NP	NPK
产量/(kg · 667 m^{-2})	280	300	388	372	400

则:

$$土壤供氮量 = \frac{无氮区作物产量}{100} \times 100 \text{ kg 经济产量需氮量}$$

$$= \frac{300}{100} \times 2.1 = 6.30(\text{kg}/667 \text{ m}^2)$$

同理:

$$土壤供磷量 = \frac{388}{100} \times 1.25 = 4.85(\text{kg}/667 \text{ m}^2)$$

$$土壤供钾量 = \frac{372}{100} \times 3.13 = 11.64(\text{kg}/667 \text{ m}^2)$$

4. 肥料利用率

肥料利用率指当季作物从所施肥料中吸收的养分占施入肥料养分总量的百分数。肥料利用率常规下可以用田间差减法求得,即在田间设置施肥和不施肥两个处理试验,施肥区作物所吸收的养分减去土壤供肥量,即是作物从肥料中吸收的养分数量,再除以施用养分的总量即为肥料利用率。

$$肥料利用率 = \frac{(施肥区产量 - 无肥区产量) \times 100 \text{ kg 经济产量需养分量}}{100 \times 施入养分总量} \times 100\%$$

5. 肥料中养分含量

可以从肥料的包装标识或在实验室实际测定获得该项指标。

6. 确定施肥量

例如,某水稻无肥区产量 360 kg/667 m^2,如果 NH_4HCO_3 的利用率为 40.8%,NH_4HCO_3 的含 N量为 16.5%,欲达目标产量 550 kg/667 m^2,应施多少 NH_4HCO_3?

$$施肥量(NH_4HCO_3) = \frac{550 \times 2.1 - 360 \times 2.1}{100 \times 16.5\% \times 40.8\%} \approx 60(\text{kg}/667 \text{ m}^2)$$

这里需要特别说明的是,如果田间同时施用了有机肥料,在计算化肥用量时,还必须将有机肥料的供肥量扣除。

$$有机肥料的养分供应量(供肥量) = 有机肥料的施用量 \times 有机肥料中养分含量 \times$$
$$有机肥料中该养分的利用率$$

(三) 肥料效应函数法配方施肥

肥料效应函数法是以田间生物试验为基础,采用先进的回归设计,将不同处理得到的产量进行数理统计,求得在供试条件下作物产量与施肥量之间的数量关系,即肥料效应函数或肥料效应方程。根据此方程,不仅可直观地看出不同肥料的增产效应趋势和两种肥料配合施用时的交互效应,而且还可以计算最高产量施肥量和经济最佳施肥量,作为配方施肥决策的重要依据。

1. 肥料的增产效应

人们通过长期的生产实践了解到,施用肥料能提高作物的产量。农业化学的奠基人李比希在创立著名的最小养分律之后,曾设想农作物产量(Y)与最小养分(X)之间呈$Y=a+bX$的线性关系,把农作物产量视为施肥量的函数。后来,经各国科学家的研究,又依托化学、土壤学和经济学理论的发展,证实农作物产量与施肥量之间确实存在着严谨的数学关系,而且要比李比希当年设想的复杂。作物对所施肥料在产量上的反应称肥料效应。

赫锐格用大麦进行氮素砂培试验表明,随着氮素用量的增加,递增等量氮素的增产量,开始时表现为递增,但超过一定限度后,则开始递减,总产量曲线呈"S"形。这种曲线形式,在田间条件下,当土壤供肥水平很低时,也可以出现。

米采利希深入探讨了作物产量与养分供应量之间的关系,并且最早用严格的数学方程式表示其数量关系,即:

$$dY/dX = C(A - Y) \text{ 或 } Y = A(1 - e^{-CX})$$

此式表明施肥量与产量的关系,是一指数曲线形式。大量的试验证明,当施肥量超过最高产量施肥量时,作物产量随施肥量的增加而减少,为了反映超过最高产量后而减产的效应,许多科学家用二次抛物线的形式来反映施肥量与产量的关系,其通式为$Y=b_0+b_1X+b_2X^2$。在农业生产中,肥料的增产效应,往往一开始即呈递减的趋势,肥料效应函数曲线往往呈二次抛物线的形式(图 12-6-2)。

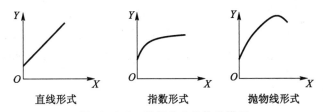

直线形式　　　　　指数形式　　　　　抛物线形式

图 12-6-2　肥料效应的数学模型

2. 肥料效应的 3 个阶段

在表述肥料效应的 3 个阶段以前,首先介绍几个有关的专用名词。

(1) 平均产量:单位施肥量的农作物总增产量,即为平均产量或平均增产量。

$$平均产量 = \Delta Y/X, \Delta Y = Y - Y_0$$

(2) 边际产量:每增施单位量肥料所增加的总产量即边际产量。

$$MP(平均边际产量) = \Delta Y/\Delta X$$

$$MP(精确边际产量) = dY/dX$$

即总产量曲线上某点的斜率,边际是表示后一处理对前一处理的变动。

(3) 边际收益:边际产量乘以产品价格称为边际收益。

(4) 边际成本:即肥料价格。

(5) 肥料效应的 3 个阶段(图 12-6-3):

第Ⅰ阶段——不完全合理施肥阶段:总产量随施肥量的增加而增加,平均产量随施肥量的增加而增加,直至最高点,此点为第 Ⅰ 阶段和第 Ⅱ 阶段的分界线,边际产量随施肥量的增加而增加,直至总产量曲线上的转折点时达最高,以后递减。作物的增产潜力没有得到充分发挥。

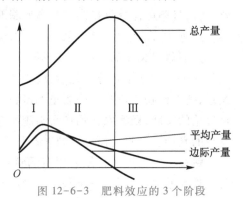

第 Ⅱ 阶段——完全合理施肥阶段:总产量随施肥量的增加而增加,直至最高,但增产速度逐渐慢下来。平均产量随施肥量的增加而不断下降。边际产量随施肥量的增加而不断下降,直至为 0。本阶段属于合理施肥阶段,也称为效益递减阶段。

第 Ⅲ 阶段——不合理施肥阶段:总产量随施肥量的增加而下降,平均产量继续下降,边际产量出现负值,总收益明显降低,故为不合理施肥阶段。

图 12-6-3　肥料效应的 3 个阶段

3. 最高产量施肥点和经济最佳施肥点的确定

对肥料效应函数方程式 $y = b_0 + b_1 x + b_2 x^2$,有 $\mathrm{d}y/\mathrm{d}x = b_1 + 2b_2 x$。当 $\mathrm{d}y/\mathrm{d}x = 0$,$\mathrm{d}^2 y/\mathrm{d}x^2 = 2b_2 < 0$ 时,此函数有极大值,此时总产量按一定的递增率增加。最高产量施肥点应是边际产量等于 0 时的施肥量,即 $b_1 + 2b_2 x = 0$,$x = -b_1/2b_2$。

在肥料效应的第 Ⅱ 阶段内,肥料效应的变化是符合报酬递减律的,当连续增施肥料 Δx 时,增产量 Δy 不断下降,即边际产量递减:$\Delta y_1/\Delta x_1 > \Delta y_2/\Delta x_2 > \cdots > \Delta y_n/\Delta x_n$,肥料的经济效益将依次出现下列的变化:

$$\Delta y \cdot P_y > \Delta x \cdot P_x \qquad 边际收益 > 边际成本$$
$$\Delta y \cdot P_y = \Delta x \cdot P_x \qquad 边际收益 = 边际成本$$
$$\Delta y \cdot P_y < \Delta x \cdot P_x \qquad 边际收益 < 边际成本$$

式中,P_x 为肥料价格,即边际成本;P_y 为产品价格。当边际收益等于边际成本时,说明利润的增加量为 0,此时利润最大。因此,经济最佳施肥点应是边际收益等于边际成本时的施肥量,即 $(\mathrm{d}y/\mathrm{d}x) \cdot P_y = P_x$ 时的施肥量。

4. 肥料效应函数法配方施肥实例

某地冬小麦施用氮肥的效应如下:

氮素用量/(kg·667 m^{-2})	产量/(kg·667 m^{-2})	递增 3 kg 氮素的增产量/(kg·667 m^{-2})
0	275.5	
3	379.5	104
6	430.5	51
9	490	5.5
12	478.5	−11.5
15	432	−46.5

经回归统计,其肥料效应函数为:

$$y = 273.31 + 20.34x - 0.99x^2$$

式中,y 为产量,x 为施肥量。

根据以上分析,边际产量 $dy/dx = 20.34 - 1.98x$,当边际产量为 0 时,有最高产量施肥量: $x_{最高} = 20.34/1.98 = 10.27$ kg。若每 kg 小麦价格为 1.0 元,每 kg N 肥的价格为 1.55 元,那么,当边际收益等于边际成本时,有经济最佳施肥量 $(20.34 - 1.98x) \times 1.0 = 1.55$,即 $x_{最佳} = 9.5$ kg。

以上计算都是根据一定条件下的田间试验结果,因此,它的适用范围是受一定条件限制的。个别地块的田间试验结果,不能作为指导整个地区的施肥依据,当土壤、气候和技术等条件发生变化时,肥效的增产效应也必然随之变化。因此,肥料效应曲线不可能是固定不变的,效应曲线的模式也不会是千篇一律的,在应用肥料效应函数法配方施肥时必须加以注意。

复习思考题

1. 什么是基肥、追肥和种肥? 在植物营养上各有什么作用?

2. 什么是养分平衡法配方施肥? 请根据本地实际情况,制订一份养分平衡法配方施肥计划。

3. 什么是肥料效应函数法配方施肥? 请根据本地实际情况,制订一份肥料效应函数法配方施肥计划。

能够指示方向的植物

非洲南部大邓马瓜沙漠里,生长着一种名叫哈夫盟斯的植物,它的花永远指着北方,人们又称之为"指北花"。研究证明,这种植物的向光性特别强,它的花对阳光更敏感。大邓马瓜沙漠在赤道以南,在当地太阳是从北方照射的,它的花就始终向着北方。向日葵也有向阳性,只是向日葵的茎比较软,能够随着太阳灵活转动。而哈夫盟斯因沙漠缺水,花茎很硬,花的指向总是固定不变的。

神奇的艾蒿

艾蒿别名艾草、艾叶、家艾等,为菊科艾属多年生草本,地下根茎分支多。株高 45～120 cm,茎直立,圆形有棱,外被灰白色软毛,茎从中部以上有分支,茎下部叶在开花时枯萎;中部叶不规则的互生,具短柄;叶片卵状椭圆形,羽状深裂,基部裂片常成为假托叶,裂片椭圆形至披针形,边缘具粗锯齿,叶片正面深绿色,稀疏白色软毛,背面灰绿色,有灰色茸毛;上部叶无柄,顶端叶全缘,披针形或条状披针形。头状花序,无梗,多数密集成总状,总苞密被白色棉毛;边花为雌花,7～12 朵,常不发育,花冠细弱;中央为两性花,10～12 朵,花色淡黄色或淡褐色。瘦果长圆形,有毛或无毛。艾蒿适应性强,普遍生长于路旁荒野、草地,只要是向阳而排水顺畅的地方都生长,但以湿润肥沃的土壤生长较好。

艾蒿与我国人民的生活有着密切的关系。每至端午节,人们将艾蒿置于家中以"避邪",干枯后的株体泡水熏蒸能够消毒止痒,产妇多用艾蒿水洗澡或熏蒸。传统药性理论认为艾叶有理气血、逐寒湿、温经、止血、安胎等作用。现代实验研究证明,艾叶具有抗菌及抗病毒作用,平喘、镇咳及祛痰作用,止血及抗凝血作用,镇静及抗过敏作用;护肝利胆作用等。艾草可作"艾叶茶""艾叶汤""艾叶粥"等食谱,以增强人体对疾病的抵抗能力。

艾叶油具有明显的平喘作用,这可能是因为艾叶油直接作用于支气管平滑肌所致。艾叶油还有明显的镇咳作用,其作用部位在神经中枢。艾叶油还具有祛痰作用,系因直接作用于支气管,刺激其分泌。艾叶油还有抗过敏作用,对蛋清所致豚鼠过敏性休克有显著保护作用,艾叶油可抑制致敏豚鼠肺组织在抗原攻击下释放组胺和慢反应物质。艾叶油还能直接抑制慢反应物质、组织胺和乙酰胆碱对回肠的收缩反应。艾叶油还能对抗异丙肾上腺素的强心作用。艾叶油还有镇静作用,能显著延长戊巴比妥钠所致小鼠睡眠时间。此外,艾叶烟熏有明显的抗细菌、真菌作用,对腺病毒、鼻病毒、疱疹病毒、流感病毒和腮腺炎病毒等有抑制作用。艾叶煎剂对兔离体子宫有兴奋作用,能增强小鼠炎症渗出的吞噬能力。口服少量艾叶可增进食欲。

任务小结

植物营养:植物生长必需营养元素及其判断依据,大量元素,微量元素,各种营养元素的生理功能及缺素症状。

营养吸收:吸收部位,吸收形态,吸收特点,影响因素。

土壤养分:土壤氮,土壤磷,土壤钾。

化学肥料:化肥及其特点,氮肥,磷肥,钾肥,微量元素肥料,复合肥。

有机肥料:有机肥用其特点,粪尿肥,堆肥,沤肥,秸秆肥,沼气肥,绿肥,生物肥。

作物施肥:施肥原则(养分归还学说、最小养分律、报酬递减律),配方施肥(养分平衡法、肥料效应函数法)。

参考文献

[1]　宋志伟. 植物生长环境[M]. 北京:高等教育出版社,2019.

[2]　吴国宜. 植物生产与环境[M]. 北京:中国农业出版社,2001.

[3]　郑莉荔. 植物与植物生理学[M]. 北京:中国农业出版社,1992.

[4]　张立军,刘新. 植物生理学[M]. 2 版. 北京:科学出版社,2011.

[5]　郭跃升. 菜地现代施肥技术[M]. 北京:化学工业出版社,2017.

[6]　韩锦峰. 植物生理生化[M]. 北京:高等教育出版社,1991.

[7]　鲁剑巍. 主要作物缺钾症状与施肥技术[M]. 北京:中国农业出版社,2017.

[8]　张宪政. 植物生理学[M]. 长春:吉林科学技术出版社,1996.

[9]　山西农业大学. 土壤学[M]. 北京:中国农业出版社,1990.

[10]　徐秀华. 土壤环境和植物营养施肥[M]. 北京:地震出版社,1999.

[11]　王国东. 园林植物栽培[M]. 2 版. 北京:高等教育出版社,2015.

[12]　人民教育出版社生物室. 生物[M]. 北京:人民教育出版社,2002.

[13]　生昌义. 动植物之谜[M]. 呼和浩特:远方出版社,2001.

[14]　崔德杰. 新型肥料及其应用技术[M]. 北京:化学工业出版社,2016.

[15]　熊顺贵. 基础土壤学[M]. 北京:中国农业科学技术出版社,1996.

[16]　刘玉凤. 作物栽培[M]. 北京:高等教育出版社,2005.

[17]　申晓萍. 观赏植物栽培[M]. 2 版. 北京:高等教育出版社,2015.

[18]　姚运生. 农业气象[M]. 北京:高等教育出版社,2009.

[19]　赵晨霞. 果蔬贮藏与加工[M]. 北京:高等教育出版社,2005.

[20]　陈杏禹. 蔬菜栽培[M]. 北京:高等教育出版社,2019.

[21]　崔广武. 动植物之谜[M]. 延吉:延边人民出版社,2005.

[22]　林崇德. 中国少年儿童百科全书[M]. 杭州:浙江教育出版社,1994.

读者意见反馈

为收集对教材的意见建议，进一步完善教材编写并做好服务工作，读者可将对本教材的意见建议通过如下渠道反馈至我社。

咨询电话　　400-810-0598
反馈邮箱　　gjdzfwb@ pub.hep.cn
通信地址　　北京市朝阳区惠新东街 4 号富盛大厦 1 座
　　　　　　高等教育出版社总编辑办公室
邮政编码　　100029